Schumann
Steine + Mineralien

BLV Naturführer:

Band 1 Tagfalter
Band 2 Nachtfalter
Band 3 Pilze
Band 4 Vögel
Band 5 Alpenblumen
Band 6 Heimische Pflanzen
Band 7 Strand + Küste

und in der Reihe
BLV Bestimmungsbücher:

Band 1 Pilze
Band 2 Wildpflanzen (vergr.)
Band 3 Meeresfische
Band 4 Süßwasserfische
Band 5 Aquarienfische
Band 6 Heilpflanzen
Band 7 Steine + Mineralien
Band 8 Sterne + Planeten
Band 9 Tierspuren
Band 10 Pflanzen- und Tierwelt der Alpen
Band 11 Bäume + Sträucher
Band 12 Blumen am Mittelmeer
Band 13 Pflanzen Europas
Band 14 Hunderassen der Welt
Band 15 Insekten + Weichtiere
Band 16 Muscheln + Schnecken
Band 17 Edel- und Schmucksteine
Band 18 Katzenrassen der Welt
Band 19 Säugetiere Afrikas
Band 20 Wetterkunde für alle
Band 21 Die Höhlen Europas

BLV Bestimmungsbuch

Steine + Mineralien

Mineralien, Edelsteine, Gesteine, Erze

Von Prof. Dr. Walter Schumann

Fünfte, durchgesehene Auflage

Über 300 Farbfotos
von
Hermann Eisenbeiss

BLV Verlagsgesellschaft
München Bern Wien

Dieses Buch wurde in folgende Sprachen übersetzt:

Dänisch (Gad's Forlag, Kopenhagen)
Englisch (Lutterworth Press, Guildford)
Finnisch (Otava, Helsinki)
Französisch (Delachaux & Niestlé, Neuchâtel)
Holländisch (Elsevier, Nederland, Amsterdam)
Norwegisch (Cappelens, Oslo)
Schwedisch (Norstedt & Söner, Stockholm)
Spanisch (Omega, Barcelona)

CIP-Kurztitelaufnahme der Deutschen Bibliothek

Schumann, Walter
Steine + [und] Mineralien: Mineralien, Edelsteine, Gesteine, Erze / über 300 Farbfotos von Hermann Eisenbeiss. – 5. Aufl. – München, Bern, Wien: BLV Verlagsgesellschaft, 1977.
(BLV Bestimmungsbuch; 7)
ISBN 3-405-11822-0

Titelbild (von links nach rechts):
Oben: Augit (Nr. 15), Apatit (Nr. 21), Chrysopras (Nr. 65)
Mitte: Türkis (Nr. 85), Rauchquarz (Nr. 55), Granat (Nr. 94), Amethyst (Nr. 54)
Unten: Amazonit (Nr. 68), Rubin (Nr. 106), Antimonit (Nr. 292)

BLV Bestimmungsbuch 7

Gesamtherstellung: Richterdruck Würzburg
Printed in Germany · 1. Auflage 1972
ISBN 3-405-11822-0

Inhaltsverzeichnis

Vorwort 7

Einleitung 8

Begriffsbestimmungen 8
Tabelle der chemischen Elemente 9

Mineralien (11 Farbtafeln) 10

Entstehung und Aufbau 10
Eigenschaften der Mineralien 16
- Farbe und Strich 16
- Glanz und Durchsichtigkeit 16
- Spaltbarkeit und Bruch 19
- Härte 19
- Spezifisches Gewicht 21
- Weitere Eigenschaften 22

Klassifikation 23

Gesteinsbildende Mineralien 24
- Mineralien der Magmatite 24
- Mineralien der Sedimente 34
- Mineralien der Metamorphite 40

Edel- und Schmucksteine (8 Farbtafeln) 46

Eigenschaften 46
Beschreibung 47
Handelsbezeichnungen 64
Schleifen und Schliffarten 65

Gesteine (38 Farbtafeln) 68

Magmatite 70
- Tiefengesteine (Plutonite) 71
- Ganggesteine 88
- Ergußgesteine (Vulkanite) 90

Sedimente 102
- Verwitterungsrestbildungen 104
- Verwitterungsneubildungen 118
- Kohlegesteine 132

Metamorphite 134
- Gneise 136
- Schiefer 138
- Felse 140
- Marmore 142

DIN-Normen ... 154
Meteorite ... 155

Erze (12 Farbtafeln) ... 158

Edelmetall-Erze ... 162
Eisen-Erze ... 164
Stahlveredler-Erze ... 166
Buntmetall-Erze ... 172
Nichteisen-Nichtbuntmetall-Erze ... 178
Schwefel-Erze ... 184

Versteinerungen ... 186

Gliederung der Erdgeschichte ... 188
Versteinerungen der Vor-Trias-Zeit ... 190
Versteinerungen der Trias-Zeit ... 192
Versteinerungen der Jura-Zeit ... 194
Versteinerungen der Kreide-Zeit ... 196
Versteinerungen der Tertiär-Zeit ... 198

Hinweise für Sammler ... 200

Mineralienbestimmungstabellen ... 202

Weiterführende Literatur ... 212

Sachwortverzeichnis ... 213

Bestimmungshinweise ... 225

Vorwort

Das Mineraliensammeln ist ein beliebtes Hobby. Es mögen die Form, die Farbe oder der Zauber des Glanzes sein, die uns die Mineralien, die faszinierende Welt der edlen Steine, so wert machen.
Wie gewöhnlich erscheinen dagegen die Gesteine. Wer bückt sich schon nach einem Kalkstein, einem Gneis oder einem Granit? Und dennoch sind es die Gesteine, die die Gestalt der Berge prägen, die den Ausdruck vieler Städte mit ihren charakteristischen Formen und typischen Farben nachhaltig beeinflussen und den dauerhaften Untergrund für die Straßen liefern. Wir können nicht die Schönheit der Natur bewundern, ohne gleichzeitig die Bedeutung der Gesteine zu erkennen.
Wie uns die Mineralien das Schöne entgegenbringen, zeigen die Gesteine das Gewaltige. Wer sie richtig zu lesen versteht, dem erzählen sie von den Veränderungen der Erdkruste, von Gebirgen der Vorzeit, von Meeresüberflutungen und ausgedehnten Wüsten.
Über Jahrtausende war der Stein neben Holz und Knochen das wichtigste Werkmaterial für Gerät und Waffen. Und auch heute noch, in der Zeit der Metalle und Kunststoffe, spielt der Stein eine viel größere Rolle in unserem Leben, als wir allgemein glauben möchten. Neben der Verwendung als Edel- und Schmuckstein haben die Mineralien eine zunehmende Bedeutung für Technik und Industrie. Die Natursteine gewinnen trotz Stahlskelettbauweise — oder vielleicht gerade deshalb — als Fassadenverkleidung immer mehr an Beliebtheit.
Das vorliegende Buch soll Ihnen die Welt der Steine näherbringen. Die Mineralien werden nicht isoliert betrachtet, sondern als Bestandteil der Gesteine behandelt. Den Edel- und Schmucksteinen ist ein eigenes Kapitel gewidmet. Weiten Raum nehmen Abbildungen und Beschreibungen der Gesteine ein. Auch die Erze, die in mancher Hinsicht zwischen den Gesteinen und Mineralien stehen, werden behandelt. Schließlich folgt noch ein Überblick über die zu Stein gewordenen Pflanzen- und Tierreste, über Versteinerungen. Ein ausführliches Register und Bestimmungshinweise sollen helfen, die Welt der Steine zu überblicken und zu ordnen.
Der Text ist so gehalten, daß sowohl der Nichtfachmann angesprochen wird als auch der fachlich Vorgebildete Gewinn ziehen kann. Der besondere Vorzug dieses Führers liegt in der engen Verbindung von Text und Bild. Den farbigen Darstellungen ist die Beschreibung stets auf der gegenüberliegenden Seite zugeordnet. Damit ist eine schnelle und vollständige Information möglich. Alle Gesteine und Mineralien sind in natürlicher Größe abgebildet, wenn nichts anderes angegeben.
Als Vorlagen für die Farbtafeln dienten vornehmlich solche Stücke, wie sie der Wanderer im allgemeinen auch finden oder erwerben kann.
Dank sage ich allen Freunden und Bekannten, die mir bei der Gestaltung des vorliegenden Bestimmungsbuches behilflich waren.

Walter Schumann

Einleitung

Begriffsbestimmungen

Stein: Stein ist der im Volksmund gebräuchliche Sammelbegriff für alle festen Bestandteile der Erdkruste. Der Juwelier versteht darunter Edel- und Schmucksteine, der Mann der Bauwirtschaft Material, mit dem er Straßen pflastern und Häuser errichten kann. In der Geologie aber, der Wissenschaft von der Erde, spricht man nicht von Steinen, sondern von Gesteinen und Mineralien.
Gestein: Ein Gestein ist ein Gemenge von natürlich entstandenen Mineralien. Es hat meist eine größere Verbreitung. Auch Sand und Lehm zählen zu den Gesteinen, und zwar zu den Lockergesteinen. — Die Gesteinswissenschaft heißt Petrographie.
Mineral: Ein Mineral ist ein in sich einheitlicher, natürlich entstandener Bestandteil der Erdrinde und — wie wir angesichts der Weltraumfahrt wohl sagen müssen — auch der äußeren Mondschale. Die meisten Mineralien haben bestimmte Kristallformen. — Das Wort Mineral (Mehrzahl Mineralien oder Minerale) leitet sich aus dem Lateinischen ab (lat. mina = Schacht). Die Mineralogie ist die Wissenschaft von den Mineralien.
Kristall: Ein Kristall ist ein stofflich einheitlicher Körper, streng geometrisch mit gesetzmäßigem Innenbau (Kristallgitter). Die verschiedene Struktur des Gitters ist Ursache für die unterschiedlichen physikalischen Eigenschaften der Kristalle und damit auch der Mineralien. — Kristallographie ist der Wissenschaftszweig, der sich mit den Kristallen befaßt.
Edelstein: Für den Begriff Edelstein gibt es keine allgemeingültige Definition. Schöne und seltene Mineralien (vereinzelt auch Mineralaggregate), die auf Grund einer gewissen Härte sehr widerstandsfähig und damit schwer vergänglich sind, gelten im allgemeinen als Edelsteine. Da sich allerdings die Vorstellungen vom Schönen im Lauf der Zeit gewandelt haben, sind auch einzelne Steine, die früher als edel galten, heute längst vergessen, während andere Mineralien wiederum zu Edelsteinen erhoben wurden.
Der Begriff Halbedelstein — so wurden früher wenig harte Schmucksteine bezeichnet — ist noch unklarer und hat überhaupt keine Berechtigung.
»Schmuckstein« ist ein Sammelbegriff für alle schmückenden Steine. Im engeren Sinn versteht man darunter weniger wertvolle Edelsteine, die man somit den »echten« Edelsteinen gegenüberstellt. — Der Begriff Gemmologie für Edelsteinkunde ist in Deutschland weniger bekannt, im Ausland jedoch weit verbreitet.
Erz: Erze sind im allgemeinen Mineralgemenge mit einem nutzbaren Metallgehalt. Gelegentlich gelten neuerdings auch mineralische Rohstoffe mit einer Spezialeigenschaft als Erz, selbst wenn ihnen der metallische Charakter fehlt. Da die Nutzbarkeit, d. h. die Bauwürdigkeit, von Faktoren abhängig ist, die sich im Lauf der Zeit ändern können (wie technische Abbau- und Aufbereitungsmöglichkeiten, Markt- und Verkehrslage), ist der Begriff Erz auch nicht unbedingt an bestimmte Mineralien oder Gesteine gebunden.

Tabelle der chemischen Elemente

Chem. Zeichen	*Name*	*Ordnungszahl*	*Chem. Zeichen*	*Name*	*Ordnungszahl*
Ac	Actinium	89	Mn	Mangan	25
Ag	Silber (Argentum)	47	Mo	Molybdän	42
Al	Aluminium	13	Mv	Mendelevium	101
Am	Americium	95	N	Stickstoff	
Ar	Argon	18		(Nitrogenium)	7
As	Arsen	33	Na	Natrium	11
At	Astat	85	Nb	Niob	41
Au	Gold (Aurum)	79	Nd	Neodym	60
B	Bor	5	Ne	Neon	10
Ba	Barium	56	Ni	Nickel	28
Be	Beryllium	4	No	Nobelium	102
Bi	Wismut (Bismut)	83	Np	Neptunium	93
Bk	Berkelium	97	O	Sauerstoff	
Br	Brom	35		(Oxygenium)	8
C	Kohlenstoff		Os	Osmium	76
	(Carbonium)	6	P	Phosphor	15
Ca	Calcium	20	Pa	Protactinium	91
Cd	Cadmium	48	Pb	Blei (Plumbum)	82
Ce	Cer	58	Pd	Palladium	46
Cf	Californium	98	Pm	Promethium	61
Cl	Chlor	17	Po	Polonium	84
Cm	Curium	96	Pr	Praseodym	59
Co	Kobalt	27	Pt	Platin	78
Cr	Chrom	24	Pu	Plutonium	94
Cs	Caesium	55	Ra	Radium	88
Cu	Kupfer (Cuprum)	29	Rb	Rubidium	37
Dy	Dysprosium	66	Re	Rhenium	75
Er	Erbium	68	Rh	Rhodium	45
Es	Einsteinium	99	Rn	Radon	86
Eu	Europium	63	Ru	Ruthenium	44
F	Fluor	9	S	Schwefel	16
Fe	Eisen (Ferrum)	26	Sb	Antimon (Stibium)	51
Fm	Fermium	100	Sc	Scandium	21
Fr	Francium	87	Se	Selen	34
Ga	Gallium	31	Si	Silicium	14
Gd	Gadolinium	64	Sm	Samarium	62
Ge	Germanium	32	Sn	Zinn (Stannum)	50
H	Wasserstoff		Sr	Strontium	38
	(Hydrogenium)	1	Ta	Tantal	73
He	Helium	2	Tb	Terbium	65
Hf	Hafnium	72	Tc	Technetium	43
Hg	Quecksilber		Te	Tellur	52
	(Hydrargyrum)	80	Th	Thorium	90
Ho	Holmium	67	Ti	Titan	22
In	Indium	49	Tl	Thallium	81
Ir	Iridium	77	Tm	Thulium	69
J	Jod	53	U	Uran	92
K	Kalium	19	V	Vanadium	23
Kr	Krypton	36	W	Wolfram	74
La	Lanthan	57	Xe	Xenon	54
Li	Lithium	3	Y	Yttrium	39
Lu	Lutetium	71	Yb	Ytterbium	70
Lw	Lawrencium	103	Zn	Zink	30
Mg	Magnesium	12	Zr	Zirkonium	40

Mineralien

Über zweitausend Mineralien sind uns bekannt, und immer wieder werden neue entdeckt. Doch nur etwa hundert Mineralien sind von größerer Bedeutung; die einen, weil sie weit verbreitet sind, die anderen, weil sie besondere Eigenschaften besitzen, die uns wertvoll erscheinen. Am Aufbau der Gesteine haben nur zwei Dutzend Mineralien einen wesentlichen Anteil.
Schon den Griechen des Altertums waren Mineralien bekannt. Eine echte wissenschaftliche Betrachtungsweise setzte aber erst mit dem Beginn der Neuzeit ein. Der deutsche Arzt Georg Agricola (1494—1555) gilt als Vater der Mineralogie. Wesentlichen Anteil an der modernen Mineralienkunde haben der Freiberger Mineralogie-Professor Abraham Gottlob Werner (1749—1817) und der Apotheker und Chemiker Martin Heinrich Klaproth (1743—1817) aus Berlin. Heute gliedern wir das umfangreiche Gebiet der Mineralienkunde in die Allgemeine Mineralogie und in die Spezielle Mineralogie. Im allgemeinen Teil werden Entstehung und Aufbau sowie die physikalischen Eigenschaften der Mineralien insgesamt behandelt, im speziellen Teil die einzelnen Mineralien oder Mineralgruppen.
Die Namen der Mineralien entstammen keinem einheitlichen System. Die einen wurden der Bergmannssprache oder dem Volksmund entlehnt, die anderen sind reine Kunstschöpfungen. Viele deutsche Begriffe fanden internationale Anerkennung, denn deutsche Wissenschaftler haben einen großen Anteil an den Errungenschaften der modernen Mineralogie.
Im Lauf der Zeit sind viele neue Mineralnamen geprägt worden, ohne daß es gelungen ist, die alten Wortschöpfungen abzuschaffen. Deshalb gibt es vielfach mehrere Begriffe für ein und dasselbe Mineral. Besonders bei Edel- und Schmucksteinen ist die Namengebung kaum zu überblicken und oft geradezu irreführend. Wohl existieren internationale Abmachungen über eine einheitliche Nomenklatur der Edelsteine, doch die Praxis zeigt, daß auch heute noch der Willkür in der Namengebung durch den Handel nicht Einhalt geboten werden kann.

Entstehung und Aufbau der Mineralien

Mineralien können sich auf verschiedene Weise bilden. Die bekannten Mineralien Feldspat, Quarz und Glimmer entstehen aus glutflüssigen Schmelzen und Gasen, vorwiegend im Erdinnern, seltener aus den Laven an der Erdoberfläche. Andere Mineralien entstehen aus wäßrigen Lösungen oder unter Mithilfe von Organismen und wieder andere durch Umkristallisation schon vorhandener Mineralien infolge großer Drucke und hoher Temperaturen.
Zahlreiche Mineralien finden wir in bestimmten Gemeinschaften, sogenannten Paragenesen (z. B. Feldspat und Quarz), andere schließen einander aus (z. B. Feldspat und Steinsalz).
Die meisten Mineralien haben eine bestimmte chemische Zusammensetzung.

Kristallsysteme

Kristallachsen	*Name*	*Kristallformen*	*Mineralien*
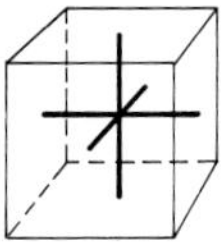	*kubisch*	Würfel Oktaeder Rhombendodekaeder Ikositetraeder	Diamant Pyrit Steinsalz
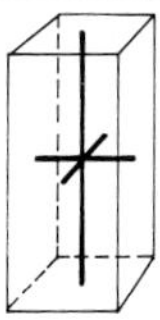	*tetragonal*	Vierseitige Prismen und Pyramiden	Kupferkies Rutil Zirkon
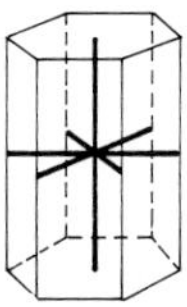	*hexagonal*	Sechsseitige Prismen und Pyramiden	Apatit Beryll Graphit
	trigonal	Dreiseitige Prismen, Pyramiden und Rhomboeder	Calcit Quarz Turmalin
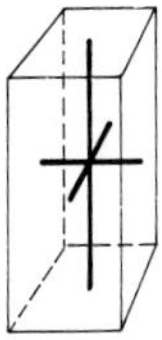	*rhombisch*	Rhombische Prismen und Pyramiden	Baryt Schwefel Topas
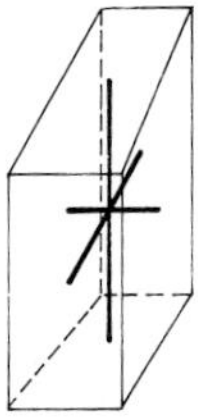	*monoklin*	Prismen mit geneigten Endflächen	Gips Muskovit Augit
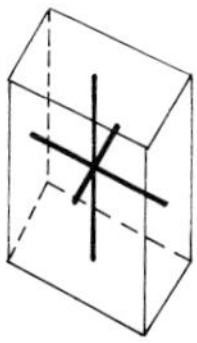	*triklin*	Flächenpaare	Albit Anorthit Disthen

Kristallausbildungen: nadelig (o. l., Antimonit), säulig (o. r., Coelestin), tafelig (u. l., Pseudomorphose von Quarz nach Baryt), strahlig (u. r., Aragonit)

Verunreinigungen, die die physikalischen Eigenschaften der Mineralien beeinträchtigen oder gar verändern können, werden bei der Nennung der chemischen Formel im allgemeinen nicht erwähnt (Tabelle der chemischen Elemente S. 9). Sehr wesentlich für das Bestimmen der Mineralien ist die jeweilige Kristallform. Wenn sie bei Fundstücken auch nicht immer gleichartig geometrisch ausgeprägt ist, sondern viel öfter verzerrt erscheint, so lassen sich doch meist irgendwelche Merkmale des physikalischen Aufbaus (wie Flächenbegrenzungen, Streifungen oder Winkelmaße) erkennen.

Die verschiedenen Kristallgestalten werden in sieben Kristallsystemen erfaßt. Die Unterscheidung erfolgt nach den Kristallachsen und den Winkeln, unter denen sich die Achsen schneiden (S. 11).

Kristallsysteme: kubisch (regulär oder würfelig)
tetragonal (quadratisch oder vierseitig)
hexagonal (sechsseitig)
trigonal (rhomboedrisch oder dreiseitig)
rhombisch (orthorhombisch oder rautenförmig)
monoklin (einfach-geneigt)
triklin (dreifach-geneigt).

Beim kubischen System sind alle drei Achsen gleich lang und stehen senkrecht aufeinander.

Beim tetragonalen System stehen alle drei Achsen senkrecht zueinander, zwei gleich lange liegen in einer Ebene, die dritte ist verschieden lang.

Beim hexagonalen System gibt es vier Achsen; drei liegen in einer Ebene, sind gleich lang und schneiden sich in Winkeln von 120° (bzw. 60°), die vierte ungleichwertige Achse steht senkrecht dazu.

Beim trigonalen System gibt es gleiche Achsen und Winkel wie beim hexagonalen. Daher faßt man die beiden Kristallsysteme auch oft im hexagonalen System zusammen. Der Unterschied zwischen beiden Systemen liegt in den Symmetrie-Elementen. Beim hexagonalen System ist der Querschnitt der prismischen Grundform sechseckig, beim trigonalen dreieckig. Durch Abschrägen der Dreiecks-Ecken entsteht die sechsseitige hexagonale Form.

Beim rhombischen System stehen die Achsen senkrecht zueinander und sind verschieden lang.

Beim monoklinen System stehen von den drei verschieden langen Achsen zwei senkrecht zueinander, die dritte liegt schief dazu.

Beim triklinen System sind alle drei Achsen ungleich lang und gegeneinander geneigt.

Die meisten kristallisierten Mineralien erscheinen allerdings nicht in regelmäßig ausgebildeten Formen, sondern sind verzerrt, weil sich einige Kristallflächen auf Kosten der anderen besser entwickelt haben. Die Winkel zwischen den Flächen bleiben jedoch immer gleich.

Einige Mineralsubstanzen bilden sich in verschiedenen Kristallsystemen aus. Wir sprechen dann von Modifikationen. Calciumkarbonat ($CaCO_3$) z. B. kristallisiert unter verschiedenen Bedingungen sowohl in der Form des Calcits als auch in der des Aragonits aus. Entscheidend für die Mineralform ist der Gitterbau, die Packung der Atome, Ionen oder Moleküle. Wenn auch bei gleicher chemischer Zusammensetzung die Atome stets gleichartig sind, so kann ihre Anordnung doch recht verschieden sein. Neben der äuße-

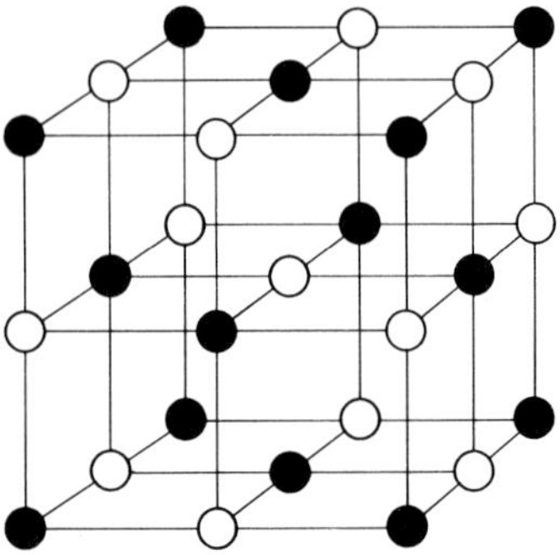

Kristallgitter von Steinsalz, schwarz: Natriumion, weiß: Chlorion

ren Form der Kristalle wird auch die Spaltbarkeit durch das Kristallgitter bestimmt. Ist z. B. die Gitteranordnung spiralig, so daß keine ebenen Trennflächen durchgelegt werden können, läßt sich der Kristall nicht spalten.

Alle kristallinen Mineralien haben ein Kristallgitter. Bei den amorphen Mineralien dagegen ist der innere Aufbau ohne gesetzmäßige Ordnung.

Vereinzelt können Mineralien durch Ausfüllen weggelöster Kristalle oder durch Überkrusten anderer Gestalten atypische Kristallformen — sogenannte Pseudomorphosen oder Afterkristalle — ausbilden.

Wenn sich gleichartig gebaute Mineralien nur durch geringe Schwankungen in der chemischen Zusammensetzung, durch Farbänderungen oder andere Besonderheiten unterscheiden, sprechen wir von Varietäten. Bei den Edel- und Schmucksteinen spielen sie eine bedeutende Rolle.

Tracht nennt man die Flächenkombination, in der ein Mineral vorwiegend auftritt (z. B. Rhombendodekaeder beim Granat), Habitus die Gestalt der Kristallausbildung (z. B. säulig, tafelig oder nadelig). Äußerlich strukturlose Massen, deren Kristallgitter infolge Wachstumsbehinderungen ohne regelmäßige Begrenzungen sind, bezeichnen wir als derb.

Gelegentlich verwachsen mehrere Kristalle nach bestimmten Gesetzmäßigkeiten und bilden Zwillinge, Drillinge oder Viellinge. Neben den aneinandergeordneten Berührungszwillingen gibt es auch Durchdringungszwillinge. Zwillingsbildungen sind vielfach an einspringenden Winkeln, die bei Einzelkristallen niemals auftreten, zu erkennen.

Zwillingsbildungen: Pyrit-Viellinge und Gips-Durchkreuzungszwillinge

Amethystdruse von Brasilien mit formschön ausgebildeten Kristallen

Große und meist formschön ausgebildete Mineralien findet man bei magmatischen Gesteinen an den Innenwänden rundlich abgekapselter Hohlräume, den Drusen oder Geoden. Quarz, Calcit und Fluorit sind typische Drusenmineralien. Der Sammler nennt freistehende und gut kristallisierte Mineralgruppen Stufen. Meist sind die Kristallbildungen jedoch so klein, daß man sie nur mit Lupe oder Mikroskop erkennen kann. Eine solche Entwicklungsform bezeichnet man als dicht.

Auch die rosenähnlichen Bildungen, die durch Verschiebungen ursprünglich paralleler Verwachsungsformen entstehen, sind für den Sammler von besonderem Interesse. Gips, Baryt und Hämatit zeigen solche grobblättrigen Entwicklungen.

Viel häufiger ist die Art beliebiger Verwachsungen (Mineralaggregate oder Mineralvergesellschaftungen). Je nach Wachstumsprozeß entstehen stenglige, radialständige, blättrige oder körnige Gestalten. Radialständige Bildungen neigen zu kugelähnlichen Formen, die wir bei glatter und glänzender Oberfläche als Glaskopf (eigentlich Glatzkopf) bezeichnen. Konzentrisch schalige Verwachsungen, wie die »Erbsensteine« des Aragonits, heißen Oolithe (S. 17).

Eigenschaften der Mineralien

Da die Kristallformen der Mineralien meist nicht so ausgebildet sind, daß man sie deutlich erkennen und auch voneinander zweifelsfrei unterscheiden kann, müssen weitere Eigenschaften, wie Farbe, Glanz, Spaltbarkeit, Bruch, Härte und spezifisches Gewicht, zum Bestimmen herangezogen werden.
Dennoch muß man sich im klaren darüber sein, daß es dem Laien nicht immer gelingen wird, alle Mineralien sicher zu identifizieren. Oftmals helfen nur ganz spezielle Untersuchungen chemischer und physikalischer Art.

Farbe und Strich

Die Farbe der Mineralien ist nur selten ein charakteristisches Bestimmungsmerkmal, wie beim blauen Azurit, dem grünen Malachit, dem gelben Schwefel und dem roten Zinnober. Die meisten Mineralien finden wir in vielen Farben. So erscheint z. B. der Fluorit farblos, gelb, bräunlich, rosa, grünlich, blau, violett und fast schwarz. Chemische und mechanische Beimengungen bewirken die Varietäten und verändern die wirkliche Eigenfarbe.
Überdies können durch Erhitzen, durch ultraviolettes Licht und radioaktive Bestrahlung sowie auch schon durch Ausbleichen im Sonnenlicht die Farbtönungen wiederum verändert werden. Im Edel- und Schmucksteinhandel spielen künstlich bewirkte Verfärbungen eine beachtliche Rolle.
Kennzeichnender als die Färbung ist für das Bestimmen von Mineralien die sogenannte Strichfarbe, kurz Strich genannt. Sie zeigt sich, wenn man mit der Ecke des Probierstückes auf einem unglasierten Porzellantäfelchen, der Strichtafel (S. 20), reibt. Bei härteren Mineralien empfiehlt es sich, erst mit einer Feile etwas Pulver abzuschaben und dann auf der Strichtafel zu verreiben.
Der Strich entspricht der Eigenfarbe des Minerals, er ist konstanter und weitgehend unabhängig von den Farbvarietäten. So ist z. B. die Strichfarbe des schwarzen Eisenglanzes blutrot, des goldgelben Pyrits grünschwarz und des in gelben, grünen und violetten Farben auftretenden Fluorits weiß.

Der isländische Calcit zeigt die Doppelbrechung besonders deutlich (Doppelspat)

Glanz, Durchsichtigkeit

Der Glanz eines Minerals entsteht durch reflektiertes Licht an seiner Oberfläche. Wir unterscheiden Glasglanz, Seidenglanz, Perlmutterglanz, Diamantglanz, Fettglanz und Metallglanz. Zahlreiche Mineralien zeigen gar keinen Glanz, sie sind matt.

Kristallverwachsungen: grobblättrig (o. l., Gips als »Wüsten- oder Sandrose«), radialständig (o. r., Pyrit), Glaskopf (u. l., Limonit), oolithisch (u. r., Aragonit)

Metallglanz gibt es nicht nur bei den gediegenen Metallen, sondern auch bei Sulfiden und einigen Oxiden. Viele metallisch glänzende Mineralien zeigen Anlauffarben und schillern dann bunt in vielfacher Pracht.
Beschläge und oberflächliche Verwitterungserscheinungen können den Glanz eines Minerals verändern oder erheblich beeinträchtigen. Deshalb ist die Ansprache nach dem Glanz nicht immer unzweideutig.
Die Mineralien sind durchsichtig, durchscheinend, d. h. nur abgeschwächt lichtdurchlässig, oder undurchsichtig. Zu den letzteren gehören alle Mineralien mit Metallglanz. Mit Ausnahme der Metalle sind jedoch fast alle Mineralien in hauchdünnen Schichten durchsichtig oder durchscheinend.
Alle nichtkubischen, lichtdurchlässigen Mineralien zeigen eine mehr oder weniger starke Doppelbrechung. Legt man z. B. einen Rhomboeder-Calcit-Kristall auf eine Schrift, so erscheint diese durch den Kristall zweimal, doppelt. Der isländische Calcit zeigt die Doppelbrechung besonders deutlich, er heißt daher auch Doppelspat. Bei den meisten Mineralien ist die Doppelbrechung jedoch so gering, daß man sie nicht ohne weiteres erkennt. Die Ursache für die Doppelbrechung liegt darin, daß ein Lichtstrahl in zwei Teile zerlegt und beim Durchgang durch den Kristall verschieden stark gebrochen wird.
Auch das bei einigen Mineralien (vornehmlich bei Edelsteinen) zu beobachtende Schillern und Schimmern (Irisieren, Labradorisieren, Opalisieren) geht auf optische Erscheinungen zurück. Es entsteht durch Reflexion an eingelagerten, lamellenartig aufgebauten Kriställchen.

Zahlreiche Mineralien und Gesteine (oben Obsidian) zeigen muscheligen Bruch

Spaltbarkeit und Bruch

Viele Mineralien lassen sich nach ebenen Flächen spalten. Der Fachmann spricht dann von einer Spaltbarkeit. Sie ist vom Gitterbau der Kristalle abhängig. Je nachdem, wie leicht sich ein Mineral spalten läßt, unterscheidet man eine sehr vollkommene (Glimmer), eine vollkommene (Calcit) und eine unvollkommene (Granat) Spaltbarkeit. Alle Spate (Feldspat, Flußspat, Kalkspat) haben eine gute Spaltbarkeit. Es gibt aber auch Mineralien, die sich überhaupt nicht spalten lassen (Quarz).
Eine Abgliederung von zusammengewachsenen Berührungszwillingen gilt nicht als Spaltbarkeit, sondern als Absonderung.
Bei schlecht oder gar nicht spaltbaren Mineralien kann der Bruch, d. h. das Auseinanderfallen mit unregelmäßigen Flächen bei Schlagbeanspruchung, ein wesentliches Erkennungsmerkmal sein. Wir unterscheiden muscheligen, splittrigen, faserigen, glatten oder erdigen Bruch. Der muschelige Bruch ist für alle Quarze und alle glasartigen Gesteine typisch.

Härte

Unter Härte ist bei Mineralien die Ritzhärte zu verstehen, d. h. jener Widerstand, den ein Mineral beim Ritzen mit einem scharfkantigen Material entgegenbringt.
Nach dem Vorschlag des Wiener Mineralogen Friedrich Mohs (1773 bis 1839) werden die Mineralien nach einer zehnteiligen Härteskala gruppiert. Jedes so eingeordnete Mineral ritzt das mit geringerer Härte bezeichnete und wird von den nachfolgend härteren Mineralien geritzt. Gleich harte Mineralien ritzen sich nicht.
Durch vergleichende Anwendung dieser Mohsschen Härteskala läßt sich die Härte (Mohshärte) eines jeden Minerals bestimmen. Mineralien der Ritzhärte 1 und 2 gelten als weich, jene der Grade 3 bis 6 als mittelhart und die über 6 als hart. Bei Mineralien mit der Mohshärte 8 bis 10 spricht man von Edelsteinhärte.
Die Mohssche Härteskala ist eine relative Härteskala. Es kann mit ihr nur festgestellt werden, welches Mineral welches ritzt. Über das Maß der Härtezunahme innerhalb der Skala wird keine Aussage gemacht. In Tab. S. 20 sind die Absoluthärtewerte (Schleifhärte in Wasser nach A. Rosiwal) beigefügt. Sie zeigen, wie die absolute Härtezunahme sprunghaft ansteigt. Für den Nichtfachmann ist eine Bestimmung der Absoluthärte kaum möglich, denn sie erfordert eine komplizierte Apparatur.
Bei der Ritzprobe nach Mohs muß darauf geachtet werden, daß die Untersuchung nur mit scharfkantigen Stücken auf unzersetzten Flächen erfolgt. Geriffelte Ausbildungen, blättrige Kristalle und angewitterte Mineralien täuschen eine geringere Härte vor. Es gibt auch Mineralien, die auf verschiedenen Flächen und nach verschiedenen Richtungen unterschiedliche Härte besitzen.
Bei Gesteinen ist wegen der verschiedenartigen Gemengteile die Anwendung der Mohsschen Härteskala im allgemeinen nicht möglich.
Der besondere Vorzug der Mohsschen Ritzhärteskala liegt in der einfachen Anwendung. Mit Probierstücken und Härtebestecken, die man im Handel

erwerben kann, lassen sich Mineralien auch unterwegs bei Wanderungen und Touren bequem bestimmen.
Stehen Belegstücke der Härteskala nicht zur Verfügung, kann man auch mit anderen einfachen Hilfsmitteln einzelne Härtegrade erkennen. So ritzt der Fingernagel bis Härte 2, ein Taschenmesser bis Härte 5—6, Glas wird von Quarz (Mohshärte 7) ohne Mühe geritzt.
Für eine fachkundige Mineral- oder Edelsteinprüfung ist die Mohssche Härtebestimmung allerdings zu ungenau. Außerdem ist die Gefahr einer Verletzung bei Edelsteinen sehr groß. Deshalb wendet man hier die sogenannte Schleifhärteprüfung an. Die unter bestimmten Bedingungen abgeschliffenen Materialmengen dienen dabei als Maß für den Härtegrad.

Härteskala	*Ritzhärte nach Mohs*	*Schleifhärte*
1 Talk	mit Fingernagel schabbar	0,03
2 Gips	mit Fingernagel ritzbar	1,25
3 Kalkspat (Calcit)	mit Kupfermünze ritzbar	4,5
4 Flußspat (Fluorit)	mit Taschenmesser leicht ritzbar	5,0
5 Apatit	mit Taschenmesser noch ritzbar	6,5
6 Feldspat (Orthoklas)	mit Stahlfeile ritzbar	37
7 Quarz	ritzt Fensterglas	120
8 Topas	ritzt Quarz leicht	175
9 Korund	ritzt Topas leicht	1 000
10 Diamant	nicht ritzbar	140 000

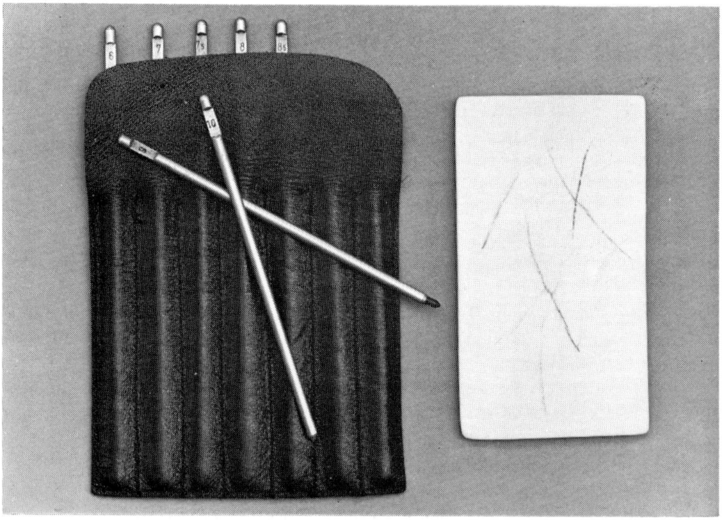

Ritzbesteck und Strichtafel, wie sie in Mineralienhandlungen zu erwerben sind

Probierstücke zur Mohsschen Härteskala

Spezifisches Gewicht

Unter dem spezifischen Gewicht (bei Sammlern gleichbedeutend mit Dichte oder Wichte) versteht man das Gewicht eines Stoffes in bezug auf das Gewicht des gleichen Volumens (Rauminhalt) Wasser. Ein Mineral mit dem spezifischen Gewicht 2,6 (Quarz) ist also 2,6mal so schwer wie das gleiche Volumen Wasser.
Das spezifische Gewicht der Mineralien, Gesteine und Erze schwankt zwischen 1 und 20. Werte unter 2 werden als leicht empfunden (Bernstein 1,0), solche von 2 bis 4 als normal (Quarz 2,6) und jene über 4 erscheinen uns als schwer (Bleiglanz 7,5).
Die wertvolleren Edelsteine wie auch die Edelmetalle haben ein spezifisches Gewicht, das über dem der gesteinsbildenden Mineralien, wie Quarz und Feldspat, liegt. Daher werden sie in Fließgewässern vor den quarzreichen Sanden angehäuft abgelagert. Solche Lagerstätten von nutzbaren Mineralien heißen Seifen. — Das spezifische Gewicht kann man wie folgt berechnen:

$$\text{Spezifisches Gewicht} = \frac{\text{Gewicht des Minerals}}{\text{Volumen des Minerals}}$$

Mit einer Waage (notfalls genügt eine Briefwaage) läßt sich das Gewicht eines Minerals ohne Schwierigkeiten messen.
Das Volumen kann man auf verschiedene Weise finden, durch Wasserverdrängung in einem Meßbecher und nach dem Auftriebsverfahren mit einer hydrostatischen Waage. Die letztere Methode ist genauer und auch für kleinere Stücke geeignet. Hierzu wird das Mineral, an einem dünnen Draht hängend, einmal in der Luft und einmal in Wasser eingetaucht, gewogen.

Der Wiegeunterschied entspricht dem Gewicht des verdrängten Wassers und damit ziffernmäßig dem Volumen des Minerals. Auch dem Laien ist es möglich, das spezifische Gewicht auf diese Weise mit einer Dezimalen genau zu bestimmen. Allerdings ist es wichtig zu beachten, daß die Mineralien rein und nicht etwa mit Fremdsubstanzen von anderem spezifischen Gewicht vermischt sind.

Beispiel:

Gewicht in Luft	52,0 g
Gewicht in Wasser	32,8 g
Unterschied=Volumen	19,2 g

$$\text{Spez. Gew.} = \frac{\text{Gewicht}}{\text{Volumen}} = \frac{52{,}0}{19{,}2} = 2{,}7$$

Das spezifische Gewicht dieser Probe beträgt 2,7. Nach dem Gewicht kann es Calcit sein.

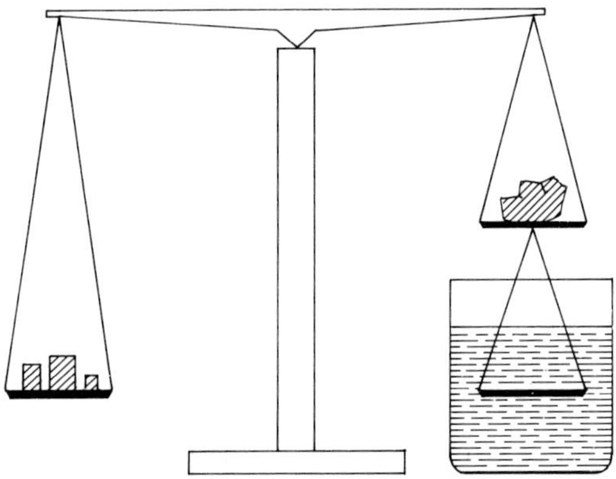

Hydrostatische Waage

Weitere Eigenschaften

Es gibt noch weitere Eigenschaften, die zum Bestimmen von Mineralien herangezogen werden können, wie Verhalten vor dem Lötrohr, Dünnschliffe, Magnetismus, Geruch, Geschmack, Anfühlen.
Schmelzreaktionen und Flammenfärbung werden mit dem Lötrohr erprobt. Dies ist ein Messingrohr, das an einem Ende ein hölzernes Mundstück und am anderen Ende eine haarfeine Öffnung aufweist. Durch Blasen mit dem Lötrohr kann eine Flamme (z. B. eines Bunsenbrenners oder auch einer Kerze) sehr stark aufgeheizt und stichflammenartig gezielt werden. Die Handhabung erfordert einige Labormaterialien und gewisse chemische Kenntnisse und Erfahrungen. Die Lötprobierkunde ist daher nur ausnahmsweise für den Nichtfachmann geeignet.
Dünnschliffe (das sind 0,02—0,03 mm dicke Plättchen) lassen im Mikroskop das Gefüge einer Probe erkennen. Sie haben neben polierten Anschliffen eine gewisse Bedeutung in der Erzkunde.

Klassifikation

Um die Mineralien in ihrer Vielzahl zu überschauen, werden sie nach Gruppen mit gemeinsamen Merkmalen gegliedert.
In der wissenschaftlichen Mineralienkunde ist es im allgemeinen üblich, sie nach der chemischen Zusammensetzung zu klassifizieren.

Mineralklassen

1. Elemente
Arsen, Diamant, Gold, Graphit, Kupfer, Platin, Schwefel, Silber, Wismut.

2. Sulfide
Antimonit, Argenit, Arsenkies, Auripigment, Bleiglanz, Bornit, Bournonit, Cloanthit, Covellin, Fahlerz, Kobaltglanz, Kupferglanz, Kupferkies, Löllingit, Magnetkies, Markasit, Molybdänglanz, Pentlandit, Pyrit, Realgar, Rotgültig, Rotnickelkies, Spießglanz, Stannin, Zinkblende, Zinnober.

3. Halogenide
Atacamit, Fluorit, Karnallit, Kryolith, Steinsalz, Sylvin.

4. Oxide und Hydroxide
Anatas, Braunit, Brookit, Chromit, Chrysoberyll, Columbit, Cuprit, Diaspor, Franklinit, Gibbsit, Goethit, Hämatit, Hausmannit, Ilmenit, Kassiterit, Korund, Limonit, Magnetit, Manganit, Opal, Pechblende, Psilomelan, Pyrolusit, Quarz, Rutil, Spinell, Uranglimmer, Wolframit, Zinkit.

5. Nitrate, Carbonate, Borate
Ankerit, Aragonit, Azurit, Boracit, Calcit, Cerussit, Dolomit, Magnesit, Malachit, Manganspat, Siderit, Strontianit, Witherit, Zinkblüte, Zinkspat.

6. Sulfate, Chromate, Molybdate, Wolframate
Anglesit, Anhydrit, Baryt, Coelestin, Gips, Krokoit, Scheelit, Wulfenit.

7. Phosphate, Arsenate, Vanadate
Apatit, Lazulith, Mimetesit, Pyromorphit, Türkis, Vanadinit, Vivianit.

8. Silicate
Ägirin, Andalusit, Arfvedsonit, Augit, Beryll, Bronzit, Chlorit, Chrysokoll, Cordierit, Diallag, Diopsid, Dioptas, Disthen, Epidot, Enstatit, Fassait, Feldspat, Glaukophan, Glimmer, Granat, Hauyn, Hedenbergit, Hornblende, Hypersthen, Jadeit, Kaolinit, Lasurit, Leuzit, Meerschaum, Montmorillonit, Nephelin, Nosean, Olivin, Prehnit, Pyrophyllit, Rhodonit, Serpentin, Sillimanit, Sodalith, Spodumen, Staurolith, Strahlstein, Talk, Titanit, Topas, Tremolit, Turmalin, Vesuvian, Wollastonit, Zeolith, Zirkon, Zoisit.

Andere Einteilungsprinzipien im Mineralbereich sind die nach äußeren Kennzeichen, wie Kristallform, Farbe, Strich, Glanz, Härte usw.

Im vorliegenden Bestimmungsbuch werden die Mineralien danach gegliedert, wie sie für den Menschen ihre größte Bedeutung haben,
als Gesteinsbildner (S. 24—45)
als Schmuck- und Edelstein (S. 46—65)
als Erz (S. 158—185).

Gesteinsbildende Mineralien

Von den über 2000 Mineralien haben nur zwei bis drei Dutzend eine gewisse Bedeutung als Gesteinsbildner. Viele von ihnen sind vorzugsweise oder ausschließlich in bestimmten Gesteinen vertreten.
Diejenigen Mineralien, die ein Gestein im wesentlichen aufbauen, nennt man Hauptgemengteile, mengenmäßig untergeordnete Mineralien Nebengemengteile. Für die drei großen Gesteinsgruppen, die Magmatite (S. 70), die Sedimente (S. 102) und die Metamorphite (S. 134) sind die folgenden Mineralien typisch:

Mineralien der Magmatite

Hauptgemengteile der Magmatite sind Quarz, Feldspat, Feldspatvertreter, Glimmer, Augit, Hornblende und Olivin,

Nebengemengteile besonders Magnetit, Apatit, Pyrit, Fluorit wie auch Anthophyllit, Hämatit, Ilmenit, Natrolith, Rutil, Titanit, Zirkon.

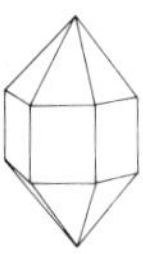

Quarz ist gesteinsbildendes Mineral wie auch Schmuck- und Edelstein (S. 48). Auf Grund seiner Eigenschaften ist er mechanisch und chemisch nur schwer angreifbar, daher das verbreitetste Mineral auf der Erde. Der Name Quarz läßt sich in seiner ursprünglichen Bedeutung nicht mehr ergründen. Als Hauptgemengteil bei den Gesteinen tritt im allgemeinen nur der farblose, durchsichtige Kristall-Quarz (Bergkristall) und der trübe Gemeine Quarz (Milchquarz, Gangquarz) auf. Gefärbte Sorten sind beliebte Schmucksteine. — Formel SiO_2 (Siliciumdioxid, genannt Kieselsäure), Mohshärte 7, Spez. Gew. 2,6, Glasglanz. Strich weiß, Bruch muschelig, splittrig, Spaltbarkeit keine. Chemisch sehr widerstandsfähig, wird nur von Flußsäure gelöst. — Die großkristallinen Bildungen (trigonal) zeigen meist eine sechsseitige Säule mit pyramidalen Flächen an den Enden. — Fundorte: Fichtelgebirge, Alpen, Ural, Brasilien, Madagaskar. — Quarz ist wichtiger Rohstoff für die Glas- und Keramikindustrie. In der Technik findet er (auf Grund seines reziproken piezoelektrischen Effekts) Verwendung zur Erzeugung von Ultraschall und zum Steuern von Sendern und Uhren.

1 Bergkristall in typischer Kristallausbildung. Die auf den Längsflächen sichtbare Querstreifung ist ein wesentliches Erkennungsmerkmal für alle Quarze. — Physik. Eigenschaften s. o. — Vorkommen in Klüften, Mandeln und Drusen. — Fundort Wallis/Schweiz.

2 Derber Quarz, leicht dunkel getönt (Rauchquarz) mit eingeschlossenem, nadelförmig ausgebildetem Rutil (S. 170). — Physik. Eigenschaften s. o. — Fundort Minas Gerais/Brasilien. — Andere häufig anzutreffende Einschlüsse: Asbest, Chlorit, Hornblende, Turmalin.

3 Bergkristall-Stufe, Fundort Minas Gerais/Brasilien.

Kiesel (Kieselstein), durch Flußtransport abgerundeter gemeiner Quarz; wenn von Braun- oder Roteisen gelb, braun oder rot gefärbt, Eisenkiesel genannt. Er ist als sog. Gequältes Gestein (vgl. das äußerlich ähnliche Kalkstein-Geröll S. 108) oft von milchig-weißen Quarzfüllungen durchadert.

1

2

3

Feldspat und Feldspatvertreter

Feldspat umfaßt eine Mineralienfamilie mit zahlreichen Arten und Varietäten. Er ist im gesamten Mineralbereich am stärksten vertreten. Daher wahrscheinlich auch sein Name (auf jedem »Feld«). Farbige Varietäten sind Schmuck- und Sammlersteine (S. 52). Zwei Hauptgruppen sind zu unterscheiden:

Kalifeldspat	Orthoklas	**Kalknatronfeldspat**	Albit (Periklin)	100 % Na
	Adular	= Plagioklas	Oligoklas	80 % Na
	Sanidin		Andesin	60 % Na
	Mikroklin		Labradorit	40 % Na
			Bytownit	20 % Na
			Anorthit	0 % Na

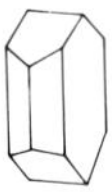

Orthoklas (griech. »gerade brechend«), $K[AlSi_3O_8]$ (Kaliumalumosilicat), Mohshärte 6, Spez. Gew. 2,5, Glasglanz, durchscheinend. Farbe weißlich, gelblich, rot, grün, seltener farblos. Strich weiß, Bruch muschelig, spröde, Spaltbarkeit vollkommen. — Kristalle (monoklin) bilden oft Durchdringungszwillinge (Nr. 7). — Fundorte: Fichtelgebirge, Alpen, Norwegen, Schweden.

Mikroklin, physik. Eigenschaften siehe Orthoklas. — Kristallgestalt triklin.

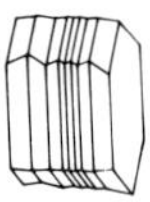

Plagioklas (griech. »schief brechend«), P. stellen eine Mischungsreihe zwischen Albit ($Na[AlSi_3O_8]$, Natriumalumosilicat) und Anorthit ($Ca[Al_2Si_2O_8]$ Calciumalumosilicat) dar. Mohshärte 6—$6^1/_2$, Spez. Gew. 2,6—2,8, Glasglanz, undurchsichtig. Farbe weißgrau, seltener farblos, rot oder gelb. Strich weiß, Bruch muschelig, spröde, Spaltbarkeit vollkommen. — Einzelne Kristalle (triklin) selten, tafelig, in der Regel Zwillingslamellierung (Albitgesetz). — Fundorte: Schweiz, Norwegen, Ural.

Feldspatvertreter sind den Feldspäten im Chemismus ähnlich, haben jedoch weniger Silizium. Sie bilden sich dann, wenn gesteinswerdendes Magma sehr kieselsäurearm ist. F. sind Leuzit (Nr. 4), Sodalith (Nr. 87), Nephelin (Eläolith), Nosean, Hauyn.

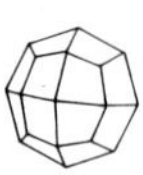

4 Leuzit (Leucit), $K[AlSi_2O_6]$ (Kaliumalumosilicat), Mohshärte $5^1/_2$—6, Spez. Gew. 2,5, Glasglanz, undurchsichtig, Farbe weißlich-grau. Strich weiß, Bruch muschelig, spröde, Spaltbarkeit keine. — Kristalle (kubisch) fast kugelig. — Fundorte: Eifel, Italien, Brasilien. Nr. 4 stammt von Italien.

5 Adular, eine Abart des Orthoklas, findet sich auf alpinen Klüften. — Physik. Eigenschaften wie Orthoklas (s. o.). — Fundort Wallis/Schweiz.

6 Gemeiner Orthoklas in derber spätiger Ausbildung, typisch fleischrot. — Physik. Eigenschaften wie Orthoklas (s. o.). — Fundort Norwegen.

7 Karlsbader Zwilling, ein Orthoklas (s. o.). — Fundort Sachsen.

Sanidin (Eisspat), eine Abart des Orthoklas, bildet trübe, rissige, rauhflächige Tafeln (Nr. 146). — Fundorte: Eifel, Karlsbad/CSSR, Vesuv/Ital.

8 Feldspat-Pegmatit-Stufe, große Orthoklaskristalle mit tafeligen Albiten und Rauchquarz, aufgewachsen auf Granit (Pegmatit, vgl. S. 88). — Fundort Epprechtstein/Fichtelgebirge.

4

5

6

7

8

Glimmer haben auf Grund einer sehr vollkommenen Spaltbarkeit glitzerndglimmriges Aussehen. Alle G. zählen zum monoklinen Kristallsystem.

9 Fuchsit (Chromglimmer), smaragdgrüne Abart des Muskovit. — Physik. Eigenschaften wie bei Muskovit (Nr. 13). — Selten — Fundort Tirol/Österr.

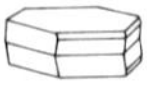

10 Biotit (Magnesiaglimmer) ist der verbreitetste Glimmer (Name nach franz. Physiker Biot. — Formel $K(Mg,Fe)_3(OH,F)_2[(Al,Fe)Si_3O_{10}]$(Alumosilicat), Mohshärte $2^1/_2$, Spez. Gew. 2,7—3,3, perlmutterartiger, angewittert goldgelb-metallischer Glanz (daher im Volksmund Katzengold), durchscheinend. Farbe dunkelgrün, dunkelbraun, schwarz, Strich weiß, Bruch blättrig, Spaltbarkeit sehr vollkommen, biegsam, elastisch. — Kristalle selten, meist unregelmäßig begrenzte Platten. — Fundorte: Eifel, Kärnten, Norwegen. Nr. 10 stammt von Norwegen.

11 Zinnwaldit (Lithiumeisenglimmer), $K,Li,Fe,Al(OH,F)_2(AlSi_3O_{10})$ (Alumosilicat), Mohshärte $2^1/_2$, Spez. Gew. 2,9—3,0, Perlmutterglanz, durchscheinend. Farbe braun, schwarz, silbergrau, Strich weiß, Bruch blättrig, Spaltbarkeit sehr vollkommen. — Vorkommen in verwitterten Graniten, selten, in Kristallgestalt dem Biotit (Nr. 10) ähnlich. — Fundorte: Zinnwald/Erzgebirge (daher Name), UdSSR, England. Der abgebildete Z. stammt vom Erzgebirge. — Z. wird zur Gewinnung von Lithium abgebaut (vgl. auch Nr. 282).

12 Lepidolith (Lithiumglimmer), $K,Li,Al(OH,F)_2[AlSi_3O_{10}]$ (Alumosilicat), Mohshärte $2^1/_2$, Spez. Gew. 2,8—2,9, Perlmutterglanz, undurchsichtig. Farbe rötlich, violett. Strich weiß, biegsam, Spaltbarkeit sehr vollkommen. — Vorkommen in verwitterten Graniten, meist schuppige Blättchen. — Fundorte: Südafrika, USA, Nr. 12 stammt von Süd-Rhodesien.

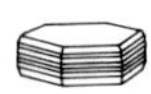

13 Muskovit (Kaliglimmer), früher als Moskauer Glas bekannt. — Formel $KAl_2(OH,F)_2[AlSi_3O_{10}]$ (Alumosilicat), Mohshärte 2—$2^1/_2$, Spez. Gew. 2,8, perlmutterartiger, silbrig metallischer Glanz (im Volksmund daher Katzensilber), in kleinen Schüppchen durchsichtig. Farblos bis leicht gelblich. Strich weiß, Bruch blättrig, Spaltbarkeit sehr vollkommen, biegsam, elastisch, hitze- und säurefest, sehr verwitterungsbeständig. — M. ist weit verbreitet. Kristalle selten, meist Platten mit unregelmäßigem Umriß. — Fundorte: Österreich, Norwegen, UdSSR, USA, Australien. Der abgebildete M. stammt vom Ural. — In der Elektrotechnik Isolierungsmaterial.

Serizit, feinschuppige oder dichte Abart des Muskovit, seidenglänzend, gelegentlich lichtapfelgrün, dem Talk (Nr. 48) sehr ähnlich.

Phlogopit (Magnesiaglimmer), dem Biotit (Nr. 10) sehr ähnlich.

Rubellan, bräunlich-ziegelrote Abart des Biotit in Ergußgesteinen.

Margarit (Kalk-, Perl-, Sprödglimmer), $Ca_2Al_4(OH)_4[Si_4Al_4O_{20}]$ (Alumosilicat), Mohshärte $4^1/_2$, Spez. Gew. 3,0—3,1, Perlmutterglanz. Farbe weiß, gelblich, grünlich. Strich weiß, Spaltbarkeit sehr vollkommen, spröde. — Selten. Aggregate schuppig. — Fundorte: Tirol, Ural, USA.

Glaukonit (Grünerde), im Meerwasser zu kleinen dunkelgrünen Körnern umgebildeter Biotit. — Vorkommen in marinen Sedimentgesteinen.

9
10
11
12
13

Augitgruppe: Augite (griech. »Glanz«), auch Pyroxene (griech. »Feuer«) genannt, treten sowohl in den Magmatiten (Gemeiner Augit Nr. 14/15, Diallag Nr. 16, Bronzit Nr. 17, Ägirin, Enstatit, Hypersthen) als auch in den Metamorphiten (Diopsid Nr. 44, Fassait, Hedenbergit, Omphacit) auf. Die Varietäten Jadeit (Nr. 71) und Spodumen (Nr. 76/77) sind Schmucksteine.

14/15 Gemeiner Augit, $Ca(Mg,Fe)[Si_2O_6]$ (Calciummagnesiumeisensilicat), Mohshärte $5^1/_2$—6, Spez. Gew. 3,3—3,5, perlmutterartiger Glasglanz, undurchsichtig. Farbe dunkelgrün bis schwarz. Strich graugrün, Bruch muschelig bis uneben, Spaltbarkeit vollkommen. — Vorkommen in basischen Magmatiten, Kristalle (monoklin) häufig, kurzsäulig mit achteckigem Querschnitt (s. unten). — Fundorte: Eifel, Böhmen, Italien, Frankreich. Die abgebildeten A. stammen aus Böhmen.

16 Diallag, physik. Eigenschaften ähnlich Augit (Nr. 14). — Vorkommen in Magmatiten, nur in Körnern. — Fundort von Nr. 16 ist der Harz.

17 Bronzit, physik. Eigenschaften ähnlich Augit (Nr. 14). — Kristalle (rhombisch) selten, meist faserig. — Nr. 17 stammt aus der Steiermark.

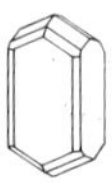

Hypersthen bildet selten Kristalle, meist schwarze blättrig-körnige Aggregate mit metallischem Schiller auf Absonderungsflächen.

Hornblendegruppe: Hornblenden, auch Amphibole (griech. »zweideutig«) genannt, sind in Magmatiten (Gemeine Hornblende Nr. 18, Arfvedsonit) und in Metamorphiten (Strahlstein Nr. 52, Glaukophan, Anthophyllit) vertreten.

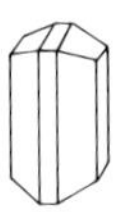

18 Gemeine Hornblende ist ein kompliziertes Ca-Mg-Fe-Al-Silicat, Mohshärte 5—6, Spez. Gew. 3,0—3,4, hornartiger Glasglanz, undurchsichtig. Farbe grünschwarz, schwarz. Strich grünbraun, Bruch splittrig, Spaltbarkeit vollkommen. — Vorkommen sehr verbreitet. Kristalle (monoklin) kurzsäulig mit sechseckigem Querschnitt (s. unten). — Fundorte: Eifel, Böhmen, Österreich, Norwegen. Fundort von Nr. 18 ist Norwegen.

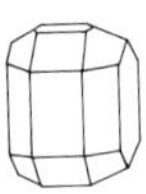

19 Olivin, Peridot wird als Synonym für O. wie auch für die Edelsteinvarietät Chrysolith gebraucht. — Formel $(Mg,Fe)_2[SiO_4]$ (Magnesiaeisensilicat), Mohshärte $6^1/_2$—7, Spez. Gew. 3,3—4,1, Glasglanz, durchsichtig bis durchscheinend. Farbe olivgrün (daher der Name). Strich weiß, Bruch muschelig, Spaltbarkeit unvollkommen, spröde. — Vorkommen in basischen Magmatiten. Kristalle (rhombisch) nicht häufig, körnige Aggregate, oft knollenförmig. — Fundorte: Eifel, Steiermark/Österr., Norwegen, USA. Das abgebildete Olivinaggregat stammt vom Dreiser Weiher/Eifel.

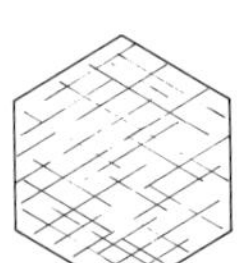

Hornblendekristall: Querschnitt sechseckig, Spaltrisse schneiden sich unter 124°

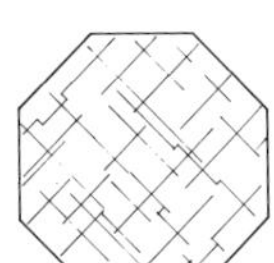

Augitkristall: Querschnitt achteckig, Spaltrisse schneiden sich unter 87°

14

15

16

17

18

19

Nebengemengteile sind in allen Magmatiten vertreten. Die bekanntesten sind Magnetit (Nr. 20), Apatit (Nr. 21), Pyrit (Nr. 22/23), Fluorit (Nr. 24), Hämatit (Nr. 246/247), Ilmenit (Nr. 267), Kryolith, Natrolith (Nr. 147), Rutil (Nr. 2), Titanit (Nr. 268), Zirkon (Nr. 95).

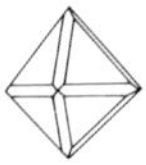

20 Magnetit (Magneteisen, Magneteisenstein, Magneteisenerz), Fe_3O_4 (Eisenoxid). — Physik. Eigenschaften s. S. 164. — Kristalle (kubisch) haben meist ihre Eigengestalt voll entwickelt, vorwiegend oktaedrisch, seltener dodekaedrisch, in großen Massen derb-körnig. — Fundorte: Alpen, Elba, Schweden, Ural, USA. Der abgebildete Kristall stammt von New Jersey/USA. — M.-Erze sind die wertvollsten Eisen-Erze (S. 164, Nr. 249).

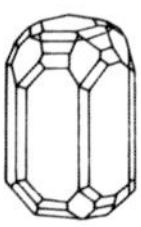

21 Apatit (griech. »täuschen«), $Ca_5(F,Cl,OH)[PO_4]_3$ (Calciumphosphat), Mohshärte 5, Spez. Gew. 3,2, Glasglanz, durchsichtig bis undurchsichtig. Farbe gelblichgrün, braun, violett, farblos. Strich weiß bis gelblichgrau, Bruch muschelig, spröde, Spaltbarkeit unvollkommen. — Vorkommen in Magmatiten und Metamorphiten. Kristalle (hexagonal) langsäulige Prismen, tafelig, Kanten gerundet, flächenreich. — Fundorte: Erzgebirge, Eifel, Alpen, Schweden, UdSSR. Fundort von Nr. 21 ist Portugal. A. dient der Phosphorsäure- und neben Phosphorit (einem Mineralgemenge von Apatit und anderen Phosphaten) der Phosphatgewinnung. — Zur A.-Gruppe gehören auch Mimetesit (S. 178), Pyromorphit (S. 174), Vanadinit (S. 170).

Vivianit (Blaueisenerde), ein dem Apatit verwandtes erdig-pulvriges, indigoblaues Eisenphosphat.

22/23 Pyrit (Schwefelkies, Eisenkies, Kies), physik. Eigenschaften siehe Seite 184. — Gut ausgebildete Kristalle (kubisch) sehr häufig, vorwiegend Würfel mit charakteristischer Streifung (Nr. 22), Pentagondodekaeder (Nr. 23), oft Kombination verschiedener Kristallformen, Durchdringungszwillinge (S. 14). — Fundorte: Harz, Kärnten, Italien, Spanien, Schweden, USA. Nr. 22 stammt von Elba, Nr. 23 von Nordspanien. — P. ist das wichtigste Schwefel-Erz (S. 184).

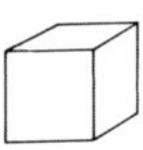

24 Fluorit (Flußspat), CaF_2(Calciumfluorid), Mohshärte 4, Spez. Gew. 3,1 bis 3,2, Glasglanz, durchsichtig, stark gefärbt undurchsichtig. Farbe violett, blau, schwarz, gelb, grün, seltener farblos. Strich weiß, Bruch glatt bis muschelig, spröde, Spaltbarkeit vollkommen, fluoreszierend.—Vorkommen in Magmatiten und Sedimenten. Gut ausgebildete Kristalle (kubisch) häufig, meist Würfel, Oktaeder, auch in verschiedenen Kombinationen, daneben derbe Aggregate, körnig, stengelig.—Fundorte: Oberpfalz/Bayern, Tirol, Italien, Spanien, England, UdSSR, USA. — Die abgebildete Stufe zeigt von Baryt (S. 38) überzogene F.-Kristalle, Fundort Oberpfalz. — F. beschleunigt das Schmelzen von Erzen, den Schmelzfluß.

Kryolith zählt wie Fluorit zu den Fluormineralien, bildet meist derbe, grobkörnige Aggregate. Er hat Bedeutung bei der Aluminiumherstellung.

Natrolith gehört mit Analcim, Chabasit, Desmin, Heulandit und Skolezit zur Zeolith-Gruppe. — Kennzeichnend sind meist helle säulige bis nadelige Kristalle. Vorkommen in Klüften und Hohlräumen von Basalten und Phonolithen (Nr. 147).

20

21

22

23

24

Mineralien der Sedimente

Für die Sedimentgesteine sind Salzmineralien, Kalkmineralien, Dolomit, Baryt, Coelestin, Strontianit, Witherit und Tonmineralien als Gesteinsbildner charakteristisch. Daneben sind Erze und die meisten der magmatisch entstandenen Mineralien (wie Quarz, Glimmer, Feldspat) vertreten.

Salzmineralien bilden sich aus dem Meerwasser; die bekanntesten sind Steinsalz, Anhydrit, Gips und die Abraumsalze.

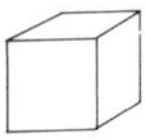

25 Steinsalz (Halit) bezeichnet sowohl ein Mineral als auch das daraus aufgebaute Gestein (Nr. 188). — Formel NaCl (Chlornatrium), Mohshärte 2, Spez. Gew. 2,1—2,2, fettartiger Glasglanz, durchsichtig. Farbe weiß, grau, gelblich, blau, rot, farblos. Strich weiß, Bruch muschelig, Spaltbarkeit vollkommen, schmeckt salzig, färbt Flamme gelb. — Vorkommen nur in Sedimentgesteinen. Kristalle (kubisch) vornehmlich Würfel, daneben derbe Ausbildung. — Fundorte: Niedersachsen, Staßfurt/DDR, Bayern, Oberösterreich, Tirol, Italien, Spanien, UdSSR, USA. Das abgebildete Steinsalz stammt von Staßfurt.

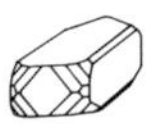

26 Anhydrit (griech. »wasserfrei«) bezeichnet ein Mineral wie auch das daraus aufgebaute Gestein (Nr. 189). — Formel $CaSO_4$ (Calciumsulfat), Mohshärte 3—4, Spez. Gew. 2,9—3,0, Perlmutter- bis Glasglanz, durchsichtig bis undurchsichtig, Farbe weiß, grau, bläulich, rot, farblos. Strich weiß, Bruch splittrig, spröde, Spaltbarkeit vollkommen. — Vorkommen mit Steinsalz und Gips. Kristalle (rhombisch) selten, würfelähnlich, meist feinkörnig-dicht, spätig, faserig. — Fundorte: Niedersachsen, Harz, Schweiz, Österreich, England, Chile. Nr. 26 ist von Bad Ischl/Österreich.

27 Alabaster ist eine dichte, weiße oder marmorierte Abart des Gips (s. unten). Bedeutendste Fundorte in der Toskana/Italien.

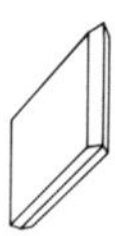

28 Marienglas (Fraueneis) sind klare, durchsichtige Spaltstücke von Gipskristallen. Früher Schutzglas bei Marienbildern (Name). — Fundort des abgebildeten M. ist Cartagena/Spanien.

29 Gips ist der Name für ein Mineral wie auch für das daraus aufgebaute Gestein (Nr. 190/192). Besser »Gipsspat« für das Mineral und »Gipsstein« für das Gestein. — Formel $CaSO_4 \cdot 2H_2O$ (wasserhaltiges Calciumsulfat), Mohshärte $1^1/_2$—2, Spez. Gew. 2,2—2,4, Glas- bis Perlmutterglanz. Strich weiß, Bruch muschelig, unelastisch biegsam, Spaltbarkeit sehr vollkommen. — Vorkommen mit Steinsalz und Anhydrit. Kristalle (monoklin) häufig, meist prismatisch tafelig, auch nadelig-faserig. Durchkreuzungszwillinge (S. 14) und Berührungszwillinge (Schwalbenschwanzzwillinge). In Trockengebieten rosettenartig ausgebildete »Wüstenrosen« (S. 17). — Fundorte: Thüringen, Harz, Kärnten/Österreich, Schweiz, Italien, Frankreich, Chile. Die abgebildete Stufe stammt von Thüringen.

Abraumsalze (besser Edelsalze) werden die in Salzlagerstätten zuoberst liegenden Kalisalze genannt. Die wichtigsten Kalisalzmineralien sind Kainit, Karnallit, Kieserit, Polyhalit, Sylvin. Bedeutendste Kali-Lagerstätte der Welt ist neben Kanada Staßfurt/DDR. — A. sind geschätzte Dünger.

25

26

27

28

29

Kalkmineralien sind Calcit mit den verschiedenen Varietäten und die Modifikation Aragonit.

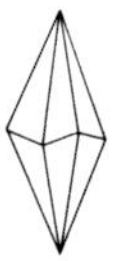

Calcit (Kalkspat) ist nach Quarz an der Erdoberfläche am weitesten verbreitet. — Formel $CaCO_3$ (Calciumcarbonat), Mohshärte 3, Spez. Gew. 2,6 bis 2,8, Glasglanz, durchsichtig bis undurchsichtig. Farbe weiß, grau, gelb, rötlich, bräunlich, grün, farblos. Strich weiß, bei starken Verunreinigungen auch farbig, Bruch muschelig, spröde, Spaltbarkeit sehr vollkommen. Beim Übergießen mit kalter, verdünnter Salzsäure zeigt C. infolge Kohlensäureentwicklung kräftiges Brausen. — Vorkommen im Kalkgestein, als Gemengteil oder als Bindemittel in zahlreichen Sandsteinen, in vielen Metamorphiten, auf Erzgängen, als Drusen- und Sinterbildung. Kristalle (hexagonal — trigonal) sehr verbreitet, vorherrschend steile Rhomboeder, Skalenoeder und Prismen, viele Formkombinationen, häufig Zwillinge; große Kristalle auf Klüften und in Drusen; daneben auch feinkörnig, säulig, spätig, stengelig. — Fundorte: Kalkalpen, Jura, Harz, Erzgebirge, Italien, England, Frankreich.

Doppelspat, eine farblos-klare rhomboedrische Varietät des Calcit mit ausgeprägter doppelter Lichtbrechung. Der isländische Calcit zeigt die Doppelbrechung besonders deutlich (S. 16). — Technische Verwendung für optische Instrumente. — Die bisher ergiebigste Fundstelle von Helgustadir in Ost-Island ist heute erschöpft.

Aragonit (benannt nach Fundort Aragonien/Spanien) ist eine rhombische Modifikation des Calciumcarbonat. — Formel $CaCO_3$ (Calciumcarbonat), Mohshärte $3\frac{1}{2}$—4, Spez. Gew. 2,9, Glasglanz, durchsichtig bis undurchsichtig. Farbe grau, gelblich, weiß, rötlich, bläulich, farblos. Strich weiß, Bruch muschelig, spröde, Spaltbarkeit unvollkommen. Beim Übergießen mit kalter, verdünnter Salzsäure zeigt A. wie Calcit infolge Kohlensäureentwicklung kräftiges Brausen. — Vorkommen auf Erzlagerstätten, Klüften, Hohlräumen. Als Gesteinsbildner von untergeordneter Bedeutung. Baut Sprudelstein (Nr. 184) und Erbsenstein (Nr. 185) auf. Da A. allmählich in den stabileren Calcit übergeht, gibt es keine älteren A.-Bildungen. A. ist Bestandteil von Muschelschalen und von im Meer entstandenen Perlen. Kristalle (rhombisch) viel seltener als Calcit, Prismen mit keilförmigen Enden, radialstrahlig (S. 12), parallelfaserig, nadelig, ästig-verzweigt, oolithisch, Zwillinge und Viellinge. — Fundorte: Kaiserstuhl, Harz, Erzberg/Steiermark, Hüttenberg/Kärnten, Karlsbad/CSSR, Italien, Spanien.

30 Calcit (Kalkspat) mit skalenoedrischen Kristallen. — Fundort Dietfurt/Fränkische Alb.

31 Calcit (Kalkspat) in säulig-strahliger Ausbildung. — Fundort Berchtesgaden/Bayern.

32 Calcit (Kalkspat) als Spaltstück. — Fundort Grainau/Bayern.

33 Aragonit, Durchdringungsvielling. — Fundort Pyrenäen.

34 Eisenblüte ist ästig-verzweigter Aragonit. — Entsteht bei Verwitterung von Siderit. — Fundort Hüttenberg/Kärnten.

30

31

32

33

34

35 Dolomit (Bitterspat, Bitterkalk) ist der Name für ein Mineral (besser »Dolomitspat«) wie auch für das daraus aufgebaute Gestein (Nr. 195, besser »Dolomitstein«). — Formel $CaMg(CO_3)_2$ (Calciummagnesiumcarbonat), Mohshärte $3^1/_2$—4, Spez. Gew. 2,8—2,9, Glasglanz, durchscheinend. Farbe weißlich, gelblich, bräunlich, selten farblos-klar. Strich weiß, Bruch muschelig, spröde, Spaltbarkeit vollkommen. Braust beim Übergießen mit warmer verdünnter Salzsäure auf. — Vorkommen auf Gängen und Klüften, oft mit Calcit verwachsen, Hauptgemengteil des Gesteins Dolomit. Kristalle (trigonal) oft sattelförmig gekrümmt, Spaltrhomboeder vorherrschend, daneben körnig, spätig, dicht, zellig-porös. — Fundorte: Freiberg/Sachsen, Bayern, Kärnten, Erzberg/Steiermark, Schweiz, Italien. Die abgebildete Stufe ist mit Calcit überkrustet, Durham/England.

Ankerit (Braunspat), eisenhaltiger Dolomit, selten in großen Massen.

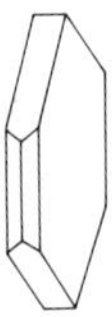

36 Baryt (Schwerspat), $BaSO_4$ (Bariumsulfat), Mohshärte 3—$3^1/_2$, Spez. Gew. 4,3—4,7, Perlmutter- bis Glasglanz, durchsichtig bis durchscheinend. Farbe weiß-grau, gelblich, rötlich, seltener farblos-klar. Strich weiß, Bruch muschelig, spröde, Spaltbarkeit vollkommen, färbt Flamme grün. — Vorkommen auf Erzgängen. Kristalle (rhombisch) dünntafelig, säulig, rosenartig-blättrig (Barytrosen), daneben körnig, spätig, dicht. — Fundorte: Meggen/Westfalen, Harz, Schwarzwald, Odenwald, Bleiberg/Kärnten, Schweiz, England, USA. — Die abgebildete Stufe zeigt B. auf Fluorit, Nabburg/Bayern. — Verwendung zum Beschweren, beim Strahlenschutz, als Glätt- und Füllstoff.

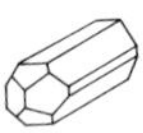

Coelestin (Zölestin, Abb. S. 12), $SrSO_4$ (Strontiumsulfat), Mohshärte 3 bis $3^1/_2$, Spez. Gew. 3,9—4,0, Perlmutter- bis Glasglanz, durchsichtig bis durchscheinend. Farbe weiß, farblos, oft bläulich. Strich weiß, Bruch muschelig, spröde, Spaltbarkeit vollkommen, färbt Flamme rot. — Vorkommen auf Klüften und Drusen. Kristalle (rhombisch) flächenreich, säulig, tafelig, körnig-spätige Aggregate. — Fundorte: Westfalen, Jena/DDR, Salzburg/Österreich, Sizilien, England, Mexiko.

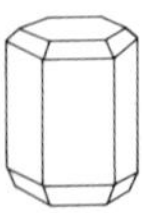

Strontianit, $SrCO_3$ (Strontiumcarbonat), Mohshärte $3^1/_2$, Spez. Gew. 3,7 bis 3,8, fettiger Glasglanz, durchsichtig bis durchscheinend. Farbe weiß-grau, farblos-klar, gelblich. Strich weiß, Bruch muschelig, spröde, Spaltbarkeit vollkommen, färbt Flamme karminrot. — Vorkommen auf Klüften in Kalksteinen und Mergeln. Kristalle (rhombisch) als Doppelpyramide, nadelig, faserig, strahlig. — Fundorte: Harz, Tirol, Schottland.

Witherit, $BaCO_3$ (Bariumcarbonat), Mohshärte $3^1/_2$, Spez. Gew. 4,3—4,4, matter Glasglanz, durchsichtig bis durchscheinend. Farbe weiß, grau, gelblich. Strich weiß, Bruch uneben, spröde, Spaltbarkeit vollkommen, pulverisiert sehr giftig! — Selten. Kristalle (rhombisch) doppelseitige Pyramiden, strahlig, faserig, kugelige, derbe Aggregate. — Fundorte: England, USA.

Tonmineralien sind Mineralkörner unter 0,05 mm Durchmesser, schuppenartig aufgebaut, von ausgezeichneter Spaltbarkeit. Entstehen bei Zersetzung silicatischer Mineralien, haben großen Anteil am Aufbau der Tongesteine (S. 106). Das bekannteste T. ist neben Montmorillonit der schneeweiße Kaolinit, Hauptgemengteil der Porzellanerde, des Kaolins (Nr. 161).

35

36

Mineralien der Metamorphite

Neben Quarz, Feldspat, Glimmer, Augit, Hornblende und Olivin sind folgende Mineralien für die Metamorphite typisch: Andalusit, Chlorit, Cordierit, Disthen, Epidot, Granat, Graphit, Prehnit, Serpentin, Sillimanit, Staurolith, Talk, Vesuvian, Wollastonit, Zoisit.

37 Graphit ist eine Modifikation des Kohlenstoff (C). — Mohshärte 1, Spez. Gew. 2,1—2,3, Metallglanz, matt, undurchsichtig, Farbe stahlgrau bis eisenschwarz. Strich grau, Bruch uneben, Spaltbarkeit vollkommen, fühlt sich fettig an, ist abfärbend. — Kristalle (hexagonal) sehr selten, schuppige Aggregate. — Fundorte: Bayern, Steiermark, Madagaskar, Korea, USA. Nr. 37 stammt von Kaiserberg/Steiermark. — Verwendung für Bleistifte und Schmelztiegel, als Schmiermittel.

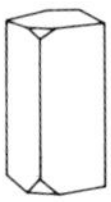

38 Andalusit, $Al_2O[SiO_4]$ (Alumosilicat), Mohshärte 7½, Spez. Gew. 3,1 bis 3,2, Glasglanz, matt, undurchsichtig. Farbe grau, rötlich, violett. Strich weiß, Bruch uneben, spröde, Spaltbarkeit unvollkommen, oberflächlich häufig von Muskovitblättchen bedeckt. Kristalle rhombisch, körnig. — Fundorte: Tirol, Schweiz, Spanien. Der abgebildete A. stammt von Tirol.

Chiastolith (Kreuzstein), stengelige grauweiße Varietät des Andalusit.

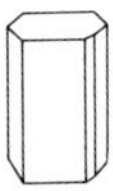

39 Disthen (Cyanit, Kyanit), $Al_2O[SiO_4]$ (Alumosilicat), Mohshärte längs 4½, quer 7, Spez. Gew. 3,5—3,7, Perlmutter- bis Glasglanz, durchscheinend. Farbe bläulich, weißlich, farblos. Strich weiß, Bruch faserig, Spaltbarkeit vollkommen. Kristalle (triklin) häufig. — Fundorte: Spessart, Tirol, Schweiz, Indien, USA, Brasilien. Abb. 39 (D. in Schiefer) vom Tessin.

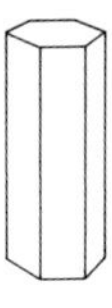

40 Staurolith, $Fe(OH)_2 \cdot 2Al_2SiO_5$ (Eisen-Alumosilicat), Mohshärte 7—7½, Spez. Gew. 3,7—3,8, Glasglanz, matt, rauh, durchscheinend bis undurchsichtig. Farbe rötlichbraun. Strich weiß, Bruch muschelig, uneben, Spaltbarkeit vollkommen. Oft gesetzmäßig mit Disthen (Nr. 39) verwachsen. Kristalle (rhombisch) bilden Zwillingskreuze. — Fundorte: Spessart, Tirol, Tessin, USA. Die abgebildete Stufe stammt vom Tessin/Schweiz.

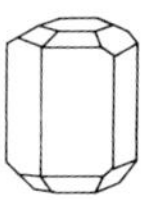

41 Cordierit (Dichroit), $Mg_2Al_3[AlSi_5O_{18}]$ (Alumosilicat), Mohshärte 7 bis 7½, Spez. Gew. 2,5—2,6, Glas- bis Fettglanz, durchsichtig bis durchscheinend. Farbe bläulich, gelbgrau (Dichroismus, S. 65). Strich weiß, Bruch muschelig, Spaltbarkeit vollkommen. — Kristalle rhombisch. — Fundorte: Bayerischer Wald, Sachsen, Schweden, Schottland. Nr. 41 stammt von Kisko/Finnland.

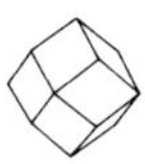

42 Granat bezeichnet eine Gruppe von Mineralien mit ähnlichen Eigenschaften, aber chemisch verschiedenem Aufbau (Silicate). — Mohshärte 6½ bis 7½, Spez. Gew. 3,4—4,6, harziger Glas- bis Fettglanz, durchsichtig bis undurchsichtig. Alle Farben außer blau, auch farblos. Strich weiß, Bruch muschelig, splittrig, rauh, spröde, Spaltbarkeit unvollkommen. — Kristalle (kubisch) vorwiegend Rhombendodekaeder und Ikositetraeder (Nr. 94), daneben derbkörnig (Nr. 216). — Fundorte: Spessart, Harz, Böhmen, Alpen, England, Finnland, USA. Nr. 42 zeigt Almandin-Granate in Glimmerschiefer, Zillertal/Österreich. — In der Technik Schleifmittel. Viele G. dienen als Schmucksteine (S. 58).

37

38

39

40

41

42

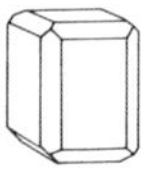

43 Vesuvian (Idokras, Wiluit), ein kompliziertes Calcium-Magnesium-Eisen-Silicat, Mohshärte 6½, Spez. Gew. 3,4, Glas- bis Fettglanz, durchscheinend. Farbe olivgrün, grüngelb, grau, braun, rotbraun. Strich weiß, Bruch uneben, splittrig, Spaltbarkeit unvollkommen. — Vorkommen in metamorphisierten Kalkgesteinen. Kristalle (tetragonal) häufig, kurze, dicke prismatische Säulen, nadelig, körnig-dichte Aggregate. — Fundorte: Südtirol, Vesuv, Wallis/Schweiz, CSSR, USA, Mexiko. Die abgebildete Stufe stammt von Norwegen. — Gelegentlich als Schmuckstein verwendet.

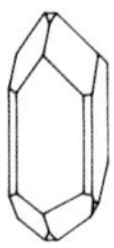

44 Diopsid gehört mit Fassait, Hedenbergit und Omphacit zur metamorphen Reihe der Augitgruppe. — Formel $CaMg[Si_2O_6]$ (Calcium-Magnesium-Silicat), Mohshärte 5—6, Spez. Gew. 3,3, Glasglanz, durchsichtig bis undurchsichtig. Farbe grün, weiß, gelb, farblos, Strich weiß, Bruch uneben, rauh, Spaltbarkeit vollkommen. — Vorkommen auf Klüften und Drusen. Kristalle (monoklin) meist säulig mit fast quadratischem Querschnitt, stenglige, derbe, körnige Aggregate. — Fundorte: Sachsen, Alpen, Vesuv, Schweden, Ural, Kalifornien/USA. Nr. 44 ist der typisch smaragdgrün-gefärbte Chromdiopsid, Finnland.

45 Prehnit, $Ca_2Al(OH)_2[AlSi_3O_{10}]$ (Kalk-Tonerde-Silicat), Mohshärte 6 bis 6½, Spez. Gew. 2,8—3,0, Glas- bis Perlmutterglanz, durchsichtig bis durchscheinend, Farbe gelblich, grünlich, weiß, farblos. Strich weiß, Bruch uneben, Spaltbarkeit vollkommen. — Vorkommen auf Klüften und Drusen. Kristalle (rhombisch) selten, tafelig, prismatisch, meist fächerartige Gruppen, aufgeblättert wie Doppeläxte, Zwillinge. — Fundorte: Harz, Schwarzwald, Alpen, Schottland. Die abgebildete Stufe stammt vom Radautal/Harz.

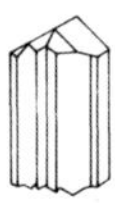

46 Zoisit, $Ca_2Al_3[OH(SiO_4)_3]$ (Calciumalumosilicat), Mohshärte 6—6½, Spez. Gew. 3,1—3,4, Perlmutter- bis Glasglanz, undurchsichtig. Farbe grau, gelblich, grünlich, Strich weiß, Bruch uneben, Spaltbarkeit vollkommen. — Vorkommen in Kalksilicatgesteinen. Kristalle rhombisch, meist breitstenglig-geknickte Aggregate, auch faserig-gekrümmt. — Fundorte: Fichtelgebirge, Tirol, Schweiz, Norwegen, USA. Nr. 46 stammt von Mexiko.

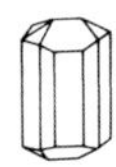

47 Epidot (Pistazit), ein kompliziertes Calcium-Aluminium-Eisen-Silicat, Mohshärte 6—7, Spez. Gew. 3,4—3,5, lebhafter Glasglanz, durchsichtig bis durchscheinend. Farbe grün bis schwarzbraun. Strich grau, Bruch muschelig, uneben, splittrig, Spaltbarkeit vollkommen. — Vorkommen in Drusen und auf Klüften. Kristalle (monoklin) lang gestreckt, prismatisch, flächenreich, meist zu Bündeln gruppiert, derb-strahlige Aggregate, häufig Zwillinge. — Fundorte: Erzgebirge, Alpen, Ural, Alaska. — Die abgebildete Stufe stammt vom Untersulzbachtal in den Hohen Tauern/Österreich.

Klinozoisit, eine eisenarme, graue bis hellrosafarbene Varietät des Epidot.

Piemontit, eine Varietät des Epidot in rotfarbenen, strahligen Aggregaten.

Sillimanit, Al_2SiO_5 (Alumosilicat), Mohshärte 6—7, Spez. Gew. 3,2, Seiden-, Glasglanz, durchsichtig bis durchscheinend. Farbe grau, gelb, grünlich, bräunlich. Strich weiß, Bruch uneben, Spaltbarkeit vollkommen. — Kristalle (rhombisch) selten, stenglig-faserige Aggregate; dichte mit Quarz durchwachsene Massen heißen Faserkiesel. — Fundorte: Spessart, Tirol.

43

44

46

45

47

48 Talk, $Mg_3(OH)_2[Si_4O_{10}]$ (Magnesiumsilicat), Mohshärte 1, Spez. Gew. 2,7—2,8, Fett- bis Perlmutterglanz, durchscheinend bis undurchsichtig. Farbe weißgrau, bräunlich. Strich weiß, Bruch uneben, unelastisch biegsam, Spaltbarkeit sehr vollkommen, fühlt sich fettig an. — Kristalle (monoklin) selten, blättrige Aggregate. Dichte, speckartige Varietät heißt Speckstein (Steatit, Topfstein, Bildstein). — Fundorte: Fichtelgebirge, Sachsen, Alpen, Norwegen, Ural, USA. Nr. 48 stammt von Kalifornien/USA. Verwendung zu Schneiderkreide, Puder, für feuerfeste Geräte.

Pyrophyllit, dem Talk äußerlich und in Verwendung ähnlich.

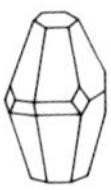

49 Chlorit ist Sammelname einer Gruppe grünlich aussehender Silicate mit ähnlicher Zusammensetzung: Chamosit, Daphnit, Delessit, Klinochlor Pennin, Prochlorit. — Mohshärte 1—3, Spez. Gew. 2,6—3,3, Glas- bis Perlmutterglanz, matt, durchscheinend. Strich weiß bis grün, Bruch splittrig, unelastisch biegsam, Spaltbarkeit sehr vollkommen. — Gesteinsbildend in Chloritschiefer (Nr. 249). Kristalle (monoklin) selten, schuppige Aggregate, oft andere Mineralien überstaubend (Titanit, Nr. 268). — Fundorte: Kärnten, Tirol, Schweiz, Italien. Nr. 49 ist Klinochlor, Bayer. Wald.

50 Meerschaum (Sepiolith), Verwitterungsprodukt des Serpentin (s. u.). — Mohshärte 2¹/₂, Spez. Gew. 2,0 (Raumgewicht wegen großer Porosität kleiner 1), matt. Farbe weißlich. Strich weiß. — Einzig bedeutender Fundort ist Eskischehir/Türkei. — Verwendung zu Zigarettenspitzen.

51 Serpentin ist der Name für ein Mineral wie auch für das daraus aufgebaute Gestein (Nr. 215, besser »Serpentinfels«). — Formel $Mg_6(OH)_8[Si_4O_{10}]$ (Magnesiumsilicat), Mohshärte 3—4, Spez. Gew. 2,5 bis 2,6, durchscheinend bis undurchsichtig. Strich weiß, Bruch muschelig, splittrig, zäh. — Nur mikrokristalline (monoklin) dichte Aggregate. — Zwei Strukturformen: Antigorit oder Blätterserpentin (blättrig, gelb bis grün, matt bis seidenglänzend), Chrysotil oder Faserserpentin (faserig, seidig-golden. Feinfaserige Varietäten heißen Asbest, Nr. 53). — Fundorte: Fichtelgebirge, Kärnten, Schweiz, Ural, Kanada. Nr. 51 von Norwegen.

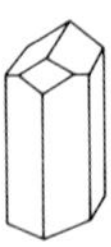

52 Strahlstein (Aktinolith) gehört zur Hornblendegruppe (S. 30). — Bildet stengelige bis wirrstrahlige dunkelgraugrüne Aggregate mit Glas- und Seidenglanz, Mohshärte 5¹/₂—6, Spez. Gew. 2,9—3,3, Strich weiß. — Fundorte: Hohe Tauern, Kärnten, Schweiz. Fundort von Nr. 52 ist Tirol. — Feinfaseriger S. ist biegsam und wird als Asbest (s. u.) verwendet.

Nephrit (Beilstein), mikrokristallines Strahlsteinaggregat von großer Zähigkeit. Verwendung wie Jadeit (Nr. 71). — Fundorte: UdSSR, China.

53 Asbest ist eine Sammelbezeichnung für feinstfaserige Mineralien der Serpentin- und Hornblendegruppe. Zu den Hornblende-A. zählen Amiant, Anthophyllit, Byssolith, Glaukophan, Krokydolith, Strahlstein und Tremolit. Bedeutender sind die feuerfesteren Serpentin-A. (Chrysotil-A.). Spinnbare Fasern werden zu feuer- und säurefesten Geweben verarbeitet. — Fundorte: UdSSR, Kanada, Südafrika. Nr. 53 ist Chrysotil-A. von Kanada. — Bergleder, Bergflachs sind volkstümliche Bezeichnungen für verfilzte Asbeste.

48

49

50

51

52

53

Edel- und Schmucksteine

Schon immer hat der Mensch eine Hinneigung zu edlen Steinen gehabt, sei es von der Religion her, von Zauber und Mystik bestimmt oder nur aus Freude an der Klarheit und Farbenpracht der Kristalle.
Obwohl edle Steine selten sind, ist ihre Gewinnung im allgemeinen doch recht einfach. Unabhängig vom Werden der Steine liegen ihre Vorkommen vorwiegend auf sekundärer Lagerstätte. Durch Verwitterung der Primärgesteine gelangen die Edelstein-Mineralien, die verwitterungsbeständiger als die gesteinsbildenden Mineralien sind, in die von Flüssen abgelagerten Lockergesteine, die sog. Seifen, wo sie verhältnismäßig leicht ausgewaschen werden können. Da ihr spezifisches Gewicht im allgemeinen auch höher liegt als das von Quarzsanden, werden sie vor jenen abgelagert und in bestimmten Gesteinsschichten angereichert.
Karat ist seit der Zeit der griechischen Antike die Gewichtseinheit im Edelsteinhandel. Heute ist das Karatgewicht nach internationaler Vereinbarung als Metrisches Karat (mct) auf 200 mg (= 0,2 g) festgesetzt. In früheren Zeiten waren die Karatgewichte in den einzelnen Ländern verschieden. Weniger wertvolle Schmucksteine, wie die Quarze, werden im allgemeinen nach Gramm (g) gehandelt.

Eigenschaften

Die meisten Edelsteine gehören zum Reich der Mineralien. Sie haben daher auch die entsprechenden Eigenschaften (S. 16). Die Härte der wirklich edlen Steine liegt oberhalb 7 der Mohsschen Härteskala. Diese Härtegrade werden daher auch als Edelsteinhärte bezeichnet. Wegen der großen Härte kann der allgegenwärtige Quarzstaub (Mohshärte 7) den Edelsteinen nicht schaden. Bei besonders schönen Schmucksteinen nimmt man eine geringere Härte in Kauf.
Die physikalischen Unterschiede genügen nicht, um die Edel- und Schmucksteine von den anderen Mineralien oder Mineral-Aggregaten unterscheiden, ja überhaupt sagen zu können, was ein Edelstein ist.
Was ist nun das wirklich Besondere an Edelsteinen? Neben gewissen Vorzügen in den physikalischen und chemischen Eigenschaften schwingt sehr viel Subjektives mit. Für den einen sind es die wundervollen Kristallgestalten, die herrlichen Farben und die großartigen Lichtwirkungen, schlechthin das Schöne. Für den anderen ist es das Dauerhafte, die Unvergänglichkeit der Edelsteine. Die bevorzugte Härte schützt sie vor Zerstörung. Dazu kommt das Seltene; denn nur was nicht häufig ist, kann begehrenswert sein. Daneben ist es heute vielfach der Geldwert, der einen zu Edelsteinen hinführt, sei es zur reinen Geldanlage oder zur Repräsentation. Eine allgemeingültige Definition für Edelsteine gibt es nicht, allen gemeinsam ist aber wohl das Schöne und das Seltene.
Außer den natürlich gewordenen Edelsteinen gibt es seit dem Ende des vorigen Jahrhunderts auch synthetische Edelsteine. Diese sind künstlich

erzeugt und haben annähernd die gleichen chemischen und physikalischen Eigenschaften wie die natürlichen Steine.
Mit solchen durchaus wertvollen synthetischen Edelsteinen sind die sog. Imitationen nicht zu verwechseln, denn das sind Nachahmungen aus anderen Materialien (vornehmlich Glas und Kunstharz). Sie zeigen deshalb auch ganz andere chemisch-physikalische Eigenschaften. Nur im Äußerlichen, in Farbe, Glanz und gewissen Lichterscheinungen ähneln sie den wirklichen Edelsteinen. Gablonz in der CSSR und Neu-Gablonz bei Kaufbeuren/Bayern sind die weltweit bekannten Zentren der Imitationen von einst und jetzt.
Künstliche zusammengesetzte Schmucksteine nennt man Dubletten. Sie bestehen teils aus echten Edelsteinen, teils sind sie mit Emaille oder Glas gemischt. Solcherart werden kleinere Steine zu größeren zusammengefügt oder auch wertvollere Schmucksteine vorgetäuscht. Am wertvollsten sind jene Dubletten, bei denen Ober- und Unterteile aus echten Edelsteinen bestehen.
Bei all den verschiedenen Edelsteinen und Edelsteinarten stehen die optischen Eigenschaften, und als sichtbare Effekte besonders die Farben, im Vordergrund. Diese Farben können durch Radiumbestrahlung und durch Erhitzen (sog. Brennen) beeinflußt und auch stark verändert werden. Allerdings sind derart erzeugte Farben nicht unbedingt beständig. Teilweise verblassen sie nach einiger Zeit, bekommen unansehnliche Flecken oder nehmen die ursprüngliche Farbe wieder an.
Färben durch Zugabe von Farbstoffen ist nur bei porösen Steinen möglich, bei echten Edelsteinen ausgeschlossen. Viele Achate, die von Hause aus eintöniges Grau zeigen, erhalten durch Einfärben attraktive Farben.
Neben der Farbe hat auch die Durchsichtigkeit eine große Bedeutung für die Wertschätzung eines Edelsteins. Die wertvollsten Edelsteine sind lupenrein, d. h. sie zeigen selbst bei 10facher Vergrößerung keine Fehler. Einschlüsse (Hohlräume, Luftblasen, Fremdkörper) und Spaltrisse beeinträchtigen den Preis. Flächenhaft eingelagerte Fremdkörper bezeichnet der Fachmann als Fahnen oder Federn.
Eine besondere Schwierigkeit bereitet dem Laien die Vielfalt der Edelsteinnamen. Obwohl Normenausschüsse wie auch der Internationale Juwelierverband verbindliche Nomenklaturen für Schmuck- und Edelsteine festgelegt haben, gibt es im Handel noch eine Fülle von irreführenden bzw. unsachgerechten Namen und Begriffen. Auf S. 64 sind solche Handelsbezeichnungen den echten Mineralnamen gegenübergestellt.

Beschreibung

Eine Klassifikation der Edelsteine ist schwierig. In der Mineralogie werden sie nicht eigens herausgegliedert, sondern sind wie die übrigen Mineralien den nach chemischen Gesichtspunkten geordneten Mineralklassen eingefügt (S. 23). Für den Nichtfachmann ist es jedoch verständlicher, die Edelsteine nach der Wertschätzung zu klassifizieren. So werden auch im folgenden die Edelsteine behandelt, vom leicht zu erwerbenden Quarz bis zum wertvollen Diamant, Korallen und Bernstein als organische Bildungen zuallerletzt.

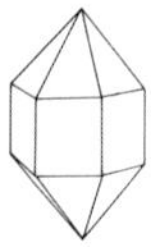

Quarz-Gruppe: Quarz ist sowohl als gesteinsbildendes Mineral (S. 24) als auch als Schmuck- und Edelstein weit verbreitet. Die großkristallinen Bildungen (trigonal) zeigen meist eine sechsseitige Säule mit pyramidalen Flächen an den Enden.

54 Amethyst, der bedeutendste Edelsteinvertreter aus der Gruppe der Quarze, ist seit dem Altertum bekannt. — Formel SiO_2 (Siliciumdioxid), Mohshärte 7, Spez. Gew. 2,6, Glasglanz, durchsichtig bis durchscheinend. Farbe violett; farbgebende Substanz sind Eisen, Mangan und Titan. Strich weiß, Bruch muschelig. Spaltbarkeit keine. — Vorkommen in Drusen und Gängen, seltener auf Seifen. — Fundorte: Brasilien, Uruguay, Madagaskar, Ural, Ceylon, Frankreich. Fundort des abgebildeten Stückes ist Uruguay.

55 Rauchquarz (fälschlich Rauchtopas), ein rauchbraun bis rötlichbraun gefärbter Bergkristall (Nr. 1). Dunkle Abarten heißen Morion. Die Farbe rührt von radioaktiver Bestrahlung durch Nachbargestein oder Höhenstrahlung her. — Physik. Eigenschaften wie bei Amethyst (Nr. 54). — Fundorte: Alpen, Ural, Brasilien, Madagaskar. Der abgebildete Kristall stammt von Graubünden/Schweiz.

56/57 Rosenquarz ist stark rissig und kaum durchsichtig. Die wenig lichtbeständige Farbe schwankt zwischen hellrosenrot bis schwach violett. Farbgebende Substanz ist Mangan. Viele der im Handel befindlichen R. sind durch Eisenoxid künstlich gefärbt. — Physik. Eigenschaften wie bei Amethyst (Nr. 54). R. erscheint vorwiegend in derber Ausführung und zeigt nur selten Kristallflächen. — Fundorte: Brasilien, Madagaskar, USA, Ural, Österreich. Die abgebildeten R. stammen von Brasilien.

58 Avanturin (Aventurin, Avanturinquarz), ein aus feinen Quarzkörnern zusammengesetztes Aggregat, undurchsichtig und von derber Ausbildung. Er zeigt auf polierten Flächen einen metallischen Schiller. Eingelagerte Eisenglanzblättchen bewirken eine rotbraune Farbe (Goldstein), Chromglimmer Grünfärbung (Chrysoquarz). — Physik. Eigenschaften wie bei Amethyst (Nr. 54). — Fundorte: Ural, Indien, Brasilien, Madagaskar. Der abgebildete grüne A. stammt von Brasilien.

59 Citrin (Zitrin, fälschlich Goldtopas), ein zitronen- bis goldgelber Quarz. Die färbende Substanz ist Eisen. Die im Handel befindlichen C. sind meist gebrannte Amethyste. — Physik. Eigenschaften wie bei Amethyst (Nr. 54). — Fundorte: Brasilien, Madagaskar, Spanien. Die abgebildete Gruppe ist gebrannter Amethyst aus Brasilien.

60/61 Tigerauge besteht aus parallelstengeligem Quarzaggregat mit Einlagerungen von feinfaserigem Brauneisen. Die Farbe ist goldbraun, bei polierter Oberfläche seidenglänzend und flächenschimmernd. — Gegen Salzsäure sehr empfindlich! — Fundorte: Südafrika, Westaustralien.

Falkenauge und **Quarzkatzenauge** sind dem Tigerauge ähnlich.

Prasem ist eine weniger bekannte Quarzvarietät, durch Einlagerung von grüner Hornblende lauchgrün gefärbt.

54

55

56

57

58

59

60

61

Quarz-Gruppe: feinkristalline (dichte) und nichtkristalline (amorphe) Ausbildungen. — Formel SiO_2 (Siliciumdioxid), Mohshärte 7, Spez. Gew. 2,6, Glasglanz oder matt, Strich weiß, Spaltbarkeit keine.

62 Chalcedon besteht aus feinen Quarzfasern, stets etwas porös (daher färbbar), trüb durchscheinend, zeigt eine Lagenanordnung. Farblich je nach eingelagerten Beimengungen sehr verschieden. — Vorkommen in sinterförmigen Krusten und Hohlraumausfüllungen. — Fundorte: Brasilien, Uruguay, Indien, Madagaskar, Nr. 62 (anpoliert) stammt von Brasilien. — Abarten: Carneol (braunrot), Sarder (rotbraun), Heliotrop oder Blutjaspis (grün mit roten Punkten).

63 Jaspis (Hornstein), undurchsichtiges, feinkörniges Quarzaggregat von verschiedenartigem Aussehen, unregelmäßig gefleckt oder geflammt. Künstlich blau gefärbter J. heißt fälschlich Deutscher Lapis. — Vorkommen in Ausfüllungen von Klüften und Hohlräumen. — Fundorte: Idar-Oberstein/Rheinland-Pfalz, Ägypten, Indien. Nr. 63 (anpoliert) von Idar-Oberstein.

64 Achat, feinfaseriges Quarzaggregat aus der Gruppe der Chalcedone mit radialstrahliger und konzentrisch-schaliger Struktur. Die Farben der meisten A. sind von Natur aus blaß, grau. Durch künstliches Einfärben kräftige Tönungen. — Vorkommen als Knollen in geologisch älteren kieselsäurearmen Ergußgesteinen, sekundär in Tonen und Seifen. — Entstehung durch Auskristallisierung von Kieselsäure an den Außenwänden abgekapselter Hohlräume (Drusen). Infolge Unterschieden in Farbe, Fasergröße und Porosität bilden sich wechselnde Lagenstärken. Das Innerste der A.-Drusen oft mit gut ausgebildeten Bergkristallen (Nr. 1), Amethysten (Nr. 54) oder Rauchquarzen (Nr. 55) erfüllt. — Fundorte: Brasilien und Uruguay. Der abgebildete A. (anpoliert) stammt von Idar-Oberstein/Rheinland-Pfalz. — Nach der Zeichnung der Lagen verschiedene Namen: Band-, Ruinen-, Stern-, Wolken-Achat. Onyx ist schwarz-weiß gestreifter Achat.

65 Chrysopras, ein Chalcedon von apfelgrüner Farbe. Farbgebende Substanz sind Nickelsilicate. Da Farbe unregelmäßig verteilt und größere Stücke meist rissig sind, nur kleine Teile verwertbar. — Vorkommen in Knollen und Spaltfüllungen. — Fundorte: Schlesien, Ural, Brasilien, USA. Nr. 65 (anpoliert) von Australien.

66 Holzstein ist »versteinertes Holz«, d. h. durch Kieselsäure umgewandeltes Holz aus geologisch älterer Zeit mit deutlicher Holzstruktur, teilweise mit Jahresringen, entweder faserig (Chalcedongruppe), körnig (Jaspisgruppe), amorph (Opalgruppe). — Fundorte: Arizona/USA, Patagonien, Ägypten. Die abgebildete Holzscheibe (anpoliert) stammt aus Patagonien.

67 Moosachat, farblos durchscheinender, mit moosähnlichen grünen Einlagerungen (Hornblendefasern) erfüllter Chalcedon. Fundorte: Indien, China USA. Fundort des abgebildeten M. ist Indien.

Opal ist nicht kristallisierte (amorphe) Masse aus Kieselsäure und Wasser. Beliebte Edelsteine sind der braunrote Feueropal und der milchig-weiße Edelopal mit buntem Farbschiller (Opalisieren). Sammlersteine ohne Edelsteinwert sind Wachs-, Milch-, Holzopal.

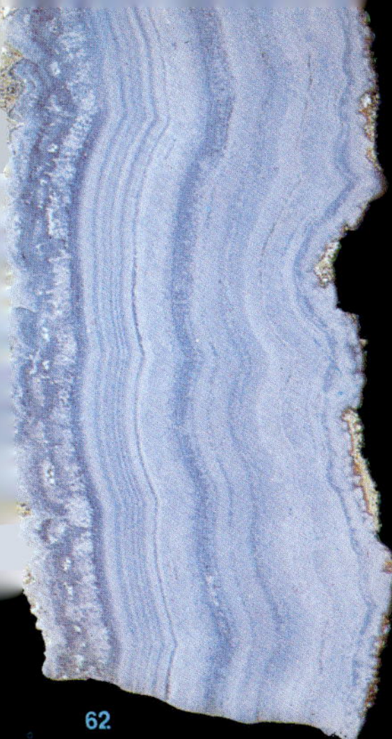

62

63

64

65

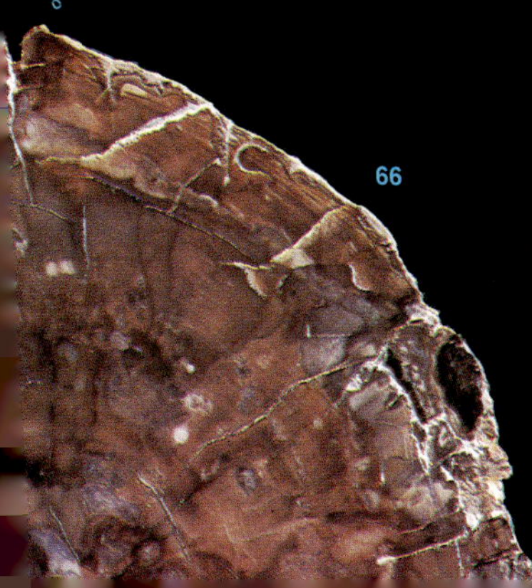

66

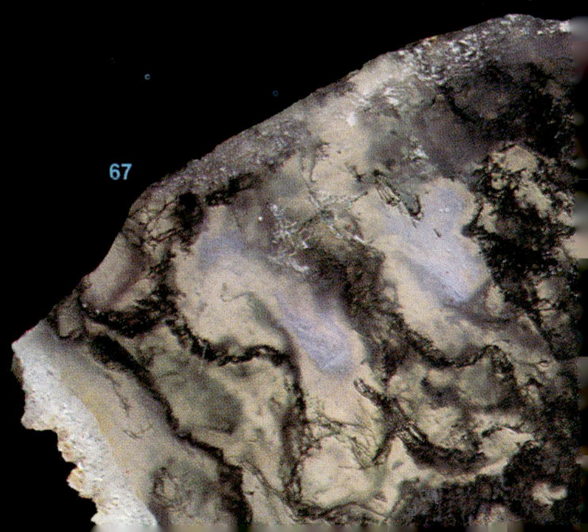

67

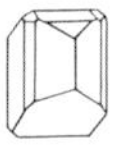

68/69 Amazonit (Amazonenstein), ein Kalifeldspat (S. 26), Mohshärte 6—6½, Spez. Gew. 2,6, Glasglanz, undurchsichtig. Farbe grünblau, grün; farbgebende Substanz Kupfer. Strich weiß, Spaltbarkeit vollkommen (druckempfindlich!). — Vorkommen in Pegmatiten. Kristalle (triklin) prismatisch. — Fundorte: USA, Ural, Madagaskar, SW-Afrika, Indien. Nr. 68 (geschliffen) stammt von Norwegen, Nr. 69 (angeschliffen) von Madagaskar. — Verwendung zu kunstgewerblichen Gegenständen oder als Cabochon.

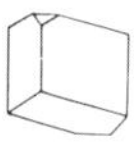

70 Mondstein, der wertvolle Edelstein aus der Gruppe der Feldspäte (Kalifeldspat, S. 26), Mohshärte 6—6½, Spez. Gew. 2,6, Glas- bis Seidenglanz, durchscheinend. Farblos, bei gewölbtem Schliff bläulich wogender Lichtschimmer. Strich weiß, Spaltbarkeit sehr vollkommen (druckempfindlich!). — Vorkommen in Pegmatiten, auf Seifen. Kristallsystem monoklin, derbe Ausbildung, Spaltstücke. — Fundorte: Ceylon, Brasilien, USA, Australien, Madagaskar. Der abgebildete M. von Indien.

71 Jadeit gehört zur Augitfamilie (S. 30, $NaAl[Si_2O_6]$. Er wird im Handel mit dem nach Aussehen, Zähigkeit und Verwendung ähnlichen Nephrit (Hornblende-Varietät, S. 44) als Jade bezeichnet. — Mohshärte 6—6½, Spez. Gew. 3,3, Glasglanz, Fettglanz, durchscheinend bis undurchsichtig. Farbe flaschengrün, grünlichweiß, weiß, fleckig; farbgebende Substanz Eisen und Chrom. Strich weiß, Bruch uneben, splittrig, sehr zäh. — Vorkommen in Serpentingesteinen, auf Seifen. Kristallsystem monoklin, feinfaseriges Aggregat. — Fundorte: Burma, China, Tibet, Japan, Mexiko. Fundort des abgebildeten J. ist China. — Verwendung als Tafelstein, Anhänger, zu kunstgewerblichen Gegenständen. — Viele Imitationen und Falschbezeichnungen (S. 64).

72/73 Rhodonit, $Mn(SiO_3)$ (Mangansilicat), Mohshärte 5½—6½, Spez. Gew. 3,5—3,6, Glas- bis Perlmutterglanz, durchscheinend bis undurchsichtig. Farbe dunkelrosenrot bis bläulichrot, von schwarzen Adern aus Manganoxid durchzogen. Strich weiß, Bruch muschelig, uneben, Spaltbarkeit vollkommen. — Vorkommen in bankiger Lagerung. Kristalle (triklin) selten, tafelig, säulig, derbe, körnige Massen. — Fundorte: Ural, Schweden, USA, Australien. Nr. 72 (Cabochon) von Australien, Nr. 73 (angeschliffen) von New Jersey/USA. — Verwendung zu kunstgewerbl. Gegenständen.

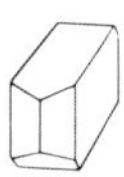

74 Labradorit (Labradorstein, Labrador, nicht zu verwechseln mit dem Labrador der Bauwirtschaft, S. 86), ein Feldspat (Plagioklas, S. 26), Mohshärte 6—6½, Spez. Gew. 2,7, Metallglanz, undurchsichtig. Farbe rauchgrau bis schwarzgrau, prächtiges Farbenspiel (Labradorisieren), Ursache dafür sind Interferenzerscheinungen des Lichts an Lamelleneinlagerungen von Kalifeldspat. Strich weiß, Spaltbarkeit vollkommen (druckempfindlich!). — Vorkommen in basischen Eruptivgesteinen. Kristallsystem triklin, derbe Aggregate. — Fundorte: Labrador/Kanada, UdSSR. Nr. 74 von der Labradorküste. — Verwendung zu kunstgewerblichen Gegenständen.

Spektrolith, ein Labradorit aus Finnland. Sein Labradorisieren beruht auf eingelagertem, von Ilmenitlamellen durchwachsenem Magnetit.

Avanturinfeldspat (Sonnenstein), Sammelname für verschiedene Feldspäte mit meist rot-metallischen Lichtreflexen; Verwendung gering.

68

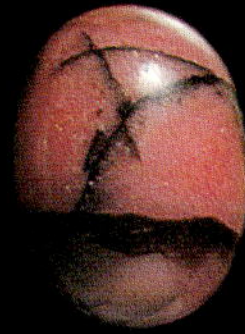

72

71

70

69

73

74

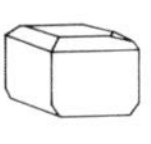

75 Azurit (Kupferlasur), $2\,CuCO_3 \cdot Cu(OH)_2$ (bas. Kupfercarbonat), Mohshärte $3^1/_2$—4, Spez. Gew. 3,7—3,9, Glasglanz, durchscheinend bis undurchsichtig. Farbe tiefblau. Strich himmelblau, Bruch muschelig, uneben, spröde, Spaltbarkeit vollkommen. — Vorkommen in Oxidationszonen von Kupferlagerstätten. Kristalle (monoklin) häufig, kurzsäulig, gedrungen, flächenreich, derbe, dichte erdige Aggregate. — Fundorte: UdSSR, SW-Afrika, USA. Das abgebildete Aggregat stammt von Mexiko. — Verwendung für kunstgewerbliche Gegenstände.

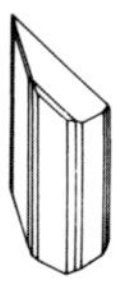

Spodumen umfaßt eine Gruppe von Lithium-Tonerde-Silicaten, $LiAl[Si_2O_6]$, teilweise mit Edelsteinqualität. Der Spodumen im engeren Sinne ist nicht tief gefärbt, meist trüb und unscheinbar grau. Nur Sammlerstein. Größere Bedeutung haben Hiddenit (Nr. 77) und Kunzit (Nr. 76).

76 Kunzit, bedeutendster Vertreter der Spodumengruppe (s. o.). — Mohshärte 6—7, Spez. Gew. 3,2, Glasglanz, durchsichtig. Farbe rosa bis hellviolett (Pleochroismus, S. 65); farbgebende Substanz ist Mangan, nicht lichtbeständig. Strich weiß, Bruch uneben, Spaltbarkeit vollkommen (druckempfindlich!). — Vorkommen in Pegmatiten. Kristalle (monoklin) prismatisch, tafelig, gelegentlich sehr groß. — Fundorte: USA, Brasilien, Madagaskar. Der abgebildete K. stammt von Brasilien. — Verwendung mit Brillant- und Treppenschliff.

77 Hiddenit gehört zur Spodumengruppe (s. o.). — Mohshärte 6—7, Spez. Gew. 3,2, Glasglanz, durchsichtig, Farbe gelblichgrün, bläulichgrün (Pleochroismus, S. 65); farbgebende Substanz ist Chrom mit Eisen. Strich weiß, Bruch uneben, Spaltbarkeit vollkommen (druckempfindlich!). — Vorkommen in Pegmatiten. Kristalle monoklin) prismatisch, tafelig. — Fundorte: USA, Brasilien, Madagaskar. Nr. 77 von Brasilien. — Sammlerstein.

78 Chrysokoll (Kieselkupfer, Kieselmalachit), $CuSiO_3 \cdot nH_2O$ (Kupfersilicat), Mohshärte 2—4, Spez. Gew. 2,2, Fettglanz, durchscheinend. Farbe grün, blau, Strich grünlichweiß, Bruch muschelig, Spaltbarkeit keine. — Vorkommen als traubiger Überzug oder als Spaltausfüllung auf Kupfer-Erzen. — Mikrokristallin oder amorph. — Fundorte: Ural, SW-Afrika, Chile, USA. Nr. 78 von Mexiko. — Für kunstgewerbl. Gegenstände.

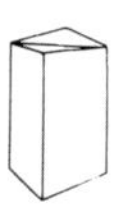

79 Malachit, $CuCO_3 \cdot Cu(OH)_2$ (Kupfercarbonat), Mohshärte $3^1/_2$—4, Spez. Gew. 3,9—4,0, Seidenglanz, undurchsichtig. Farbe smaragdgrün bis schwarzgrün. Strich hellgrün, Bruch splittrig, schalig, Spaltbarkeit vollkommen, empfindlich gegen Hitze und gegen Säuren. — Vorkommen auf Kupfer-Erz-Lagerstätten. Kristalle monoklin, Aggregate von feinen Nadeln in Knollen mit konzentrisch-schaligem Aufbau. — Fundorte: Ural, Kongo, Rhodesien, Chile, USA, Australien. Der abgebildete M. (angeschliffen) stammt von Katanga/Kongo. — Für kunstgewerbl. Gegenstände.

80 Dioptas (fälschlich Kieselkupfersmaragd, Kupfersmaragd), $Cu_6[Si_6O_{18}] \cdot 6\,H_2O$ (Kupfersilicat), Mohshärte 5, Spez. Gew. 3,3, Glasglanz, durchsichtig. Farbe smaragdgrün. Strich grün bis bläulich, Bruch muschelig, uneben, Spaltbarkeit vollkommen. — Vorkommen auf Spalten von Kalksteinen. — Kristalle (trigonal) klein, prismatisch. — Fundorte: Chile, USA, SW-Afrika, Zaire. Nr. 80 von Tsumeb/Südwestafrika. — Sammlerstein.

75

76

77

78

79

80

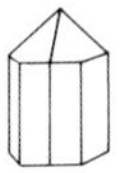

81/82/83 Topas (Edeltopas), $Al_2[(F,OH)_2|SiO_4]$ (Tonerdesilicat), Mohshärte 8, Spez. Gew. 3,5—3,6, Glasglanz, durchsichtig bis undurchsichtig. Farbe gelb, rosa, blau, farblos; farbgebende Substanz Eisen, Chrom. Strich weiß, Bruch muschelig, uneben, Spaltbarkeit vollkommen (druckempfindlich!). — Vorkommen auf Seifen, Drusen, Verwitterungsböden. Kristalle (rhombisch), Prismen mit achtseitigem Querschnitt. — Fundorte: Brasilien, Ceylon, SW-Afrika, UdSSR. Nr. 81 und Nr. 82 stammen von Brasilien, Nr. 83 (auf Quarz) vom Erzgebirge. — Verwendung mit Brillant-, Treppen-, Scherenschliff. Farbveränderung durch Erhitzen und Radiumbestrahlung.

84 Spinell, Sammelname für eine große Zahl von Mineralien, nur wenige (Edle Spinelle) als Schmuckstein zu verwenden. Formel $MgAl_2O_4$ (Magnesiumaluminat), Mohshärte 8, Spez. Gew. 3,6, Glasglanz, durchsichtig bis undurchsichtig. Farbe rot, blau, violett, gelb, grün, farblos; farbgebende Substanz Eisen, Mangan, Chrom. Strich weiß, Bruch muschelig, Spaltbarkeit unvollkommen. — Vorkommen in Kontaktgesteinen und auf Seifen. Kristalle (kubisch) kleine Oktaeder. — Fundorte: Ceylon, Burma, Thailand, Afghanistan, Brasilien. Der abgebildete Kristall stammt von Indien. — Verwendung mit Brillant-, Treppen-, Cabochonschliff. — Schwarze Varietäten heißen Ceylanit (Ceylonit) oder Pleonast.

85/86 Türkis (Kallait), $CuAl_6[(OH)_2|PO_4]_4 \cdot 4\,H_2O$ (Tonerde-Phosphat), Mohshärte 5—6, Spez. Gew. 2,6—2,8, wachsartiger Glasglanz, undurchsichtig. Farbe blau bis grünblau, fleckig, netzartig, Ausbleichen oder Umfärben durch Sonnenlicht, Hautschweiß, Seifen möglich (Türkisringe beim Waschen abstreifen!); farbgebende Substanz Kupfer und Eisen. Strich weiß, Bruch muschelig bis uneben, spröde. — Vorkommen in Spalten und kleinen Hohlräumen aluminiumhaltiger Gesteine. Kristallsystem triklin, traubignierige, poröse Aggregate von kleineren Körnern und Fasern mit weißer amorpher Substanz. — Fundorte: Persien, Afghanistan, USA, Mexiko, China, Australien. Nr. 85 stammt von Arizona/USA, Nr. 86 (angeschliffen) von Nevada/USA. — Verwendung zu Schmuckzwecken und kunstgewerblichen Gegenständen. Schliff mugelig. Verwechslung mit dem seltenen Mineral Lazulith (Blauspat) möglich.

Türkismatrix sind Türkissteine mit brauner oder schwarzer Äderung.

87 Sodalith, $Na_8Cl_2[AlSiO_4]_6$ (Alumosilicat), Mohshärte 5—6, Spez. Gew. 2,2—2,4, Glasglanz bis Fettglanz, durchscheinend bis undurchsichtig. Farbe blau, gelblichweiß, farblos. Strich weiß, Bruch muschelig, Spaltbarkeit vollkommen. — Vorkommen in kieselsäurearmen Magmatiten. Kristalle kubisch, meist derbe Massen rundlicher Körner. — Fundorte: Brasilien, USA, Indien. Nr. 87 von Kanada. — Für kunstgewerbl. Gegenstände.

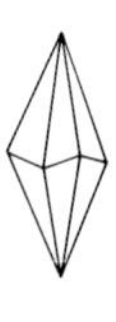

88 Rhodochrosit (Himbeerspat, Manganspat), $MnCO_3$ (Mangancarbonat), Mohshärte 4, Spez. Gew. 3,3—3,7, Glasglanz, durchscheinend. Farbe rosa, seltener grau, braun, farblos. Strich weiß, Bruch muschelig, uneben, Spaltbarkeit vollkommen. — Vorkommen als Erz-Begleitmineral. Kristalle (trigonal) klein, stenglige oder derbe Aggregate. — Fundorte: Argentinien, Rumänien. Der abgebildete R. stammt von Argentinien. — Schön gefärbte Steine für kunstgewerbliche Gegenstände. Wichtiges Mangan-Erz (S. 166).

81
82
84
85
83
86
87
88

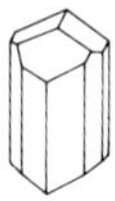

89/90/91 Turmalin, Borsilicat mit komplizierter chemischer Formel. Mohshärte 7—7½, Spez. Gew. 3,0—3,2, Glasglanz, durchsichtig bis undurchsichtig. Farbe grün, rot, blau, gelb, braun, schwarz, farblos; starker Pleochroismus (S. 65); farbgebende Substanz Chrom, Mangan, Nickel, Kobalt, Titan. Strich weiß, Bruch muschelig bis uneben, spröde, Spaltbarkeit keine, hitzeempfindlich! Durch Reiben laden sich T. elektrisch auf und ziehen dann kleine Papierfetzen an. — Vorkommen in Pegmatiten. Kristalle (trigonal) langgestreckt, dreiseitige Säulen mit Längsstreifung. — Fundorte: Brasilien, USA, Madagaskar, SW-Afrika, Ural, Ceylon. — Verwendung in den verschiedensten Schliffarten.
Farben ungleich verteilt, an Enden und auch Kern und Umhüllung verschiedenfarbig. Rote Varietäten heißen Rubellit, blaue Indigolith, violette Siberit, braune Dravit, farblose Achroit, die für Schmuckzwecke kaum geeigneten schwarzen T. heißen Schörl. — Imitationen in allen Farbtönen. Die abgebildeten T. stammen von Brasilien. Nr. 89 ist typisch zweifarbig, Nr. 90 ein geschliffener Rubellit, Nr. 91 zeigt Schörl in Quarz.

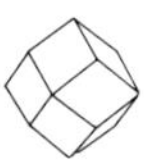

92/93/94 Granat, Gruppe von Mineralien mit ähnlichen Eigenschaften (Silicate). In Metamorphiten gesteinsbildend (S. 40, Nr. 42, Nr. 216). Zahlreiche G. als Schmucksteine. — Mohshärte 6½—7½, Spez. Gew. 3,4—4,6, harziger Glas- bis Fettglanz, durchsichtig bis undurchsichtig. Alle Farben außer blau; farbgebende Substanz Eisen, Mangan, Chrom, Titan. Strich weiß, Bruch muschelig, splittrig, spröde, Spaltbarkeit unvollkommen. — Vorkommen in Metamorphiten und auf Seifen. Kristalle (kubisch) Rhombendodekaeder und Ikositetraeder. — Fundorte: Böhmen, Alpen, Südafrika, USA, Ceylon. — Verwendung mit Facetten- und Cabochonschliff.
Varietäten: Pyrop (dunkelblutrot), Almandin (bräunlichrot), Spessartin (braunrot, gelblich), Grossular (grünlich, rotgelbe Abart Hessonit oder Kaneelstein), Andradit (braunschwarz, Abart Demantoid grün, Melanit grauschwarz, Topazolith grünlichgelb), Uwarowit (smaragdgrün). — Nr. 92 Hessonit von Italien, Nr. 93 Almandin (geschliffen) von Ceylon, Nr. 94 Almandin von Südafrika.

95 Zirkon, Nebengemengteil in Magmatiten (S. 32), Stahlveredler-Erz (S. 166) und Schmuckstein. — Formel $Zr(SiO_4)$ (Zirkoniumsilicat), Mohshärte 7½, Spez. Gew. 4,0—4,7, Diamant-, Fettglanz, durchsichtig bis undurchsichtig. Farbe braun, rot, gelb, grün, blau, farblos (rotbraune Varietät heißt Hyazinth); farbgebende Substanz sind radioaktive Elemente. Strich weiß, Bruch muschelig, sehr spröde (druckempfindlich!), Spaltbarkeit unvollkommen. — Vorkommen auf Seifen. Kristalle tetragonal, meist abgerollte Körner. — Fundorte: Thailand, Ceylon, Südvietnam, Australien. Nr. 95 (geschliffen) von Ceylon. — Verwendung mit Brillantschliff.

96 Lapislazuli (Lapis, Lazurstein), Aggregat verschiedener Mineralien (Gestein!). Mohshärte ungefähr 5—6, Spez. Gew. 2,4—2,9, Glas- bis Fettglanz, undurchsichtig. Blaue Farbe von Lasurit (Mineral der Sodalithgruppe), weiße Streifen und Nester sind Calcit. Gegen Hitze und Säuren empfindlich! — Vorkommen in Marmoren. — Fundorte: Afghanistan, UdSSR, Burma, Chile. Der abgebildete L. von Chile. — Verwendung vornehmlich für Kunstgewerbe.

90
89
91
92
93
94
95
96

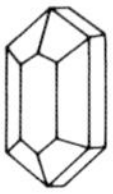

97 Alexandrit, Varietät des Chrysoberyll. — Formel $Al_2(BeO_4)$ (Berylliumaluminat), Mohshärte $8^{1}/_{2}$, Spez. Gew. 3,7, Glas-, Fettglanz, durchsichtig. Bei Tageslicht grün, bei Lampenlicht rot; farbgebende Substanz Chrom. Strich weiß, Bruch muschelig, spröde, Spaltbarkeit vollkommen. — Vorkommen auf Seifen. Kristalle rhombisch. — Fundorte: Ceylon, Ural, Rhodesien. Nr. 97 von Rhodesien.

Chrysoberyllkatzenauge (Katzenauge, Cymophan), Varietät mit Lichtschimmer.

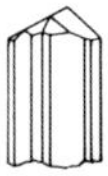

98 Tansanit, Varietät des Zoisit (S. 42). Mohshärte $6^{1}/_{2}$—7, Spez. Gew. 3,3, Glasglanz, durchsichtig. Kornblumenblau, Strich weiß. — Vorkommen in Pegmatiten. Kristalle (rhombisch) flächenreich. — Fundort: Tansania.

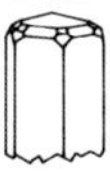

Beryll-Gruppe, Berylliumtonerdesilicate ($Al_2Be_3[Si_6O_{18}]$): Gemeiner Beryll Leichtmetall-Erz (S. 182), Smaragd, Aquamarin und Edelberyll Edelsteine. — Mohshärte $7^{1}/_{2}$—8, Spez. Gew. 2,7, Glasglanz, durchsichtig bis undurchsichtig. Strich weiß, Bruch muschelig, spröde, Spaltbarkeit keine. — Kristalle hexagonal. — Glasimitationen.

99/100 Smaragd (Beryll-Gruppe), Farbe dunkelgrün, grasgrün, farbgebende Substanz Chrom. — Vorkommen in Schiefern, Pegmatiten. Kristalle klein, Einschlüsse. — Fundorte: Kolumbien, Ural, Südafrika, Brasilien. Nr. 99 von Transvaal, Nr. 100 vom Habachtal/Österreich.

101/102 Aquamarin (Beryll-Gruppe), Farbe blaßblau bis tiefblau; farbgebende Substanz Eisen. — Vorkommen in Pegmatiten und auf Seifen. — Fundorte: Brasilien, Madagaskar, Südafrika, USA. Nr. 101 von Südafrika, Nr. 102 (auf Quarz) von Brasilien. — Verwendung mit Treppenschliff.

Edelberyll verschiedenfarbig, hellgelbgrün (Heliodor), orangebraun (Morganit), golden (Goldberyll). — Fundorte: Brasilien, Ceylon, Südafrika.

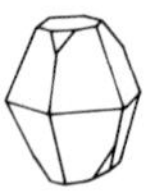

Korund-Gruppe: Aluminiumoxide (Al_2O_3). — Gemeiner Korund dient als Schleifmittel (Schmirgel), Rubin und Saphir sind Edelsteine. — Mohshärte 9, Spez. Gew. 3,9—4,1, Glas-, Diamantglanz, Dichroismus (S. 65). Strich weiß, Bruch muschelig, spröde, Spaltbarkeit keine. — Kristalle trigonal.

103/104 Saphir (Korund-Gruppe), kornblumenblau, grün, rötlichgelb, violett, farblos (Leukosaphir); farbgebende Substanz Eisen und Titan. — Vorkommen auf Seifen. — Fundorte: Burma, Thailand, Ceylon, Kaschmir. Die abgebildeten S. von Australien. — Verwendung mit Brillantschliff.

105/106 Rubin (Korund-Gruppe), rot, farbgebende Substanz Chrom. — Vorkommen auf Seifen. — Fundorte: Burma, Ceylon, Thailand. Nr. 105 von Norwegen, Nr. 106 von Burma. — Verwendung mit Brillantschliff.

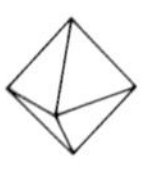

107/108 Diamant, reiner kristalliner Kohlenstoff (C). — Mohshärte 10, Spez. Gew. 3,5, Diamantglanz, durchsichtig bis undurchsichtig. — Farblos, gelblich, selten grün, blau, rötlich, schwarz. Strich nicht möglich, Bruch muschelig, Spaltbarkeit vollkommen. — Vorkommen in alten Vulkanschloten und auf Seifen. Kristalle kubisch. — Fundorte: Südafrika, Kongo, Angola, Tansania, Brasilien, Australien, UdSSR. — Verwendung mit Brillantschliff. — Nr. 107 von Südafrika, Nr. 108 Cullinan, der größte gefundene Diamant ($^{1}/_{2}$ natürlicher Größe), von Südafrika, Rohgewicht 3106 Karat.

97
99
98
102
100
101
103
104
105
106
108
107

Nichtmineralische Schmucksteine sind Koralle, Bernstein und Perle.

Korallen sind organogen entstandene Kalke, die in großer Anhäufung als Gestein anzusprechen sind. — Korallen bilden den Wohnsitz von kleinen Hohltierchen, den Korallentierchen (auch kurz als Korallen bezeichnet), die kalkige Substanz abscheiden. Derart entstehen Korallenbänke, Riffe und Atolle. Für den Edelsteinfreund sind aber nicht die Korallenriffe von Interesse, sondern nur die Korallenbänke mit ihren strauchartigen Korallenstöcken. Von diesen werden nur die roten und schwarzen Edelkorallen für Schmuckzwecke verwendet, die anderen haben Sammlerwert.

109 Edelkoralle, $CaCO_3$ (kohlensaurer Kalk), Mohshärte 3—4, Spez. Gew. 2,6—2,7, natürlich matt, poliert starker Glasglanz, undurchsichtig, Farbe rosa bis rot, daneben weiß und schwarz; farbgebende Substanz ist Eisenoxid. Die Farbtönung ist einheitlich oder fleckig. Teilweise verblaßt das Rot. Strich weiß, Bruch splittrig, Spaltbarkeit keine. Empfindlich gegen Hitze, Säuren und heiße Bäder. — Vorkommen als 20—50 cm hohe Stöcke auf Korallenbänken, bis 300 m Meerestiefe. — Die Gewinnung erfolgt mit Korallennetzen, die über den Meeresboden geschleppt werden. — Fundorte: Mittelmeer, Golf von Biscaya, Kanarische Inseln, Island, Malayischer Archipel, Japan. Schwarze Korallen gibt es im Malayischen Archipel, im Roten Meer, in Westindien, nur vereinzelt im Mittelmeer. Fundort der Edelkoralle Nr. 109 sind die Küstengewässer von Sizilien. — Verwendung nach Abrieb der Polypen und der fleischigen Haut als Perlen für Ketten, Anhänger, Broschen und für kunstgewerbliche Gegenstände. Stäbchenförmige Korallenteile werden längsgebohrt und auf Schnüre aufgezogen. — Zentrum der Korallenfischerei im Mittelmeer ist das Hafenstädtchen Torre del Greco im Golf von Neapel. — Imitationen aus Glas, Porzellan, Plastik.

110 Orgelkoralle von Tunesien, Sammlerstück.

111 Weiße Koralle von Kalabrien/Italien. — Mit bloßem Auge sind an der Oberfläche winzige Vertiefungen, die Wohnsitze der Korallen, zu sehen.

112 Bernstein ist organisch enstandenes, fossiles Harz von Nadelbäumen. — Formel etwa $C_{40}H_{64}O_4$, Mohshärte 2—2½, Spez. Gew. 1,0—1,1, Fettglanz, durchsichtig bis durchscheinend, durch eingeschlossene Luftbläschen trüb. Farbe honiggelb bis braun. Strich weiß, Bruch großmuschelig, spröde. Brennbar, empfindlich gegen Alkohol, Säuren und heiße Bäder. Durch Reiben mit einem Tuch wird B. elektrisch und zieht Papierschnitzel an. — Vorkommen in frühtertiären Tonen. Keine Kristallgestalt, amorph, Ausbildung nierig, körnig, plattig, homogen oder schalig, meist mit erdiger Verwitterungskruste bedeckt. Gelegentlich Einschlüsse von Insekten und Holzresten. — Bedeutendster Fundort ist Palmnicken an der Samlandküste/Ostpreußen, daneben übrige Ostseeländer, Rumänien, Sizilien, Burma. — Verwendung zu Ringsteinen, Anhängern, kunstgewerblichen Gegenständen. — Kleine Stücke werden zu Preßbernstein verarbeitet.

Perle, von Muscheln innerhalb der Schale erzeugtes, glänzendes, hellfarbiges Kügelchen aus kohlensaurem Kalk in der Modifikation des Aragonit (S. 36) und Conchyn. — Mohshärte 2½—4½, Spez. Gew. 2,6—2,9.

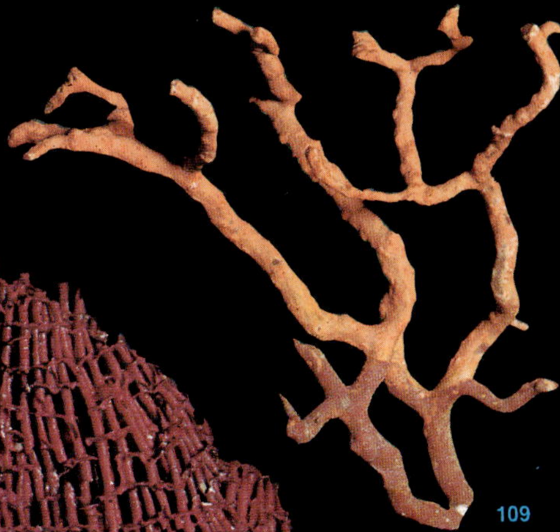

109

110

12

111

Verwendete Handelsbezeichnungen und richtige Mineralnamen
(siehe auch Seite 47)

Handelsbezeichnung	*Mineralname*
Afrika-Smaragd	grüner Fluorit
Alaska-Diamant	Bergkristall (Quarz-Gruppe)
Almandin-Spinell	Almandin (Granat-Gruppe)
Amerika-Jade	grüner Vesuvian
Arizona-Rubin	Pyrop (Granat-Gruppe)
Arizona-Spinell	Almandin (Granat-Gruppe)
Balas-Rubin	rosa Spinell
Böhmischer Diamant	Bergkristall (Quarz-Gruppe)
Böhmischer Rubin	Pyrop (Granat-Gruppe)
Böhmischer Topas	Citrin (Quarz-Gruppe)
Brasilianischer Aquamarin	blauer Topas
Brasil-Smaragd	grüner Turmalin
Ceylon-Diamant	farbloser Zirkon
Ceylon-Opal	Mondstein (Feldspat-Gruppe)
Ceylon-Rubin	Almandin (Granat-Gruppe)
Deutscher Diamant	Bergkristall (Quarz-Gruppe)
Deutscher Lapis	blaugefärbter Jaspis (Quarz-Gruppe)
Gold-Topas	Citrin oder gebrannter Amethyst (Quarz-Gruppe)
Kap-Rubin	Pyrop (Granat-Gruppe)
Kap-Smaragd	Prehnit
Kieselkupfer-Smaragd	Dioptas
Kupfer-Smaragd	Dioptas
Lithion-Smaragd	Hiddenit (Spodumen-Gruppe)
Matura-Diamant	farbloser Zirkon
Orientalischer Aquamarin	grünlichblauer Saphir
Orientalischer Hyazinth	rosa Saphir
Orientalischer Smaragd	grüner Saphir
Orientalischer Topas	gelber Saphir
Palmira-Topas	Citrin oder gebrannter Amethyst (Quarz-Gruppe)
Rauchtopas	Rauchquarz
Rubin-Spinell	Spinell
Sächsischer Diamant	farbloser Topas
Siam-Aquamarin	blauer Zirkon
Sibirischer Rubin	roter Turmalin
Spanischer Topas	Citrin (Quarz-Gruppe)
Straß-Diamant	Bergkristall (Quarz-Gruppe) oder Glasimitation
Synthetischer Aquamarin	aquamarinfarbener synthetischer Spinell
Transvaal-Jade	Grossular (Granat-Gruppe)
Ural-Smaragd	Demantoid (Granat-Gruppe)

Schleifen

Bis zur zweiten Hälfte des 16. Jahrhunderts wurden Edelsteine nur roh getragen oder mugelig (rundlich) geschliffen. Seitdem hat sich der Facettenschliff mit seinen vielen kleinen Flächen durchgesetzt.
Das Schleifen soll die Farbe des Edelsteins betonen, die Brillanz heben, die Farbzerstreuung (Dispersion) verstärken, besondere Lichtwirkungen hervorheben, aber andererseits Fehler und nachteilige Erscheinungen unterdrücken und möglichst viel Gewicht des Rohsteins erhalten. Erst durch das Schleifen bekommen die Edelsteine ihre Brillanz.
Nach der Art der Flächengestaltung unterscheidet man den mugeligen Schliff, den Glattschliff, den Facettenschliff und den aus verschiedenen Schliffarten kombinierten gemischten Schliff.
Beim mugeligen Schliff gibt es an der Steinoberfläche nur gewölbte, rundliche Formen. Solche Rundformen heißen Cabochon. Der Glattschliff mit einer Ebene wird für kunstgewerbliche Gegenstände (z. B. bei Achaten) angewandt. Größte Bedeutung hat der Facettenschliff. Bei den meisten Arten dieses Schliffs wird der Stein so bearbeitet, daß ein Oberteil von einem Unterteil zu unterscheiden ist, getrennt durch die Rondiste (Rundiste), der Stelle mit größtem Umfang. Beim Brillant-Facettenschliff werden die Facettenflächen nach strengen, errechneten Gesetzmäßigkeiten angelegt, so daß das einfallende Licht im Kristall wiederholt reflektiert und schließlich wieder nach oben zurückgeworfen wird. Dadurch ergeben sich eine große Lichtausbeute und eine hohe Brillanz.

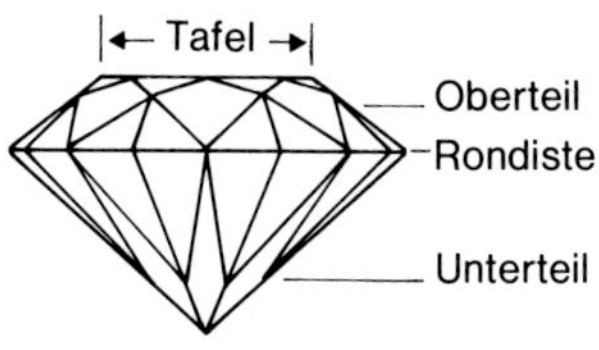

Vollschliff

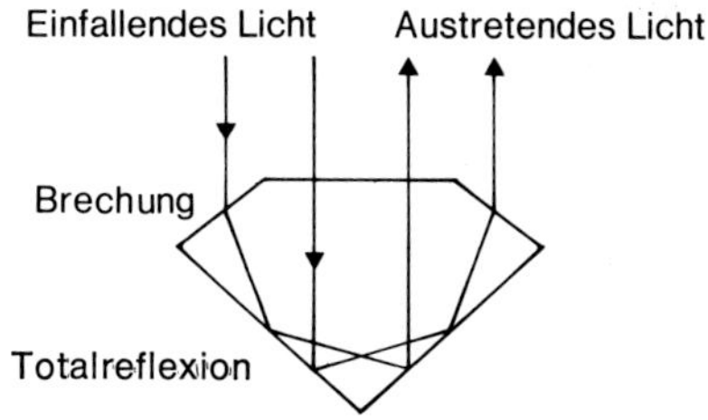

Strahlengang

Diamant-Brillant

Die Schlifformen sind von der Rondistebene abhängig. Sie können geometrisch exakt (quadratisch, rechteckig, rhombisch, rund) oder auch beliebig phantastisch sein (herz-, olivenförmig u. a.).
Besondere Aufmerksamkeit muß beim Schleifen jenen Edelsteinen gewidmet werden, die, von verschiedenen Richtungen betrachtet, unterschiedliche Farbtöne oder Farbtiefen aufweisen. Solche Zweifarbigkeit heißt Dichroismus, eine Mehrfarbigkeit Pleochroismus. Es ist eine Folge der Doppelbrechung und kann nur bei Mineralien der nichtkubischen Kristallsysteme auftreten. Pleochroismus gibt es nur im rhombischen, monoklinen und triklinen Kristallsystem. Alexandrit, Hiddenit, Kunzit, Rubin, Saphir und Turmalin lassen schon mit bloßem Auge die Mehrfarbigkeit erkennen.

Schliffarten der Edelsteine

Brillant-Vollschliff wird bei Steinen mit höherer Lichtbrechung angewandt. Ausschlaggebend für die Brillanz sind die Verhältnisse der Steinhöhe zum Tafeldurchmesser, die Verhältnisse des Tafeldurchmessers zum Rondistdurchmesser, die Proportionen der Oberteilhöhe und der Unterteilhöhe zur Gesamthöhe sowie die Neigungswinkel der Facettenarten zur Rondistebene. Je nach Höhe des Brechungsindex sind die Maßverhältnisse für die einzelnen Edelsteinarten verschieden. — Der Oberteil trägt 32 Facetten und die Tafel, der Unterteil 24 Facetten. — Mit dem Namen Brillant bezeichnet man immer nur den Diamant-Brillant, andere brillantgeschliffene Steine führen stets den Mineralnamen mit (Zirkon-Brillant, Topas-Brillant).

Altschliff ist der Diamantschliff des vorigen Jahrhunderts. Der Oberteil ist mit fast einem Drittel der Gesamthöhe deutlich höher als beim modernen Brillant-Vollschliff. Daher fehlt ihm die volle Brillanz.

Achtkant trägt im Ober- und Unterteil nur je 8 Facetten. Er wird für kleinste Diamanten, bei denen ein Vollschliff nicht möglich ist, verwendet.

Rose (Rosette) wird heute nur mehr selten geschliffen. Der Oberteil kann eine verschieden große Zahl von Facetten tragen. Ein Unterteil fehlt.

Treppenschliff ist die einfachste Art des Facettenschliffs, vornehmlich für farbige Steine. Mehrere Facetten liegen horizontal und kantenparallel, die Steilheit der Facetten nimmt gegen die Rondiste zu. Im Unterteil ist die Zahl der Facetten meist größer.

Scherenschliff ist eine Abart des Treppenschliffs. Die Facetten (vorwiegend des Oberteils) werden durch die »Schere« in vier Teilfacetten aufgegliedert.

Ceylonschliff trägt eine Vielzahl von (nicht immer symmetrisch angeordneten) Facetten, um ein möglichst großes Rohgewicht des Steins zu erhalten. Er wird häufig in Südasien angewandt, in Europa teilweise umgeschliffen.

Smaragdschliff, ein Treppenschliff mit achteckiger Form.

Tafelschliff (Flachschliff). Zugunsten einer großen Tafel ist der Oberteil nur wenig hoch. Als Siegel- und Herrenring verwendet, für Gravierungen geeignet. Die Schlifform ist ein Stumpfeck.

Cabochon ist die Schliffart für durchscheinende, undurchsichtige sowie durch Einschlüsse beeinträchtigte durchsichtige Steine. Der Oberteil ist rundlich kugelig geschliffen, der Unterteil eben oder flach gewölbt. Bei dunklen Steinen (wie Granat) wird der Unterteil nach innen eingewölbt *(Hohlschliff),* um die Tönung aufzuhellen. Die abgebildeten Schlifformen sind »Regelmäßig«, kombiniert mit »Antik«, bzw. »Überhöht«, kombiniert mit »Stumpf-Oval«.

Gemischter Schliff ist aus zwei Schliffarten zusammengesetzt. Entweder ist der Oberteil (insgesamt oder nur die Tafel) mugelig (Cabochon) und der Unterteil facettiert oder umgekehrt. — Auch Kombinationen von Treppen- und Brillantschliff sind möglich.

Schliffarten der Edelsteine (Ober- und Seitenansicht)

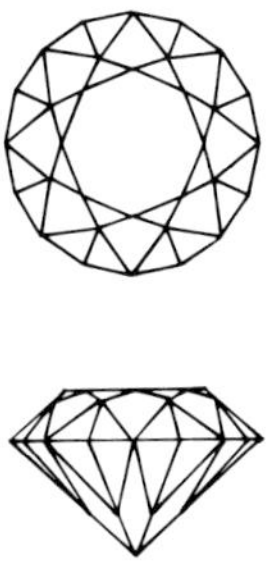

Brillant-Vollschliff

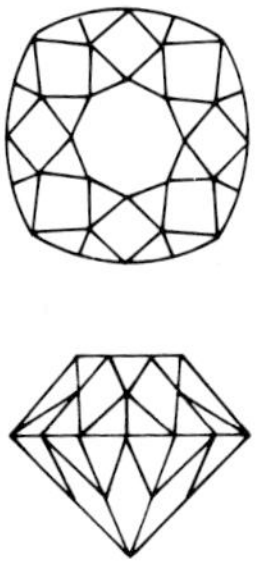

Altschliff

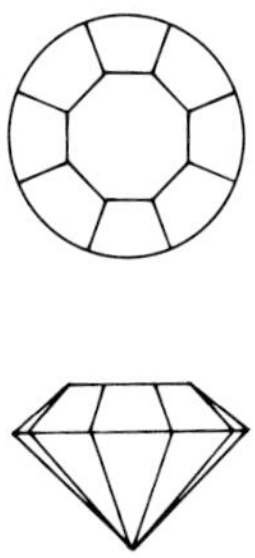

Achtkant

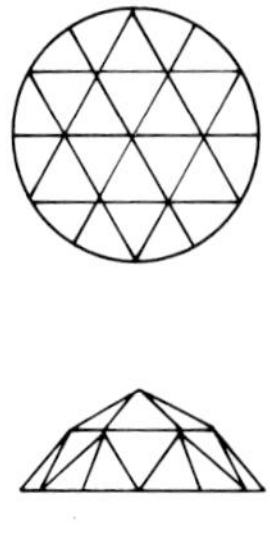

Rose

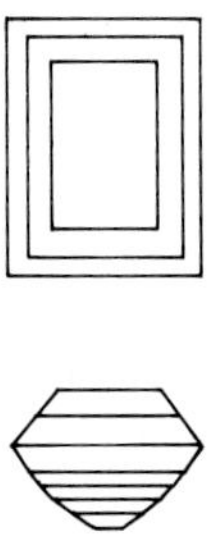

Treppen-Schliff

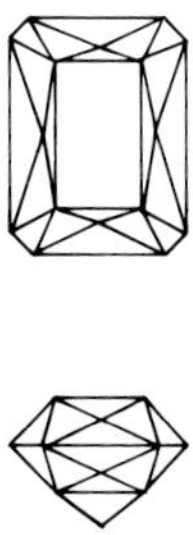

Scheren-Schliff

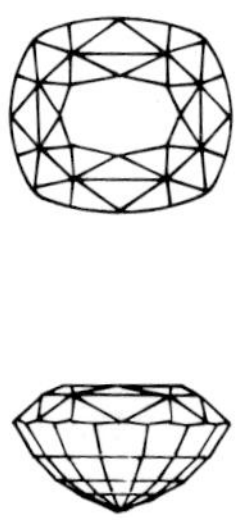

Ceylon-Schliff

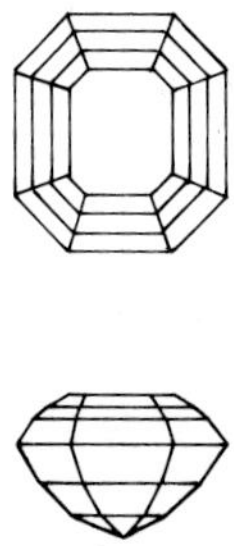

Smaragd-Schliff

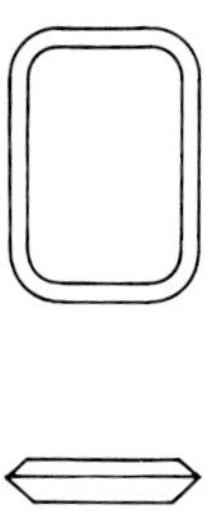

Tafel-Schliff

Cabochon

Cabochon

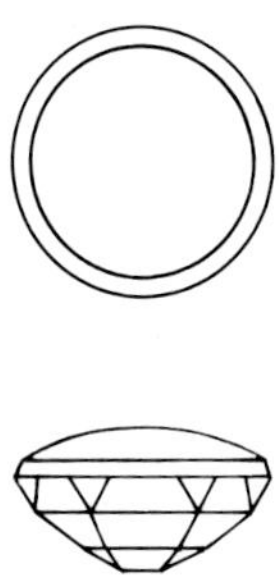

Gemischter Schliff

Gesteine

Gemenge von natürlich entstandenen Mineralien nennt man in der geologischen Wissenschaft Gesteine. In der Bauwirtschaft spricht man von Natursteinen oder einfach von Steinen. Damit keine Verwechslung mit den Steinen des Juweliers, den Schmucksteinen, eintritt, werden im folgenden die Mineralansammlungen als Gesteine bezeichnet.
Von den über 2000 Mineralien sind nur wenige am Aufbau der Gesteine entscheidend beteiligt.

Anteil der Mineralien am Aufbau der Erdkruste
bis 16 km Tiefe (nach H. Schumann, 1957)

Feldspat und Feldspatvertreter	60 %
Augit und Hornblende	16 %
Quarz	12 %
Glimmer	4 %
übrige Mineralien	8 %

Eine Gruppierung der Gesteine kann nach verschiedenen Gesichtspunkten vorgenommen werden. In der wissenschaftlichen Gesteinskunde erfolgt die Einteilung vorwiegend nach dem genetischen Prinzip, d. h nach der Art der Entstehung. Diese Gliederung wird auch im folgenden für die Hauptgruppierung der Gesteine verwendet.
Danach unterscheidet man drei Hauptgruppen: die Magmatite, die Sedimente und die Metamorphite. In einem natürlichen Kreislauf sind sie miteinander verbunden (S. 69).

Magmatite entstehen durch Erstarren von magmatischem Material an der Erdoberfläche oder in der Tiefe der Erdkruste. Sie werden auch als Magmatische Gesteine, Erstarrungsgesteine, Schmelzflußgesteine, Massengesteine oder (vereinzelt auch wie die Vulkanite, S. 70) als Eruptivgesteine, kurz Eruptiva, bezeichnet.

Sedimente entstehen durch Ablagerung irgendwelcher Gesteinsreste auf dem Festland oder im Meer. Sie heißen auch Sedimentgesteine, Absatzgesteine oder Schichtgesteine (vgl. S. 102).

Metamorphite entstehen durch Umwandlung anderer Gesteine in der Erdkruste infolge hoher Temperaturen und großer Drucke. Sie heißen auch Metamorphe Gesteine, Umwandlungsgesteine oder Kristalline Schiefer (vgl. S. 234).

Urgestein nannte man früher Magmatite und Metamorphite, weil man sie für die ältesten Bildungen der Erdkruste hielt. Heute wissen wir, daß diese Gesteine in jeder erdgeschichtlichen Epoche entstehen können. Der Begriff Urgestein ist daher irreführend und sollte vermieden werden.

Hart- und Weichgesteine nennen Steinmetz und Techniker der Bauwirtschaft die beiden Hauptgruppen ihrer Gesteinsgliederung. Die Grenze zwischen den beiden Gruppen liegt nach dem DIN-Normblatt 52 100 bei 1800 kp/cm² Druckfestigkeit. Den Techniker interessieren nicht so sehr Entstehung und Zusammensetzung, sondern vornehmlich die Härte des Gesteins. Danach muß er seine Werkzeuge und Maschinen aussuchen und den Arbeitsaufwand berechnen. Zu den Hartgesteinen gehören die Erstarrungsgesteine mit Ausnahme von Basaltlaven, dann Gneise und Amphibolite, Quarzite und Grauwacken, zu den Weichgesteinen zählen insbesondere Sandsteine, Kalksteine, Tuffe und Basaltlaven.

Fest- und Lockergesteine unterscheidet die Bauwirtschaft. Die Grenze liegt dort, wo ein gewisser Zusammenhalt der Gesteinsmasse offensichtlich ist.

Naturstein ist die Bezeichnung für das im Bauwesen verwendete, natürlich entstandene Gestein, im Gegensatz zu dem künstlich gefertigten Baustein, dem Kunststein.

Werkstein nennt man in der Bauwirtschaft jene Natursteine, die vom Steinmetz handwerksgerecht zu einer bestimmten Form behauen sind.

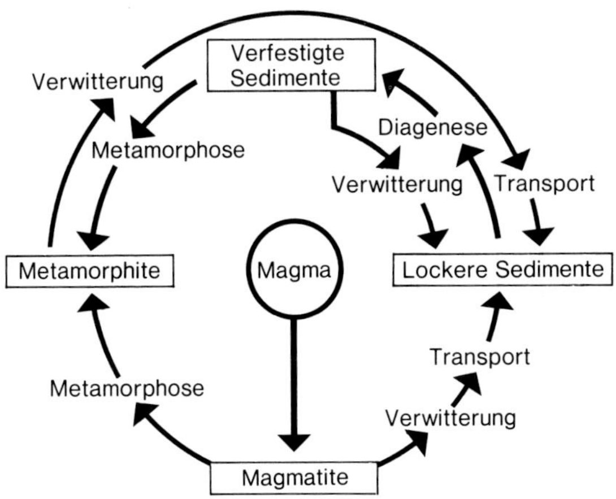

Kreislauf der Gesteine

Anteil der Gesteine am Aufbau der Erdkruste

bis 16 km Tiefe (nach H. Schumann, 1957)

Magmatite	95 %
Sedimente	1 %
Metamorphite	4 %

Magmatite

Magmatite entstehen aus dem glühend zähflüssigen Magma des Erdinnern. Erstarrt das magmatische Material in der Tiefe der Erdkruste, bilden sich die grobkörnigen Plutonite (benannt nach dem Gott der Unterwelt Pluto in der griechischen Mythologie), auch Plutonische Gesteine oder Tiefengesteine genannt. Dringt das Magma mit Hilfe vulkanischer Kräfte bis zur Erdoberfläche vor, entstehen die feinkörnigen Vulkanite, Vulkanische Gesteine, Ergußgesteine oder auch Eruptivgesteine, kurz Eruptiva (vgl. S. 68), genannt. Übergangsgesteine zwischen beiden Gruppen heißen Ganggesteine. — Zu allen Plutoniten gibt es entsprechende Vulkanite und Ganggesteine.

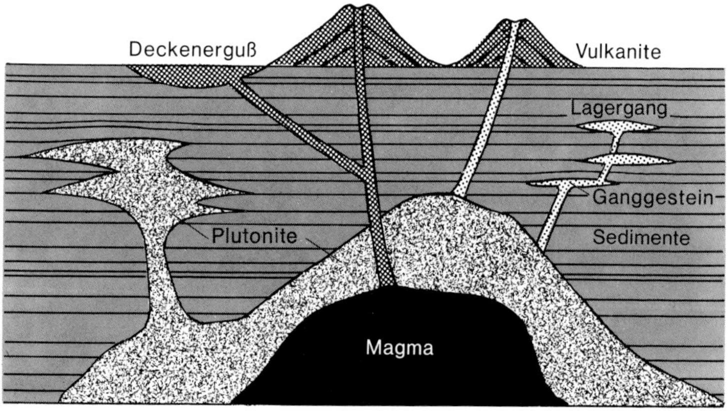

Lagerungsformen des aufsteigenden Magmas

Magmatite und ihr Mineralbestand (nach H. Schumann, 1957)

Plutonite	Spez. Gew.	Vulkanite	Spez. Gew.	Qua	Afe	Kfe	Bio	A-H	Oli
Granit	2,7	Quarzporphyr	2,7	×	×	×	+	o	—
Syenit	2,8	Trachyt	2,7	o	×	+	+	o	—
Diorit	2,8	Porphyrit	2,7	o	o	×	+	×	—
Gabbro	2,9	Basalt	2,8	—	—	×	—	×	+
Peridotit	3,3	Pikrit	3,0	—	—	—	—	+	×

Qua = Quarz
Afe = Alkalifeldspat
Kfe = Kalknatronfeldspat
Bio = Biotit
A-H = Augit u. Hornblende
Oli = Olivin

× = in großer Menge vorhanden
\+ = zurücktretend vorhanden
o = spärlich vorhanden
— = fehlt

Tiefengesteine (Plutonite)

Wenn Magma in die unteren Schichten der Erdkruste großflächig eindringt, erstarrt es allmählich zu einem gleichmäßig grobkörnigen Gestein. Auf Grund der sehr langsamen Abkühlung unter den mächtigen Deckschichten von mehreren tausend Metern Dicke können die Mineralien gut auskristallisieren und erreichen Korngrößen, die mit bloßem Auge zu erkennen sind. Die Kristalle liegen, ohne jede Richtungseinregelung bunt durcheinander. Hohlräume gibt es nicht. Die Gesteine sind sehr kompakt und haben ein nur geringes Porenvolumen.
Die Ausscheidung der Mineralien beim Erstarren des Magmas erfolgt in strenger Reihenfolge. Zuerst bilden sich die Erze (Titanit, Zirkon), dann folgen die dunklen Gemengteile (Biotit, Augit und Hornblende), schließlich Feldspat und zuallerletzt Quarz. Die zuerst sich ausscheidenden Mineralien haben Platz und können ihre Eigengestalt voll entwickeln, die letzteren müssen mit dem übriggebliebenen Platzangebot vorliebnehmen. Deshalb zeigt der Quarz bei den Plutoniten auch nie seine Kristallform.

Die Hauptvertreter der Plutonite sind Granit (S. 72), Diorit (S. 82), Gabbro (S. 82), Peridotit (S. 82).

Ihr spezifisches Gewicht nimmt in der genannten Reihenfolge zu, während der Kieselsäuregehalt (SiO_2) abnimmt. Granit und Diorit gelten wegen ihres hohen Kieselsäuregehaltes als saure Gesteine, Gabbro dagegen als basisch und Peridotit sogar als ultrabasisch.
In der Reihenfolge Granit-Diorit-Gabbro-Peridotit werden die Plutonite — durch Zunahme der dunklen Gemengteile — immer dunkler. Dem hellen, wenn auch verschieden gefärbten Granit steht am anderen Ende der Reihe der dunkle, schwarzgrüne Peridotit gegenüber. — Diese Abnahme des Helligkeitswertes ist ein wesentliches Unterscheidungsmerkmal.
Der Syenit steht im Helligkeitswert, im spezifischen Gewicht wie auch im Kieselsäuregehalt zwischen dem Granit und dem Diorit. Man kann ihn als eine entfernte Abart des Granits betrachten.
Selbstverständlich gibt es zwischen den oben genannten Gliedern der Plutonitreihe alle Übergänge. Eine genaue Unterscheidung ist dann nur durch eingehende Mineralbestimmung und chemische Analysen möglich.
Entstanden sind die Plutonite immer unter mächtigen Deckschichten in der Erdrinde. Und wenn wir sie heute an der Erdoberfläche (vielleicht sogar im Hochgebirge) finden, dann nur deshalb, weil sie im nachhinein nach oben gedrückt und von ihrer auflagernden Last der einstigen Deckschichten durch Abtrag und Verwitterung befreit worden sind.

Erkennungsmerkmale der Plutonite

1. Vollkristallin
2. Große Kristalle, mit bloßem Auge zu erkennen
3. Keine Richtung im Raum, Mineralien bunt durcheinandergemischt
4. Keine Hohlräume, sehr kompakt
5. Verwitterungsformen weich, z. T. Wollsackstruktur (S. 76)
6. Unterscheidung innerhalb der Plutonitreihe nach Helligkeit

Granit ist ein Tiefengestein, entstanden aus der glühendflüssigen Schmelze in der Tiefe der Erdkruste (S. 71). Er ist an keine geologische Epoche gebunden. Sein Name stammt aus dem Lateinischen (granum = Korn) und nimmt Bezug auf die körnige Struktur.

Zusammensetzung
(nach H. Schumann und R. Brinkmann)

mineralogisch		chemisch	
Kalknatronfeldspat	36,0 %	SiO_2	70,0 %
Kalifeldspat	30,0 %	TiO_2	0,5 %
Quarz	26,0 %	Al_2O_3	15,0 %
Biotit	7,0 %	Fe_2O_3	1,5 %
Muskovit	0,5 %	FeO	2,0 %
Apatit, Erze	0,5 %	MgO	1,0 %
		CaO	2,0 %
		Na_2O	3,5 %
Spezifisches Gewicht	2,7	K_2O	4,5 %

Anstelle des Biotits kann auch Augit oder Hornblende treten. »Feldspat, Quarz und Glimmer, die drei vergeß ich nimmer« heißt es im Volksmund etwas vereinfachend über die Zusammensetzung des Granits.
Auf Grund des hohen Prozentanteils der hellen Gemengteile ist der Granit auch dementsprechend ein helles Gestein. Wohl kann er bläulich, gelblich, rötlich, grünlich oder grau sein, der Gesamteindruck ist bei normaler Zusammensetzung immer hell. Die verschiedenen Farbtönungen rühren vom Feldspat her. Der Quarz erscheint, obwohl er im Einzelstück farblos ist, im Gestein grau. Es ist die Dunkelheit der Höhlung, die durch den glasartigen Quarz hindurchscheint und seine graue Farbgebung bewirkt. Der dunkle Glimmer (Biotit) ist gleichmäßig verteilt oder nesterartig angehäuft. Die restlichen (akzessorischen) Gemengteile erreichen nur bei Abarten eine gewisse Bedeutung.

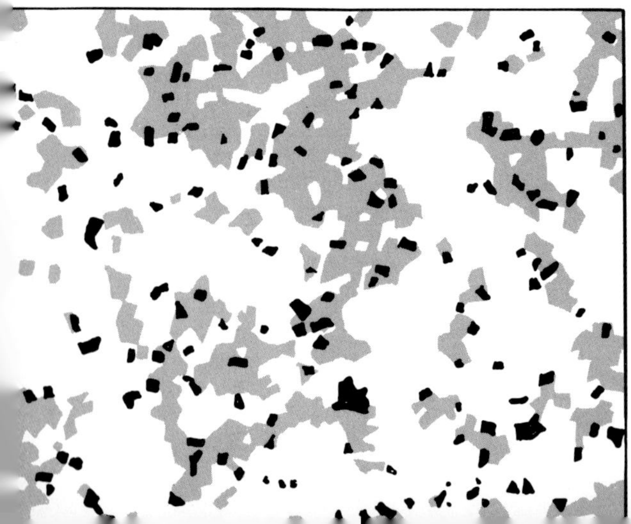

Ausschnitt aus der nebenstehenden Farbtafel, linke untere Ecke

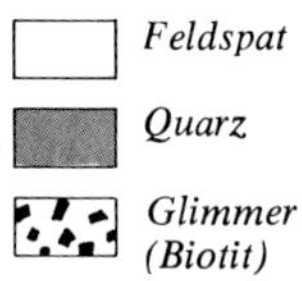

113
Waldstein-Granit, poliert, Fichtelgebirge

Die Größe der Gemengteile ist sehr verschieden. Die einzelnen Körner sind jedoch immer so entwickelt, daß man sie mit bloßem Auge erkennen kann. Der Feldspat ist besonders groß und zeigt oft deutliche Kristalle. Dem Quarz dagegen fehlt die natürliche Eigenbegrenzung, denn er wird bei der Gesteinswerdung als letzter aus der Schmelze ausgeschieden und muß die verbliebenen, unregelmäßig begrenzten Hohlräume ausfüllen.
Ein wesentliches Erkennungsmerkmal für Granite (wie für alle Tiefengesteine) ist die Richtungslosigkeit der Mineralkörner und das Fehlen von Hohlräumen (einstigen Gashohlräumen).

Granit ist ein beliebter Bau- und Werkstein, weil er (auf Grund des Quarzgehaltes) eine hohe Abnutzungshärte besitzt und sich (auf Grund des hohen Feldspatanteils) nach bestimmten Teilbarkeitsflächen gut bearbeiten läßt. Graue Sorten werden als Pflaster-, Rand- und Grenzstein wie auch als Schotterstein (gebrochen, eckig) verwendet. Bei Fassadenverkleidungen, Fußbodenbelägen oder Skulpturen sind farbige Granite gesucht.
Da der Granit weit verbreitet ist und von Ort zu Ort in Farbe und Zusammensetzung schwankt, gibt es eine Fülle von Bezeichnungen für die verschiedenen Sorten. In der wissenschaftlichen Gesteinskunde werden die Granite vornehmlich nach bemerkenswerten Nebengemengteilen (z. B. Hornblende-Granit, Zweiglimmer-Granit) unterschieden. Die Bauwirtschaft dagegen bezeichnet die Granite nach der Farbe (Gotenrot-Granit) und vor allem nach dem Fundort (Kösseine-Granit).
Fundorte: Zentralalpen, Schwarzwald, Vogesen, Odenwald, Harz, Fichtelgebirge, Bayerischer Wald, Sudeten, Schweden, Finnland.

Belgischer Granit: Handelsbezeichnung für einen bituminösen Kalkstein (S. 150, Nr. 230).

Granit de Rocq: Handelsbezeichnung für einen französischen Kalkstein

Granitmarmor: Handelsbezeichnung für einen süddeutschen Kalkstein

Granito nero: Handelsbezeichnung für einen Schweizer Marmor

Granit rosé: Handelsbezeichnung für einen französischen Kalkstein

Lausitzer grüner Granit: Handelsbezeichnung für einen Diabas (S. 100)

Schriftgranit: Bezeichnung für pegmatitisches Ganggestein (S. 88, Nr. 134)

SS-Granit (*S*chwedisch-*S*chwarz): Handelsbezeichnung für einen schwedischen Gabbro (S. 84, Nr. 129), seltener für einen Diabas (S. 100, Nr. 153)

Rapakivigranit: Ein interessanter Granit aus Südfinnland, bei dem dunkelroter Kalifeldspat kugelige Aggregate bildet, die von einem hellen Kranz aus Oligoklas umgeben sind. Da dieser Saum leicht verwittert, ist der R. im Tief- und Wasserbau nicht zu verwenden.

114 Kösseine-Granit (poliert), Fichtelgebirge (o. l.)

115 Epprechtstein-Granit (poliert), Fichtelgebirge (o. r.)

116 Gertelbach-Granit (poliert), Schwarzwald (u. l.)

117 Riesengebirge-Granit (poliert), Sudeten (u. r.)

Verwitterungsstrukturen granitischer Gesteine

Granit und granitähnliche Gesteine (wie Diorit und Syenit) zeigen charakteristische Verwitterungsformen und -strukturen.

Die gebirgischen Großformen sind wegen der mehr flächenhaft wirkenden Verwitterung weich, flach und gerundet, wie in den Zentralalpen, im Schwarzwald und im Bayerischen Wald.

Granitische Einzelkomplexe, die durch tektonisch bedingte Bewegungen (z. B. Erdbeben) schon beim Entstehen in der Erdkruste Zerreißungen (Klüfte) erlitten haben, werden unter dem Einfluß von temperaturabhängiger Verwitterung quaderförmig zergliedert, kanten- und eckengerundet. Es entstehen die sagenumwobenen Wollsackstrukturen (Brotlaibstrukturen), die wie von Riesenhand aufgetürmt erscheinen.

Wenn frostsprengende Verwitterung überwiegt, entstehen die Blockmeere, von kantigen Gesteinstrümmern überdeckte Flächen und auch Gipfel.

Verwitterungsstrukturen bei granitischem Gestein: Tafoni (oben, 1/3 nat. Größe), Blockmeer (unten links), Wollsackstruktur (unten rechts)

118 Oppmanna-Granit (poliert), Schweden (oben)

119 Gotenrot-Granit (poliert), Schweden (unten)

Bei granitischen Gesteinen (und teilweise auch bei anderen Massengesteinen) bilden sich durch Zersetzung meist braungefärbte Verwitterungsrinden (Abschuppung), die schließlich zu einem konzentrisch schalenförmigen Zerfall des Steinblockes führen können (Schalenverwitterung).
Im Mittelmeergebiet werden an einigen Orten (Korsika, Inseln bei Elba) unter dem Einfluß von benetzendem Salzstaub und stetig wehenden, austrocknenden Winden Granite zermürbt und von einer Vielzahl mehr oder weniger großer Löcher (Tafoni) zergliedert (S. 76).

Schalenverwitterung bei Granit, Fichtelgebirge

Polierfähigkeit des Granits

Für das Erkennen von Gesteinen spielt die Bearbeitung der Sichtfläche eine erhebliche Rolle. Geschliffene oder gar polierte (d. h. feinstgeschliffene) Gesteine sehen meist anders als rauhgebrochene aus. Im allgemeinen wirken polierte Flächen in ihrer Gesamtheit dunkler. Andererseits lassen die polierten Oberflächen den Mineralbestand besonders deutlich erkennen.
Die meisten Gesteine mit kompaktem Gefüge (vornehmlich Massengesteine) sind polierfähig. Da Quarz und Feldspat die Politur besonders gut annehmen, ist der Granit auch gut zu polieren.
Die nebenstehenden Abbildungen zeigen die verschieden bearbeiteten Sichtflächen ein und desselben Gefreeser-Granits.

120 Gefreeser-Granit bruchrauh (oben). Die Oberfläche wirkt heller als bei den beiden anderen Sichtflächen. Die Mineralien scheinen etwas verschwommen.

121 Gefreeser-Granit geschliffen (mitte). Die Oberfläche ist matt, die Mineralbegrenzungen sind gut auszumachen.

122 Gefreeser-Granit poliert (unten). Infolge der Hochglanzpolitur werden die dunkleren Gemengteile stark betont, die Sichtfläche wirkt daher insgesamt dunkler. Die Mineralien sind scharf begrenzt zu erkennen.

Über weitere Sichtflächenbearbeitung siehe S. 116.

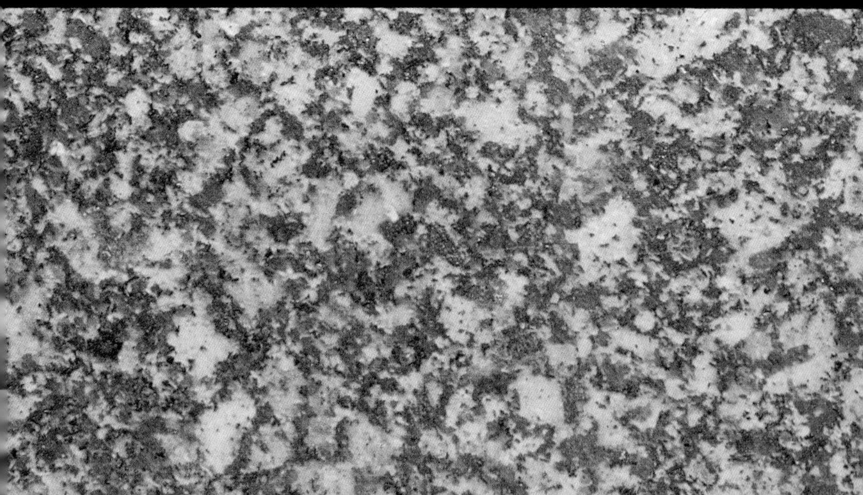

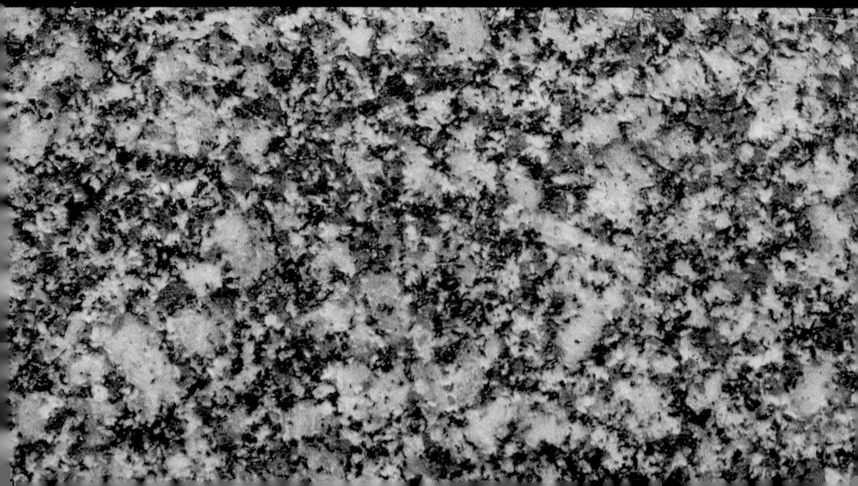

Granitische Gebirgsmassive zeigen weiche, gerundete Formen (Schwarzwald).

Granitgewinnung

Die Abgliederung von Granitblöcken aus dem Gebirgsverband erfolgt durch Schießen (Sprengen), Abkeilen und neuerdings auch durch Abbrennen mit einer Art von Schneidbrennern. Beim Schießen und Abkeilen werden mit Preßluftwerkzeugen zunächst reihenweise Löcher gebohrt, die dann Schwarzpulver beziehungsweise Eisenkeile aufnehmen (unteres Bild, obere linke Ecke). Bei Maßstücken und bei der Zerkleinerung großer Blöcke bevorzugt man das Abkeilen. Alte Autoreifen fangen die niedergehenden Blöcke auf. Der 60 t schwere Block im Vordergrund (unteres Bild) wurde nach bestellten Maßen gebrochen. In der nördlichen Oberpfalz und im südlichen Fichtelgebirge sind die geologischen und bruchtechnischen Voraussetzungen für eine wirtschaftliche Ausbeute besonders günstig.
Die weitere Zergliederung des Rohmaterials erfolgt bei Großbetrieben mit Gattern (Bild nebenstehende Seite, oben links). Hierbei wird der ganze Block gleichzeitig zu mehreren Platten zerschnitten. Mittelbetriebe bedienen sich vorzugsweise der Seilsäge. Sie kann jeweils nur eine Platte nach der anderen herunterschneiden, arbeitet dafür aber schneller als eine einzelne Gattersäge. Diamantbesetzte Blattsägen (Bild nebenstehende Seite, oben rechts) besorgen den letzten Zuschnitt für Boden-, Treppen- und Fassadenplatten.

EISENWERK HENSEL

123 Syenit, ein Plutonitgestein. Der Name leitet sich ab von Syene, einem Ort in Oberägypten (heute Assuan), wo im Altertum ein geschätzter Baustein gebrochen wurde. Tatsächlich ist der »Syenit von Syene« eine granitische Varietät, ein Hornblendegranit.

Zusammensetzung (nach H. Schumann, 1957)

Kalifeldspat	50 %	Spezifisches Gewicht 2,8
Kalknatronfeldspat	20 %	
Biotit, Augit, Hornblende	20 %	
Quarz	5 %	
Apatit, Titanit, Erze	5 %	

S. ist ein helles Gestein, grau bis rötlich. Gegen den Granit und den Diorit läßt er sich durch den sehr geringen Quarzgehalt unterscheiden, der bei polierten Sichtflächen, wie bei Nr. 127 (S. 85), deutlich zu erkennen ist. Verwendung als Baustein. Wegen des hohen Feldspatgehalts gut zu bearbeiten. Eine bläulich schimmernde Varietät ist der in der Bauwirtschaft geschätzte Labrador (S. 86, Nr. 131, 132). — Fundorte: Schwarzwald, Odenwald, Sachsen, Norwegen, Schweden. Nr. 123 (Hornblendesyenit) stammt von Norditalien, Nr. 127 (poliert) vom Fichtelgebirge.

Hessen-Nassauischer Syenit: Handelsbezeichnung für einen Diabas (S. 98).
Labrador: Handelsbezeichnung für norwegischen Augitsyenit (S. 86, Nr. 131, 132).
Larvikit (Laurvikit): Synonym für Labrador (S. 86, Nr. 131, 132).
Monzonit: Augitsyenit von Südtirol.
Nordmarkit: Alkali-Syenit von Skandinavien.
Odenwälder Syenit: Handelsbezeichnung für einen Diorit (S. 84).
Pulaskit: Alkali-Syenit von Norwegen und Portugal.
Seussener Syenit: Handelsbezeichnung für einen Syenit des Fichtelgebirges.
Wölsauer Syenit: Handelsbezeichnung für einen Syenit des Fichtelgebirges.

124 Diorit, helles plutonisches Gestein. — Über Zusammensetzung und Verwendung siehe S. 84. — Fundort: Schrems/Niederösterreich.

125 Gabbro, dunkles plutonisches Gestein. — Über Zusammensetzung und Verwendung siehe S. 84. — Fundort: Groß-Bieberau/Odenwald.

126 Peridotit, dunkles, meist grünliches Plutonitgestein. — Benannt nach Peridot, einer Olivinvarietät.

Zusammensetzung (nach H. Schumann, 1957)

Olivin	66 %	Spezifisches Gewicht 3,3
Augit	31 %	
Apatit, Erze	3 %	

Die wirtschaftliche Bedeutung des P. liegt in der Vergesellschaftung mit Erzen; in der Bauwirtschaft spielt er keine Rolle. — Varietäten in der Familie der Peridotite sind Bronzitit, Dunit, Harzburgit, Lherzolith, Serpentinit. — Fundorte: Harz, Sachsen, Ural, Südafrika. — Der abgebildete P. ist ein Harzburgit (mit den Hauptgemengteilen Olivin und Bronzit).

123

124

125

126

127 Syenit (poliert) (o. l.), ein helles Plutonitgestein vom Fichtelgebirge. — Über Zusammensetzung und Verwendung siehe S. 82.

128 Diorit (poliert, vgl. auch Nr. 124, gebrochen) (o. r.), ein plutonisches Gestein, dunkler als Granit, insgesamt aber noch hell. Varietäten und polierte Sichtflächen (Nr. 128) können dunkler wirken.

Zusammensetzung (nach H. Schumann, 1957)

Kalknatronfeldspat	33 %	Spezifisches Gewicht 2,8
Kalifeldspat	4 %	
Hornblende	26 %	
Biotit	20 %	
Quarz	16 %	
Apatit, Erze	1 %	

Gegenüber dem ähnlichen Syenit unterscheidet sich der D. durch den merklich höheren Quarzgehalt, gegenüber dem ähnlichen Gabbro durch das Fehlen von Olivin. Korngrößen der Gemengteile immer so groß, daß mit bloßem Auge zu erkennen. — D. tritt mit Granit vergesellschaftet auf, aber weniger weit verbreitet. Farbe meist grauweiß. — Verwendung als Baustein. — Fundorte: Schwarzwald, Odenwald, Harz, Zentralalpen. — Nr. 128 (poliert) vom Schwarzwald, Nr. 124 (gebrochen) von Niederösterreich.

Granodiorit: Übergangsgestein zwischen Granit und Diorit.
Grünstein: Handelsbezeichnung für grünliche Diorite, Gabbros, Diabase.
Kugeldiorit: Diorit mit konzentrisch kugeligen Zeichnungen (Nr. 130).
Odenwälder Syenit: Handelsbezeichnung für einen Diorit.
Tonalit: Granodiorit von Südtirol.
Trondhjemit: Granodiorit von Norwegen.

129 Gabbro (poliert) (u. l.), ein plutonisches Gestein mit der Handelsbezeichnung SS-Granit (**S**chwedisch-**S**chwarz).

Zusammensetzung (nach H. Schumann, 1957)

Kalknatronfeldspat	50 %	Spezifisches Gewicht 2,9
Augit oder Hornblende	45 %	
Apatit, Olivin, Erze	5 %	

G. ist dunkler als Diorit (Nr. 128), mit polierter Sichtfläche fast schwarz (Nr. 129). Wenn Kalknatronfeldspat in Chlorit oder Epidot umgewandelt ist, hat G. ein grünliches Aussehen (Grünstein). Sonst ist er blaugrün, seltener braunrot. — Verwendung als Baustein, für Denkmäler, als Grabstein. — Fundorte: Schwarzwald, Odenwald, Harz, Norwegen. — Nr. 129 (poliert) stammt von Norwegen, Nr. 125 vom Odenwald.

Grünstein: Handelsbezeichnung für grünliche Diorite, Gabbros, Diabase.
Norit: Olivinfreier Gabbro mit rhombischen Augiten.
SS-Granit: Gabbro aus Skandinavien (**S**chwedisch-**S**chwarz).

130 Kugeldiorit (poliert) (u. r.), Diorit mit konzentrisch gebauten Kugeln in der Grundmasse. Durch Teilaufschmelzen und Wiederauskristallisieren anderer Gesteinsteile entstanden. Ähnlich sind Kugelgranite. — Monumentalbaustein. — Fundorte: Finnland, Korsika. — Nr. 130 stammt von Korsika.

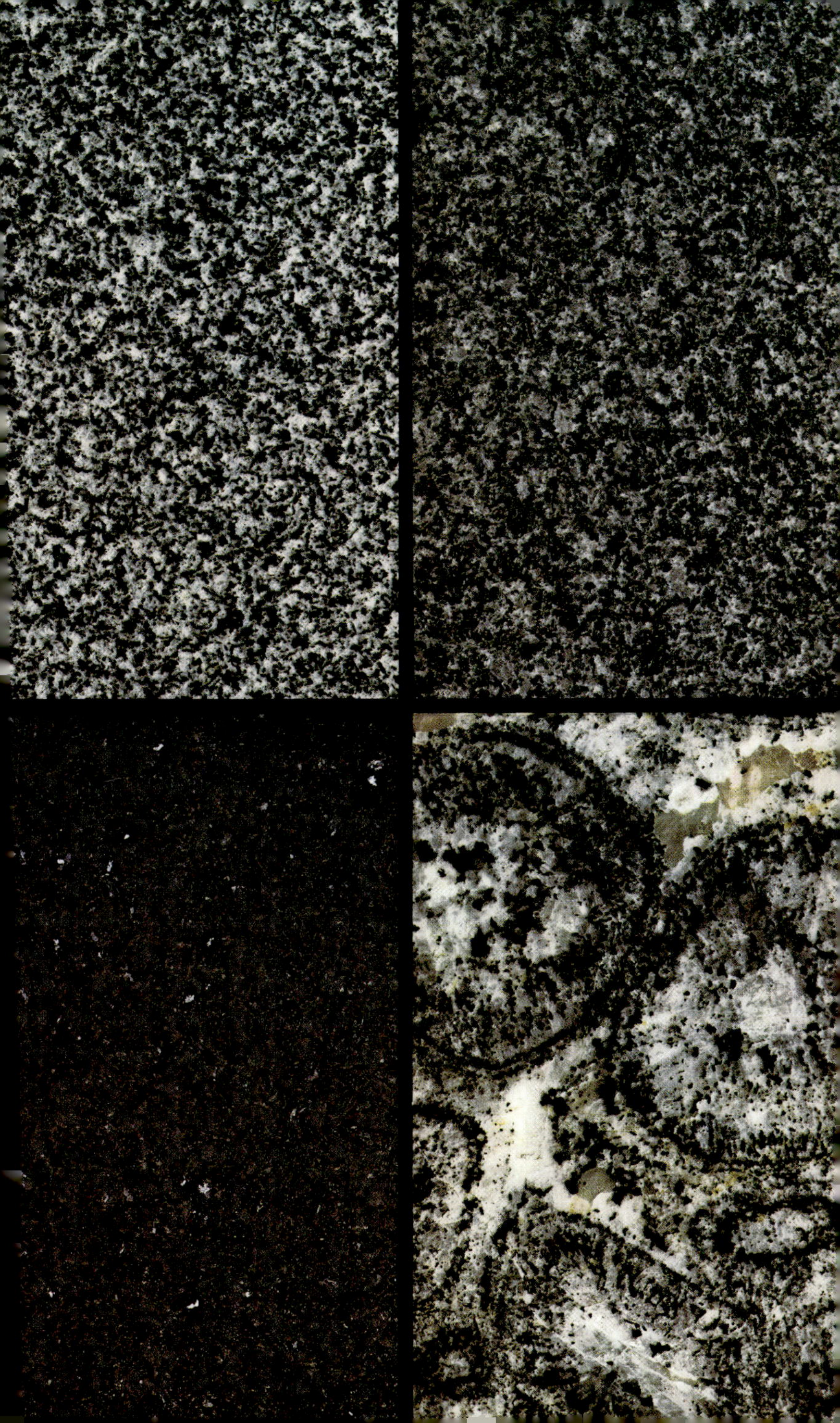

131/132 Labrador ist die Handelsbezeichnung für einen bläulichen Augitsyenit, der nach seinem Fundort im südlichen Norwegen auch als Larvikit (Laurvikit) bezeichnet wird. Er zeigt wie das Edelstein-Mineral Labradorit (Nr. 74, S. 52) ein Schillern (Labradorisieren) in blau-grün-weißen Farbtönen.
Labrador ist in seinen beiden Varietäten, hell und dunkel, beliebter Architekturstein, namentlich für Fassaden, Fußböden und Grabsteine.

Richtzahlen für die technische Bewertung der Plutonite
(über die einschlägigen DIN-Normen siehe S. 154)

Eigenschaften		*Granit/Syenit*	*Diorit/Gabbro*
Rohdichte ϱ (Rohgewicht γ Raumgewicht)	kg/m³	2600—2800	2800—3000
Reindichte s (Reinwichte γ_0 Spez. Gewicht)	kg/dm³	2,62—2,85	2,85—3,05
Wahre Porigkeit (Porosität)	Raum-%	0,4—1,5	0,5—1,2
Wasseraufnahme	Gewichts-%	0,2—0,5	0,2—0,4
Scheinbare Porigkeit (Porosität)	Raum-%	0,4—1,4	0,5—1,2
Druckfestigkeit im trockenen Zustand	kp/cm²	1600—2400	1700—3000
Biegezugfestigkeit	kp/cm²	100—200	100—220
Schlagfestigkeit, Anzahl der Schläge bis zur Zerstörung		10—12	10—15
Abnutzung durch Schleifen, Verlust auf 50 cm² in cm³		5—8	5—8
(Verschleißangabe wird auf mm umgestellt)			

Ganggesteine

Wie aus der Figur über das aufsteigende Magma auf S. 70 zu ersehen ist, liegt der Entstehungsort der Ganggesteine infolge Abspaltung vom tieferliegenden Muttergestein im oberen Bereich der Erdkruste, zwischen den Plutoniten und den Vulkaniten. Demzufolge ist auch das Gesteinsgefüge der G. normalerweise plutonitisch und vulkanitisch zugleich.
Auch in der Namengebung der Ganggesteine kommt die Mittlerstellung zum Ausdruck, indem man plutonitische Gesteinsbezeichnungen mit vulkanitischen kombiniert.
Zu den Plutoniten und Vulkanitgesteinen gibt es entsprechende Ganggesteine. Für den Sammler sind diese Gesteine oft von großem Interesse, weil sie häufig seltene und auch besonders schön ausgebildete Mineralien enthalten.

Plutonite	*Ganggesteine*	*Vulkanite*
Granit	Granitporphyr	Quarzporphyr
Syenit	Syenitporphyr	Trachyt
Diorit	Dioritporphyr	Porphyrit
Gabbro	Gabbroporphyrit	Basalt
Peridotit		Pikrit

Vereinzelt sind Mineralbestand und Gefüge der Ganggesteine wesentlich anders als beim Muttergestein und bei den übrigen Magmatiten. Wir sprechen dann von gespaltenen Ganggesteinen. Helle feinkörnige gespaltene Ganggesteine heißen Aplite (Nr. 135), solche mit grobkörnigen Mineralien Pegmatite (Nr. 134) und jene mit überwiegend dunklen Gemengteilen Lamprophyre (Nr. 136).
In der Bauwirtschaft spielen die Ganggesteine wegen der geringen Verbreitung im allgemeinen keine Rolle, im Erzbergbau dagegen können sie von großer Bedeutung sein (S. 159).
Der über 100 km lange und bis 100 m breite Pfahl im Bayerischen Wald ist ein herausgewitterter Quarzgang mit typisch weißlich-grauem, trübem Gangquarz.

133 Granitporphyr unterscheidet sich gegenüber dem Granit durch die porphyrische Struktur (S. 91), d. h. durch groß auskristallisierte Einsprenglinge von Quarz und Feldspat in einer sonst kleinmineralischen Granit-Grundmasse. — Der abgebildete G. stammt von Sachsen.

134 Schriftgranit ist ein pegmatitisches Ganggestein. Durch regelmäßige Verwachsung von Feldspat (Mikroklin) und stengelförmigem Quarz erhielt er ein einzigartiges Aussehen. Wie arabische Schriftzeichen oder germanische Runen liegen die dunkelgrauen Quarze in hellen Feldspatfeldern. — Der abgebildete S. stammt von Südnorwegen.

135 Turmalin-Aplit zeigt ein besonderes Gefüge dadurch, daß sonst untergeordnete Gemengteile (Turmalin) angehäuft und größer als normalerweise erscheinen. — Nr. 135 stammt vom Fichtelgebirge.

136 Spessartit ist ein lamprophyrisches Ganggestein aus der Oberpfalz.

133

134

135

136

Ergußgesteine (Vulkanite)

Vulkanite entstehen, wenn das glutflüssige Magma aus der Tiefe der Erde mit Hilfe vulkanischer Kräfte bis zur Erdoberfläche aufdringt. Ergießt sich die magmatische Schmelze wie ein Schlammstrom aus einem Vulkanschlot oder entlang einer Erdspalte unmittelbar auf die Erdoberfläche, sprechen wir von Lava; werden Lavafetzen, vermischt mit Resten der einstigen Schlotfüllung oder Nachbargestein, durch die Luft geschleudert, bevor sie zur Ablagerung kommen, spricht man von Tuffen (S. 92).

Der Chemismus und damit der Mineralbestand der Vulkanite ist im großen und ganzen dem der Plutonite gleich, denn beide Gesteinsgruppen entstammen dem gleichen Magma. Auch die Gesteine der Vulkanite werden wie die Plutonite mit der Abnahme des Kieselsäuregehaltes dunkler und schwerer.

Der wesentliche Unterschied zwischen den Vulkaniten und den Plutoniten liegt im Gesteinsgefüge. Da die Vulkanit-Magmen viel schneller erkalten als die der Plutonite, sind die Kristalle der Vulkanite im allgemeinen nur klein, geradezu mikroskopisch klein. Mit bloßem Auge sind sie nicht zu erkennen. Wir bezeichnen eine solche Struktur als dicht. Nur einzelne Kristalle können sich voll entwickeln, sind dann scharf begrenzt und zeigen ihre typische Kristallform. Diese Struktur heißt porphyrisch. Sie ist ein wesentliches Charakteristikum der Vulkanite.

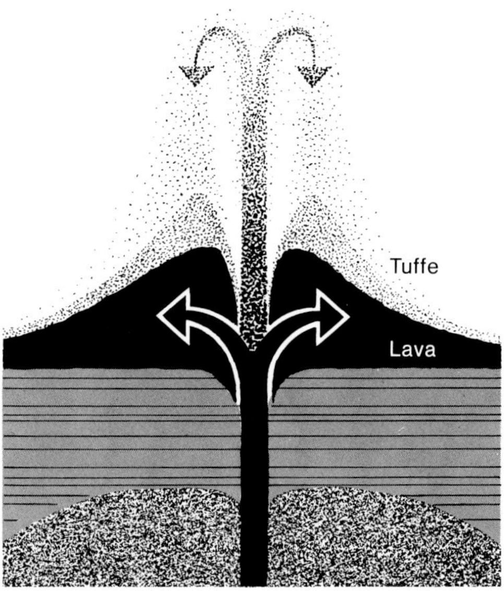

Entstehung der Vulkanite

Porphyrische Struktur. Einzelne, voll ausgebildete Kristalle liegen in einer dichten Grundmasse.

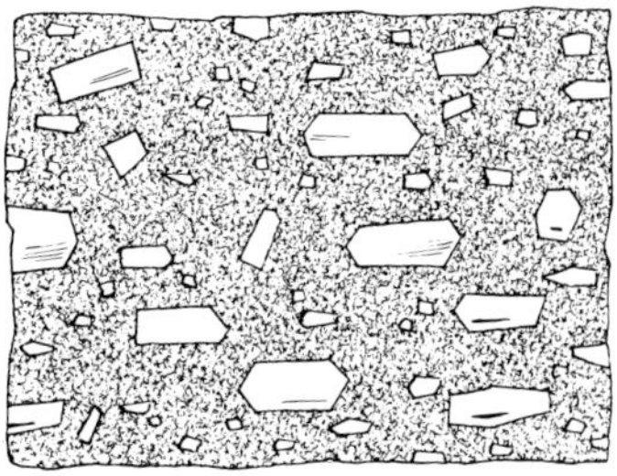

Wenn die Abkühlung der Magmen sehr rasch vor sich geht, gibt es überhaupt keine Kristalle, die Masse ist amorph. Solche Gesteine heißen Gesteinsgläser (kurz Gläser). Obsidian, Pechstein und Bims gehören dazu (S. 94). Darüber hinaus haben die Vulkanite je nach Gasreichtum des aufdringenden Magmas zahlreiche kleine Hohlräume. Oft ist auch eine Fließstruktur — eine gewisse Einregelung von einzelnen Gemengteilen, eine striemige Farbverteilung oder oval ausgewalzte Hohlräume — zu erkennen.

Bei den Vulkaniten ist es üblich, ältere Bildungen von jüngeren zu unterscheiden. Die älteren Ergußsteine (aus der Zeit des Erdaltertums) sind leicht verändert. Sie sind kompakter und neigen mehr den Farben Rot und Grün zu, während die Jungvulkanite (aus der Epoche der Erdneuzeit) zahlreiche Hohlräume und Grautöne zeigen. Solche geringfügigen Gesteinsveränderungen bezeichnen wir als Diagenese. (Nicht zu verwechseln mit Metamorphose, der intensiven Gesteinsumwandlung; siehe S. 134).

Zu jedem Vulkanit gibt es ein entsprechendes Plutonit- und Ganggestein (S. 88). Die Gruppierung der Tuffe erfolgt nach Korngrößen (S. 92), die Gliederung der Lavagesteine nach dem Mineralbestand.

Hauptvertreter der Vulkanitischen Lavagesteine

Gruppenname	*Spez. Gew.*	*jung*	*alt*
Quarzporphyr-Gruppe	2,7	Liparit (Rhyolith)	Quarzporphyr
Trachyt-Gruppe	2,7	Trachyt	Orthoporphyr (Orthophyr)
			Keratophyr
Porphyrit-Gruppe	2,7	Andesit	Porphyrit
Basalt-Gruppe	2,8	Basalt	Melaphyr
		Dolerit	Diabas
Pikrit-Gruppe	3,0	Pikrit	Paläopikrit

Erkennungsmerkmale der Vulkanite

1. Nur einzelne Kristalle voll ausgebildet
2. Grundmasse dicht (mikrokristallin) oder amorph (gestaltlos)
3. Zahlreiche kleine Hohlräume
4. Fließstruktur
5. Häufig Säulenbildung (S. 100)
6. Unterscheidung innerhalb der Vulkanitreihe nach Helligkeit und Mineralbestand

Vulkanische Tuffe, kurz Tuffe, sind durch die Luft geschleuderte Lavamaterialien, vermischt mit verschiedenen Gesteinsresten. (Nicht zu verwechseln mit den ähnlichen Kalktuffen, ebenso Tuffe genannt, siehe S. 118!)
Die vulkanischen Tuffe können nach dem Ursprungsmaterial oder nach den zugehörigen Laven (z. B. Basalt-, Trachyt-Tuffe) unterschieden werden. Häufiger ist eine Gruppierung nach der Korngröße.
Die feinkörnigen, lockeren Auswurfmassen heißen Aschen, sehr feinkörnige Aschen Staubtuffe. Verfestigte Aschen nennt man Aschentuffe oder einfach Tuffe. Höhere Korngrößen bezeichnet man als Sandtuffe, bohnen- bis nußgroße Steinchen als Lapilli. Die größten Auswürflinge sind die Bomben, geformte Lavafetzen, im allgemeinen faust- bis kopfgroß. Durch Rotieren während des Fluges nehmen sie rundliche, gedrehte oder spindelige Formen an. — Mit Sedimentgesteinen vermischte Tuffe heißen Tuffite. — Das Gesteinsgefüge der Tuffe ist amorph, kleinkristallin oder porphyrisch (siehe S. 90/91) und meist porenreich.
Vulkanische Tuffe werden wegen der Porosität und wegen des geringen Raumgewichts als Baustein verwendet.
Trachytische Aschen-Tuffe aus der Eifel, Traß genannt, spielen wegen guter hydraulischer Eigenschaften im Unterwasserbau eine bedeutende Rolle. Gemahlener Traß wird Beton zugesetzt, um ihn dichter und chemisch widerstandsfähiger zu machen. Traßzement ist besonders für Massenbeton geeignet, da er auf Grund einer geringeren Abbindetemperatur die Rißsicherheit erhöht.—Traß: Raumgewicht 1,6; Druckfestigkeit 250—350 kp/cm^2.

Obwohl die Tuffe infolge Materialsortierung und bei wiederholten Eruptionen geschichtet sind, zählen sie gesteinskundlich nicht zu den sog. Schichtgesteinen, den Sedimenten. Eingelagerte, die Schichten eindrückende Bomben zeigen deutlich den Unterschied zwischen den Tuffen und den mit glatten Schichtfugen ausgestatteten Sedimentgesteinen (S. 102).

137 Traß, trachytischer, porenreicher Tuff aus der Eifel, in der Bauwirtschaft auch als Bims (S. 94) bezeichnet

138 Lapilli mit porphyrischen Einsprenglingen

139 Vulkanische Bombe mit spindeliger Form, Vesuv/Italien

140 Vulkanische Bombe mit Krustenbildung, Südfrankreich

141 Vulkanische Bombe, kugelförmig, Vesuv/Italien

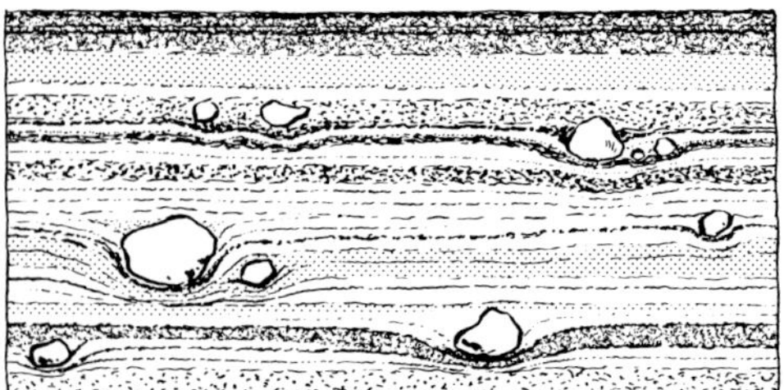

Vulkanische Tuffschichten, von Bomben eingedrückt

137

138

139

140

141

Gesteinsglas (kurz Glas), ein Vulkanitgestein, das keine eigentliche Gesteinsart bezeichnet, sondern ein Gesteinsgefüge. Gesteinsgläser können verschiedenen Chemismus haben, der Gefügezustand ist in der Hauptsache amorph, wie bei unseren künstlichen Gläsern; nur vereinzelt sind Kleinstkristalle eingelagert. Gesteinsgläser entstehen bei sehr rascher Abkühlung des bis zur Erdoberfläche aufgedrungenen Magmas.
Hauptvertreter der Gesteinsgläser sind Bimsstein, Obsidian und Pechstein.

142 Bimsstein (Kurzbezeichnung Bims), vom lateinischen Wort »Schaum« abgeleitet, zeigt in der Tat ein schaumiges Gefüge. In der Gesteinswissenschaft wird B. als schaumiges Glas bezeichnet. Entstanden aus schnell erkaltender, gasreicher Lava, hat er eine amorphe, porenreiche Struktur. Wie bei einem Badeschwamm ist die ganze Masse von unregelmäßig geformten Poren (einstigen Gashohlräumen), die meist nicht miteinander in Verbindung stehen, durchsetzt. Seine Farbe ist trotz gleicher Zusammensetzung wie beim grauschwarzen, kieselsäurereichen Obsidian wegen der vielfachen Lichtbrechung und Lichtbeugung in dem porenreichen Material meist hellgrau. — Das Raumgewicht liegt unter 1, das spezifische Gewicht beträgt 2,4.
Die Verwendung als Schleifmittel und für kosmetische Zwecke beruht darauf, daß scharfkantige Kristalle, die verletzend wirken könnten, fehlen und daß die Steinoberfläche auch bei Abrieb immer rauh und griffig bleibt. In der Bauwirtschaft dient B. zur Herstellung von Leichtbausteinen (Schwemmsteine). Der gebrochene Rohbims wird gemahlen, mit zementartigen Bindemitteln versetzt und in Pressen zu Bausteinen geformt. Der Vorteil liegt in dem geringen Raumgewicht und in einer guten Wärmeisolierung. Solche Steine erreichen eine Druckfestigkeit von 25—50 kp/cm^2.
In der Bauwirtschaft werden auch Tuffsteine und selbst künstliche Steine aus Ziegelsplitt und Schlacken als Bimsstein bezeichnet, wenn sie porenreich und leicht sind. Auch Traß (Nr. 137) ist nach seinem glasig-porigen Gefüge ein Bimsstein, ein Naturbims, wie man in der Technik sagt. — Fundorte: Neuwieder Becken/Rhein, Liparische Inseln, Island. Der abgebildete Bimsstein stammt von der Insel Lipari/Italien.

143 Obsidian, benannt nach seinem Entdecker, ist ein Gesteinsglas aus meist saurer (kieselsäurereicher) Lava. Er ist kompakt und hart (Mohshärte 5—5$^1/_2$). Die dunkle, oft schwarze Farbe rührt von feinstverteiltem Eisen her. An den Kanten ist er dunkelgrau durchscheinend; kleine Obsidianscherben sind hell und durchsichtig. Charakteristisch ist ein muscheliger, scharfkantiger Bruch.
In der Steinzeit war O. wie Feuerstein (S. 130) geschätzter Rohstoff für Waffen und Gerät, in Mexiko wurde er bis ins 16. Jahrhundert für Messer, Schaber, Pfeilspitzen u. a. verwendet. Heute werden aus O. Kunstgegenstände und Gebrauchsschmuck gefertigt. Geschliffen und poliert zeigt er goldene Reflexe. — Spezifisches Gewicht (Reindichte) 2,5—2,6. — Fundorte: Italien, Griechenland, Island, Mexiko, USA. Der abgebildete O. stammt von der Insel Lipari/Italien.

Pechstein ist ein pechähnlich aussehender, von Rissen durchzogener älterer Obsidian mit höherem Wassergehalt, grau bis braun.

142

143

144 Quarzporphyr (Kurzbezeichnung Porphyr) ist die ältere Bildung aus der Quarzporphyr-Gruppe (S. 91), Liparit (Rhyolith) das jüngere Gegenstück. Qu. ist rötlich, seltener grau oder leicht grünlich und zeigt meist ausgeprägte porphyrische Struktur (S. 90/91).

Zusammensetzung (nach H. Schumann, 1957)

Kalifeldspat	50 %	Spezifisches Gewicht 2,7
Kalknatronfeldspat	15 %	
Quarz	30 %	
Biotit, Erze	5 %	

In der Bauwirtschaft findet Qu. vor allem als Straßenschotter und Splitt, seltener als Pflasterstein Verwendung. — Fundorte: Harz, Thüringen, Sachsen, Vogesen, Südtirol. — Nr. 144 stammt von Bozen/Südtirol.

145 Porphyrit ist die ältere Bildung aus der Porphyrit-Gruppe (S. 91), Andesit das jüngere Gegenstück. P. ist von rotbrauner Farbe, seltener grau.

Zusammensetzung (nach H. Schumann, 1957)

Kalknatronfeldspat	60 %	Spezifisches Gewicht 2,7
Kalifeldspat	15 %	
Augit, Biotit	20 %	
Erze	5 %	

Verwendung in der Bauwirtschaft als Schotter und Splitt, grünlich gefärbte Sorten auch als Architekturstein. — Fundorte: Saargebiet, Harz, Thüringen, Sachsen. — Nr. 145 ist ein Augitporphyrit von der Pfalz.

Porphyr: Kurzbezeichnung für Quarzporphyr, Handelsname für Porphyrit.

146 Trachyt ist die jüngere Bildung aus der Trachyt-Gruppe (S. 91), Orthoporphyr (kurz Orthophyr) und Keratophyr sind ältere Gegenstücke. Im hellen T. sind Kalifeldspäte (Sanidine) als große Einsprenglinge ausgebildet.

Zusammensetzung (nach H. Schumann, 1957)

Kalifeldspat	75 %	Spezifisches Gewicht 2,7
Kalknatronfeldspat	10 %	
Augit	10 %	
Erze	5 %	

T. war früher wegen seiner Rauhigkeit Mühlstein, darüber hinaus auch geschätzter Baustein. Er wurde u. a. für den Kölner Dom verwendet. Auf Grund seiner Porigkeit und des Sanidin-Feldspates unterliegt er sehr stark der Zersetzung. — Fundorte: Eifel, Siebengebirge, Odenwald, Westerwald, Böhmen, Ungarn. Der abgebildete Trachyt vom Drachenfels/Siebengebirge zeigt großplattig ausgebildete Sanidine.

Mühlsteintrachyt: Handelsbezeichnung für eine basaltische Abart (S. 98).

147 Phonolith (Klingstein) ist eine trachytische Abart. Beim Anschlagen mit einem Hammer ertönt ein Klang. Bildet plattige Absonderungen. — Früher zum Dachdecken benutzt. Heute Verwendung als Schotter und Splitt. — Fundorte: Eifel, Hegau, Kaiserstuhl, Rhön, Thüringen. — Nr. 147 zeigt einen Phonolith vom Hohentwiel/Hegau mit gelbem Natrolith.

144

145

146

147

Basaltgruppe: Basalte sind die bekanntesten Vulkanitgesteine (S. 91) mit charakteristisch säuliger Absonderung im Gesteinsverband (S. 100).

Zusammensetzung (nach H. Schumann, 1957)

Kalknatronfeldspat	45 %	Spezifisches Gewicht 2,8
Augit	50 %	
Olivin, Erze	5 %	

Nach Alter und Korngrößen lassen sich folgende Unterscheidungen treffen:

	jung	*alt*
feinkörnig	Basalt	Melaphyr
grobkörnig	Dolerit	Diabas

148 Basalt i. e. S. ist ein feinkörniges, junges Ergußgestein, mit kleinen rundlichen Blasenhohlräumen, dunkelgrau, grauschwarz bis dunkelblau. B. sind fest und schlecht teilbar. — Verwendung als Straßen- und Bahnschotter, im Wasserbau und als Kleinpflaster. Wegen geringer Korndifferenzierung als Pflasterstein für Fahrbahnen nicht geeignet, da wenig griffig, bei Abrieb glatt und bei Nässe schlüpfrig. — Fundorte: Sachsen, Vogelsberg, Rhön, Island. — Nr. 148 ist ein Olivinbasalt von Finkenberg/Rheinland.

Blaubasalt: Feste blaugraue Basaltvarietät.
Basaltlava: Stark porige, stets rauh bleibende Basaltvarietät.
Sonnenbrenner: Fleckiger Basalt, bei dem das Mineral Analcim stark angereichert ist. Neigt zu Rißbildung und frühzeitigem Zerfall.
Mühlsteintrachyt: Fälschliche Bezeichnung für eine basaltische Varietät aus der Eifel (Leuzitnephelintephrit). Als Mahlstein verwendet.

149 Melaphyr, ein alter feinkörniger Basalt, dessen Blasenhohlräume oft mit Fremdstoffen (Achat, Calcit, Chlorit, Quarz) ausgefüllt sind (M.-Mandelstein), Farbe schwarz oder rotbraun. — Verwendung als Straßenbaumaterial. — Fundorte: Pfalz, Saarland, Nr. 149 vom Hunsrück.

150 Diabas, ein grobkörniger, alter Basalt, diagenetisch leicht verändert. Anstelle von Augit und Olivin erscheinen Chlorit und Serpentin. Dadurch graugrüne Farbe und große Zähigkeit. — Verwendung als Schotter und Architekturstein (S. 100, Nr. 152, 153). — Fundorte: Rheinisches Schiefergebirge, Harz, Fichtelgebirge. Der abgebildete D. stammt aus der Pfalz. — Teilweise werden D. auch den Ganggesteinen (vgl. S. 88) zugeordnet.

151 Pikrit ist ein sehr dunkles, ultrabasisches Vulkanitgestein (S. 91), das in der Bauwirtschaft nur eine rein lokale Bedeutung hat.

Zusammensetzung (nach H. Schumann, 1957)

Olivin	30 %	Spezifisches Gewicht 3,0
Augit	35 %	
Hornblende, Biotit	25 %	
Apatit, Erze	10 %	

Fundorte: Rheinisches Schiefergebirge, Harz, Fichtelgebirge, Erzgebirge. Der abgebildete Pikrit stammt aus dem Fichtelgebirge.

148

149

150

151

Säulige Ausbildungsformen sind für Basalte (und teilweise auch für andere Vulkanite) charakteristisch. Sie entstehen durch Kontraktion bei Abkühlung der Gesteinsschmelze und sind keine Kristallformen!

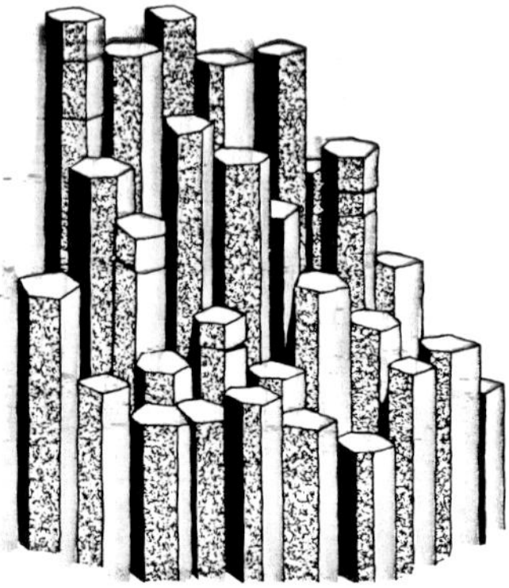

Grüner Porphyr: Handelsbezeichnung für einen Diabas.
Grüner Marmor: Handelsbezeichnung für einen Diabas.
Schwarzer Granit: Handelsbezeichnung für einen Diabas (Nr. 153).
Schwedischer Granit: Handelsbezeichnung für Diabas oder Gabbro.
Lausitzer grüner Granit: Handelsbezeichnung für einen Diabas.
Grünstein: In der Bauwirtschaft Sammelbezeichnung für grünliche Diorite, Gabbros und Diabase (Nr. 152).

Richtzahlen für die technische Bewertung der Vulkanite
(über die einschlägigen DIN-Normen siehe S. 154)

Eigenschaften		*Quarzporphyr/ Porphyrit*	*Basalt/ Melaphyr*	*Diabas*
Rohdichte ϱ (Rohgewicht γ Raumgewicht)	kg/m³	2550—2800	2950—3000	2800—2900
Reindichte s (Reinwichte γ_0 Spez. Gewicht)	kg/dm³	2,58—2,83	3,00—3,15	2,85—2,95
Wahre Porigkeit	Raum-%	0,4—1,8	0,2—0,9	0,3—1,1
Wasseraufnahme	Gewichts-%	0,2—0,7	0,1—0,3	0,1—0,4
Scheinbare Porigkeit	Raum-%	0,4—1,8	0,2—0,8	0,3—1,0
Druckfestigkeit im trockenen Zustand	kp/cm²	1800—3000	2500—4000	1800—2500
Biegezugfestigkeit	kp/cm²	150—200	150—250	150—250
Schlagfestigkeit, Anzahl der Schläge bis zur Zerstörung		11—13	12—17	11—16
Abnutzung durch Schleifen, Verlust auf 50 cm² in cm³		5—8	5—8,5	5—8

152 Diabas (poliert), Handelsbezeichnung Grünstein, Frankreich.

153 Diabas (poliert), Handelsbezeichnung Schwarzer Granit, Schweden.

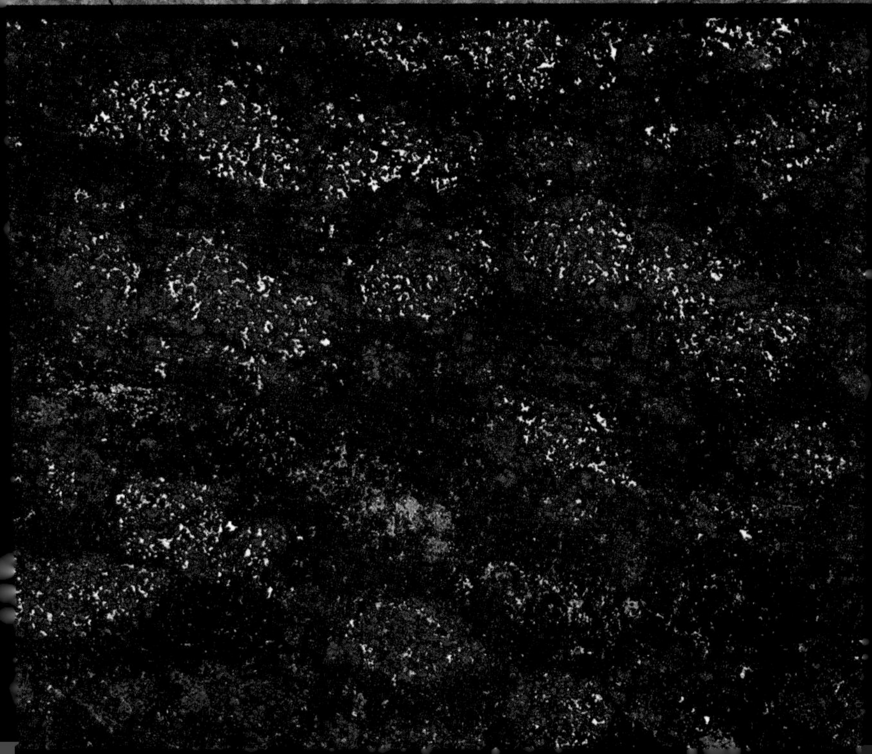

Sedimente

Sedimente sind Sekundärgesteine. Sie entstehen immer aus Restmaterialien aufbereiteter Gesteine an der Erdoberfläche.
Die Aufbereitung der Gesteine, Verwitterung genannt, erfolgt durch Wetterelemente, wie Sonneneinstrahlung, Frost und Regen, aber auch unter Mithilfe von Säuren und Organismen. Die Zerstörbarkeit der Gesteine und Mineralien ist verschieden. Quarz, Granat und Turmalin sind mechanisch außerordentlich widerstandsfähig, Feldspat, Feldspatvertreter, Olivin und Biotit dagegen leicht verwitterbar.
Zwei Arten der Verwitterung sind zu unterscheiden: die physikalische oder mechanische Verwitterung und die chemische Verwitterung. Die oft als dritte Art genannte biologische oder organogene Verwitterung wirkt entweder physikalisch (z. B. Wachstumsdruck der Wurzeln) oder chemisch (z. B. organische Säuren). Die Verwitterungsarten wirken je nach Klimabereich, Jahreszeit und Lokalität verschieden intensiv, mehr oder weniger komplex. Die physikalische Verwitterung führt zu einer rein mechanischen Zerkleinerung des Gesteins. Häufiger Temperaturwechsel, Spaltenfrost und Salzsprengung bewirken eine Lockerung des Gefüges, eine Kornzerkleinerung ohne chemische Veränderung der Einzelteile.
Solche Sedimentgesteine, die auf physikalische Verwitterung zurückgehen, bezeichnen wir als Verwitterungsrestbildungen, klastische Sedimente oder Trümmergesteine. Sie bilden die eine große Gruppe der Sedimente (S. 103).
Die zweite Gruppe umfaßt die Verwitterungsneubildungen (S. 103). Bei ihnen hat vornehmlich die chemische Verwitterung das Ursprungsgestein zerstört. Wasserlösliche Mineralien wurden gelöst, Silicate hydrolytisch zersetzt, Eisenverbindungen oxidiert, Kalke durch Kohlensäure umgewandelt. Bei erneuter Ablagerung der so intensiv veränderten Bestandteile entstehen völlig neue Gesteine, die dem Auge nichts mehr vom ursprünglichen Ausgangsgestein verraten.
Eine Sonderstellung nehmen die Kohlegesteine ein. Sie sind organischen Ursprungs und deshalb — nach petrographischer Definition (S. 8) — gar kein Gestein. Da sie andererseits aber wie alle echten Gesteine Anteil am Aufbau der festen Erdkruste haben, sollen sie mit behandelt werden (S. 132).

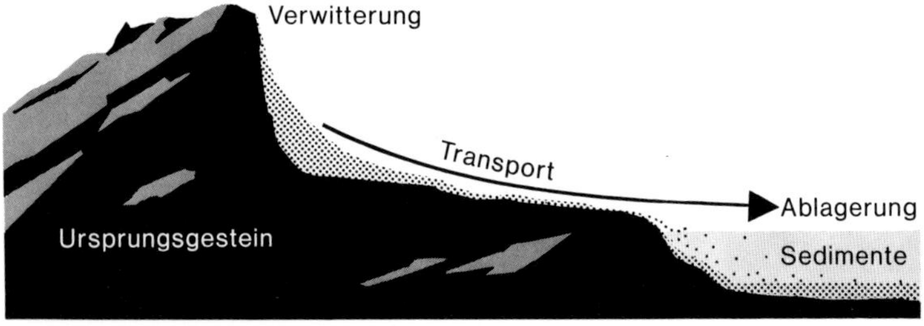

Entstehung der Sedimentgesteine

Einteilung der Sedimentgesteine

Sedimentgesteine

Verwitterungsrestbildungen — *Verwitterungsneubildungen* — *Kohlegesteine*

Pelite Korngröße unter 0,02 mm ⌀	*Psammite* Korngröße 0,02 bis 2,0 mm ⌀	*Psephite* Korngröße über 2 mm ⌀	*Sintergesteine*	*Salzgesteine*	*Organogene Sedimente*	
Staub Schweb Ton Schieferton	Sand Sandstein	Schutt Geröll Geschiebe Breccie Konglomerat	Travertin Kalktuff Kieselsinter	Steinsalz Anhydrit Gipsstein Edelsalze	Kalkstein Dolomitstein Feuerstein	Torf Braunkohle Steinkohle Anthrazit

Erkennungsmerkmale der Sedimentgesteine

1. Ausgeprägte Schichtung
2. Fossilienreich
3. Verwitterungsgroßformen vielfach schroff

Ein charakteristisches Erkennungsmerkmal für die meisten Sedimentgesteine ist eine ausgeprägte Schichtung mit gradlinigen Schichtfugen. Schuppige Mineralien und plattige Gesteinsreste liegen parallel zueinander. Bei glazialen Ablagerungen (Moränen) dagegen gibt es keine Schichtung. Alle Gemengteile und Gesteinstrümmer liegen unsortiert wirr durcheinander.

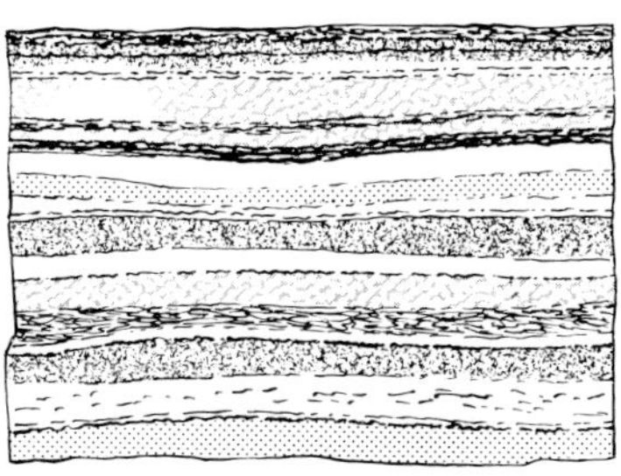

Ablagerung in Wasser: geschichtet

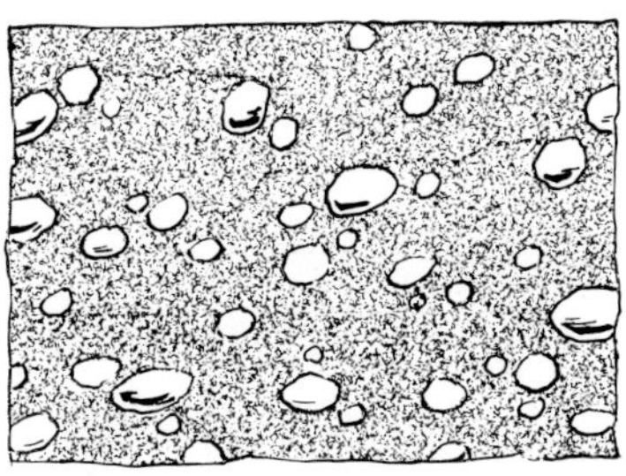

Ablagerung durch Gletscher (Moräne): ungeschichtet

Verwitterungsrestbildungen (Trümmergesteine)

Verwitterung am Beispiel des Granits: Obwohl Granit als Sinnbild des Ewigen gilt, unterliegt er wie jedes andere Gestein der Verwitterung.

154 Granit, frisch und unzersetzt.

155 Granit mit bräunlichen Verfärbungen einzelner Mineralien, verursacht durch chemische Umwandlung eisenhaltiger Gemengteile.

156 Granit, durch chemische Verwitterung eisenhaltiger Gemengteile stark braun gefärbt.

157 Granit, tief zersetzt und zermürbt.

158 Granit, Zerfall in größere Brocken.

159 Granit, aufgelöst in Granitgrus. Nur der Quarz erscheint in unveränderter Beschaffenheit. Feldspat und Glimmer sind stark aufbereitet.

160 Granit, verwittert zu Ackererde.

Korngrößenbenennung lockerer Trümmergesteine

In der Petrographie werden die klastischen Sedimente unabhängig von Mineralbestand, Entstehung und Form in folgende Gruppen gegliedert:

mm ∅	*Hauptgruppen*	*Untergruppen*	
unter 0,02	Ton	unter 0,002	Feinton
		0,002—0,02	Grobton (Schluff)
0,02—2,0	Sand	0,02—0,2	Feinsand
		0,2—2,0	Grobsand
2,0—200	Kies	2,0—20	Feinkies
		20—200	Grobkies
über 200	Blockwerk		

Klastische Lockersedimente zwischen Grobton und Feinsand werden gelegentlich als Silt, solche zwischen Grob- und Feinkies als Grand bezeichnet.

In der Technik werden die Trümmergesteine auf Grund technisch bedingter Erfordernisse nach DIN 4022 folgendermaßen gegliedert:

mm ∅	*Hauptgruppen*	*Untergruppen*	
unter 0,002	Ton		
0,002—0,06	Schluff	0,002—0,006	Feinschluff
		0,006—0,02	Mittelschluff
		0,02—0,06	Grobschluff
0,06—2,0	Sand	0,06—0,2	Feinsand
		0,2—0,6	Mittelsand
		0,6—2,0	Grobsand
2—60	Kies	2—6	Feinkies
		6—20	Mittelkies
		20—60	Grobkies
über 60	Steine		

154

155

156

157

158

159

160

Tongesteine sind verfestigte Ansammlungen von Gesteinsmehlen, die überwiegend aus Tonmineralien (S. 38) bestehen. Hauptvertreter sind Kaolin, Ton, Lehm, Mergel, Schieferton und Löß. Sie entstehen mit Ausnahme des Löß durch Wasserablagerung oder bei Gesteinsverwitterung.

161 Kaolin (Porzellanerde) besteht aus dem Mineral Kaolinit (Aluminiumsilicat). Er entsteht durch Zersetzung und Umwandlung silicatischer Gesteine. Reiner K. ist schneeweiß, bei Gemengen mit Quarz und Feldspäten graugelblich (Rohkaolin, Kaolinsand). — K. ist das wichtigste Rohmaterial für die Porzellanherstellung. — Fundorte: Schnaittenbach/Bayern, Meißen/Sachsen, Karlsbad/CSSR, England, USA, China. — Nr. 161 stammt von Schnaittenbach/Bayern.

162 Ton ist hier nicht als eine Korngrößengruppierung zu verstehen (wie auf S. 104), sondern als ein Mineralaggregat von Tonmineralien (S. 38), Quarz und Glimmer sowie Feldspat und Calcit. Eisenoxide sind mit 10 % vertreten. Sie bewirken eine rötliche, teilweise auch grünliche Farbe. — Montmorillonitreiche T. heißen Bentonit.
In trockenem Zustand hart, je nach Wassergehalt verschieden plastisch. Da er durch Vielzahl feinster Poren Wasser kapillar festhält und dadurch für anderes Wasser undurchdringlich ist, wirkt er als Grundwasserstauer. — T. dient zur Herstellung von Ziegeln und feuerfesten Schamottsteinen; weit verbreitet. — Fundort von Nr. 162 ist Rosenheim/Bayern.

163 Lehm, ein kalkarmer Ton. Die zu Limonit (S. 164) umgewandelten Eisenmineralien bewirken die gelbe Farbe. — Grundstoff für die Ziegelindustrie, weit verbreitet. — Nr. 163 stammt von Werl/Westfalen.

Mergel, ein kalkreicher Ton. Durch glaukonitische Beimengung grünlich, bei Bitumengehalt dunkelgrau. Zerfällt in bröckelige Masse. — Geschiebemergel: ein mit Moränenmaterial durchsetzter Mergel. — Seekreide: mergliger Ton bis toniger Mergel mit geringen Korngrößen.

Löß enthält die gleichen Mineralbestandteile wie Ton (Nr. 162), jedoch durch Windanwehung entstanden. L. ist locker, andererseits auf Grund eines feinsten Haarröhrchengefüges wandbildend, wasser- und luftdurchlässig. Eisenhydroxide färben ihn gelb. — Wenn der Kalk durch Regen oder Sickerwasser ausgelaugt wird, entsteht Lößlehm. — Verbreitung: Nordrand der deutschen Mittelgebirge, Donaugebiet, Oberrheinische Tiefebene, Mähren. Größtes zusammenhängendes Lößgebiet in Nordchina.

164 Lößkindl sind knollenförmige kalkhaltige Verfestigungen (Konkretionen) in Tongesteinen, vorwiegend in Lößen und Lehmen. Entstehen durch Auslaugung und Wieder-Ausfällen des Kalkanteils. — Nr. 164 stammt aus dem Rheinland.

165 Schieferton, diagenetisch verfestigter Ton. Bituminöse Beimengungen färben ihn hellgrau. Gegenüber dem Tonschiefer (S. 138) ist er daran zu unterscheiden, daß er bei Wasseraufnahme quillt und im Wasser zerfällt. — Nr. 165 vom Siebengebirge/Rheinland.

Letten ist ein volkstümlicher Ausdruck für verschiedene Tongesteine ohne eindeutige Definition. Häufig Synonym für Tone und Lehme.

161

162

163

164

165

Lockere Trümmergesteine von 2 mm bis zu 20 cm Durchmesser werden in größerer Anhäufung als Kies bezeichnet (S. 104), unabhängig davon, wie sie zusammengesetzt oder geformt sind.

Je nach Art und Länge des Transportes werden die einzelnen Trümmer durch Schlagbeanspruchung oder durch schleifende Wirkungen in ihrer Form beeinflußt.

An den Bergflanken unterhalb der Gipfel sammeln sich scharfkantige Felsreste, Brocken, in größerer Anhäufung Schutt oder Grus genannt.

Ursprünglich scharfkantiges Gesteinsmaterial wird beim Flußtransport oder durch die Meeresbrandung gerundet. Solche rundgeformten Trümmer heißen in der Gesteinswissenschaft Gerölle und in großer Ansammlung Schotter. — Nach 1 bis 5 km Flußtransport sind Sand- und Kalksteine, nach 10 bis 20 km Granite, Gneise und Quarzite abgerundet. Weiche Sandsteine werden schon nach 1 bis 2 km Transport völlig zerrieben. — In der Bauwirtschaft dagegen versteht man unter Schotter immer nur eckiges, künstlich gebrochenes Material, wie wir es im Gleisbau als Bahnschotter sehen.

Wenn Gletscher den Gesteinstransport besorgen, ist die Abrundung der Trümmer nicht so vollkommen wie beim Flußtransport. Die Felsstücke werden nicht gerollt, sondern geschoben. Sie bekommen dadurch eine flache, kantengerundete Form und sind von anderen Gesteinstrümmern mit gradlinigen Ritzungen, sog. Kritzern, angekratzt. Diese Gesteinstrümmer bezeichnen wir als gekritztes Geschiebe. In größerer Ansammlung zählen sie mit den Geröllen zum Schotter. — Sehr große, oft mehrere Kubikmeter umfassende Felsstücke, die Findlinge oder Erratika, wurden während der Eiszeit teilweise bis über 1000 km transportiert.

Auch der Wind kann Gesteinstrümmer unter Mithilfe des Sandes formen, kantig schleifen oder bei unterschiedlicher Zusammensetzung des Gesteins weichere Schichten stärker bearbeiten als widerstandsfähigere Partien.

166 Geröll als »gequältes Gestein«. — Bei der Zertrümmerung eines Kalksteins durch gebirgsbildende Vorgänge entstanden zunächst unregelmäßig begrenzte Bruchstücke, die dann mit kalkigen Bindemitteln (den milchigweißen Adern auf der Abbildung) diagenetisch wieder verkittet wurden. — Das Bindemittel kann auch Quarz sein und außer bei Kalksteinen ebenso bei Dolomiten und Sandsteinen auftreten. — Fundort von Nr. 166 ist das Isarbett bei München.

167 Geschiebe, vom Gletscher transportiert, oval geformt und kantengerundet, deutlich gekritzt. — Fundort Bad Aibling/Oberbayern, aus dem Bereich des Inn-Gletschers.

168 Windkanter, durch wehenden Sand kantig, zusammengeschliffenes Gesteinstrumm. — Fundort Saudi-Arabien.

169 Windschliff tritt vornehmlich in Wüstengebieten auf. Die weicheren Schichten werden stärker als widerstandsfähigere, quarzitische Lagen ausgeräumt. Dadurch entstehen eigenartig bizarre Formen. — Fundort von Nr. 169 ist die Wüste Namib/Südwestafrika.

166

167

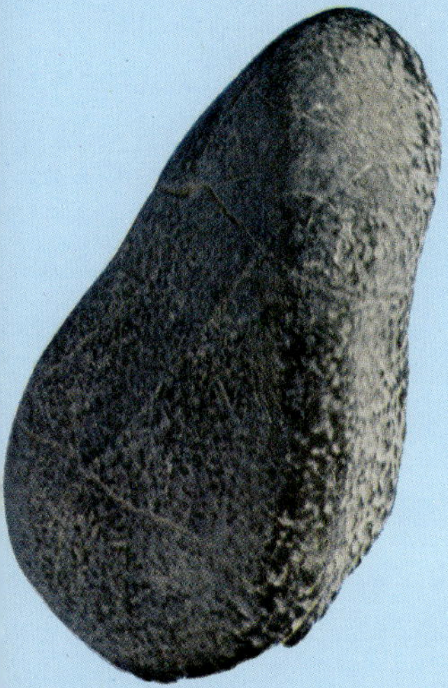
168

169

Trümmergestein im lockeren und festen Verband

Einzelbezeichnung	*Sammelbezeichnung*	
	locker	*verfestigt*
	Sand	Sandstein
Geröll	Schotter	Konglomerat
Geschiebe		(Nagelfluh)
Brocken	Schutt, Grus	Breccie

Breccie (Brekzie, Bresche) ist ein verfestigter Schutt. Eckige, oft scharfkantige Gesteinstrümmer (Brocken, S. 108) sind in willkürlicher Lagerung mit einem tonigen, kalkigen oder kieseligen Bindemittel verkittet. Sie bilden sich vorwiegend aus Gehängeschutt, Bergsturzmaterial oder Muren im Gebirge und können aus gleichem Gesteinsmaterial (Granit-, Kalksteinbreccien) wie auch aus verschiedenen Gesteinsarten bestehen. Es gibt keine irgendwie geartete Auslese nach widerstandsfähigen Materialien.
Je nach Zusammensetzung, Menge und Art des Bindemittels sind die B. kompakter oder weniger fest. Kieseliges Bindemittel ist am festesten, kalkiger Kitt am häufigsten. B. hat ein Gefüge etwa wie Splittbeton, unterscheidet sich jedoch von jenem durch zahlreiche, eckig begrenzte Hohlräume. — B. sind für Steinmetze und in der Bauwirtschaft brauchbar, wenn die einzelnen Trümmer fest im Verband sitzen und die Härte (Festigkeit) des Gesteins annähernd gleichartig ist. Kalksteinbreccien lassen sich teilweise wie Marmor schleifen und polieren (Nr. 172). — Fundorte: Alpen, Apennin.

Alpenbreccie: Handelsbezeichnung für einen bunten, polierfähigen Kalkstein mit eckigem Kornmaterial (Nr. 172).

Breccienmarmor: Handelsbezeichnung für einen bunten, polierfähigen Kalkstein mit eckigem Kornmaterial (Nr. 172).

Italienischer Nagelfluh: Handelsbezeichnung für eine Breccie aus Italien.

170 Breccie aus verschiedenartigem Gesteinsmaterial, Kitzbühel/Österr.

171 Konglomerat (Nagelfluh) von Nesselwang/Allgäu. — Über Entstehung, Zusammensetzung und Verwendung siehe S. 112.

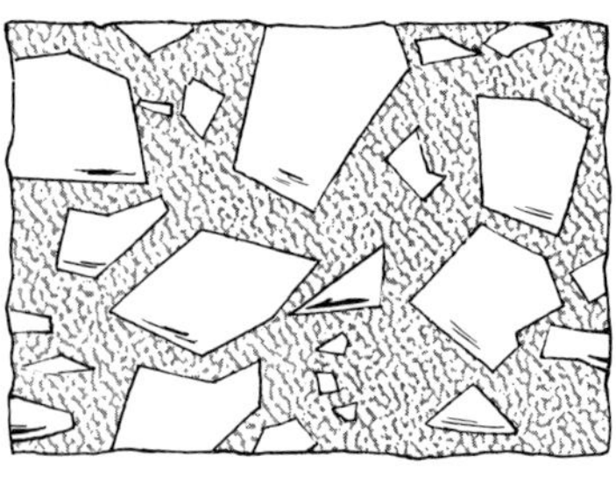

Gefüge einer Breccie: Eckige Gesteinstrümmer in feinkörniger Grundmasse

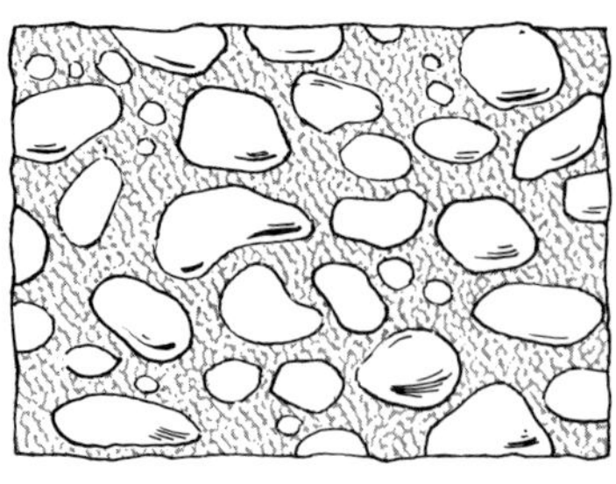

Gefüge eines Konglomerats: Abgerollte Trümmer in feinkörniger Grundmasse

170

171

Konglomerat (Nagelfluh) ist ein verfestigter Schotter. Gerundete Gesteinstrümmer (Gerölle und Geschiebe, S. 108) sind mit einem tonigen, kalkigen oder kieseligen Bindemittel verkittet. Das Verhältnis zwischen grobem und feinem Material ist schwankend. Nur vereinzelt gibt es Rollstücke bis Kopfgröße. Die Farbe ist im allgemeinen grau, bläulich, gelblich, bei stark eisenschüssigen Bindemitteln auch rötlich.
K. bilden sich aus den vom Wasser (Fluß, Meer) antransportierten Schottern und enthalten meist verschiedenartiges Gesteinsmaterial. Bei weit verfrachteten Trümmerresten ergibt sich durch Zerstörung der weicheren Bestandteile eine Auslese nach widerstandsfähigeren Materialien, wie z. B. Quarzit, Granit, Kieselkalk, Amphibolit oder Diabas. Weiche Sandsteine werden schon nach 1 bis 2 km Flußtransport völlig zerrieben.
Je nach Zusammensetzung, Menge und Art des Bindemittels sind K. kompakter oder weniger fest. Kieseliges Bindemittel ist am festesten, kalkiger Kitt am häufigsten. Das Gefüge gleicht dem von Kiesbeton. Allerdings zeigen K., gebrochen, geschnitten oder behauen, immer rundgeformte Löcher von ausgebrochenen Geröllen (siehe Nr. 171).
K. sind für Steinmetze und in der Bauwirtschaft brauchbar, wenn die einzelnen Trümmer fest im Verband sitzen und die Härte (Festigkeit) des Gesteins annähernd gleichartig ist. Eingelagerte Quarzitgerölle erschweren eine Bearbeitung. Die technische Beurteilung der K. ist ähnlich wie bei grobem Sandstein (S. 116).
Wetterbeständige K. sind in Süddeutschland und im übrigen Alpenraum sehr geschätzt. Hier werden sie nach einem Schweizer Ausdruck als Nagelfluh bezeichnet. — Der Waschbeton, ein dem Konglomerat ähnlicher Kunststein, hat gleichartige Kieselkörnung und niemals Löcher auf der Sichtfläche. — Fundorte: Alpen, Alpenvorland, deutsche Mittelgebirge, weit verbreitet.

Nagelfluh: Synonym für Konglomerat im Alpengebiet.

Italienischer Nagelfluh: Handelsbezeichnung für eine Breccie aus den südlichen Alpen.

Tillit ist ein verfestigtes Trümmergestein aus Gletscherablagerungen (Moränen). Die Grobbestandteile können Gerölle, Geschiebe und auch mehr oder weniger eckige Brocken sein.

172 Breccie (poliert) mit charakteristisch eckigem Bruchmaterial. Entstanden durch Wiederverkitten eines infolge gebirgsbildender Vorgänge zertrümmerten spröden Kalksteins. Die erneute Verkittung hat unter Mithilfe diagenetisch-metamorpher Wirkungen zu einem festen, polierfähigen Gestein geführt, das in der Bauwirtschaft Alpenbreccie oder Breccienmarmor genannt wird. Als Dekorationsstein eine gewisse Bedeutung. — Ähnlich ist der für Fußböden, Treppen und Fensterbänke viel verwendete Terrazzo, ein Kunststein aus Feinbeton mit farbigen, schleiffähigen, jedoch viel gleichartigeren Natursteinkörnungen.

173 Konglomerat (Nagelfluh, geschliffen) mit charakteristisch rund geformten Ausbruchstellen von Geröllen und typischen Grautönen. — Inntal bei Brannenburg/Bayern.

Sandstein ist das am weitesten verbreitete Sedimentgestein, meist deutlich geschichtet. Entstanden durch Verkittung von Sandkörnern mit Ton, Kalk oder Kiesel. Quarz hat den größten Anteil am Aufbau der Sandsteine.

Mineralbestand einiger Sandsteine (in Volumen-%)

	Quarz	*Feldspat*	*Glimmer*	*Tonmin.*	*Chlorite*	*Carbonate*	*Sonstige*
Spiriferen-sandstein	70	6	10	2	—	6	6
Buntsandstein	65	20	11	—	—	—	4
Grauwacke	41	25	9	1	11	11	2
Arkose	35	33	3	16	4	1	8

Die vielfältigen Namen der S. rühren von der Farbe her (Grün-), vom Aussehen (Tiger-), von Örtlichkeiten (Weser-), vom einstigen Verwendungszweck (Burg-), von Beimengungen (Eisen-), von Resten eingebetteter Organismen Spiriferen-) und von geologischen Epochen (Kreide-).
Das technische Verhalten der S. ist von Art und Mengenverhältnis des Bindemittels zum Körneranteil sowie von Form und Verteilung der Poren abhängig. Die Porosität schwankt zwischen 1 und 25 %. Porenarme S. haben eine Druckfestigkeit von 1000—3000 kp/cm², porenreiche von unter 100 kp/cm². Tonige S. sind frostempfindlich, kalkige S. unterliegen den chemischen Angriffen von Rauchgasen, sind nicht feuerfest.
Weitklüftige und feinkörnige S., bei denen Quarz überwiegt und Kiesel Bindemittel ist, sind gesuchte Architektursteine. Der Steinmetz und Bildhauer bevorzugt weniger quarzreiche Sorten. Sehr feste quarzitische S. werden als Bruchmaterial (Schotter) im Straßen- und Bahnbau verwendet.

Arkose ist ein grober, feldspatreicher, kaum geschichteter Sandstein.

Grauwacke (Nr. 177), ein dunkelgrauer bis brauner Sandstein aus geologisch älterer (paläozoischer) Zeit, enthält neben Quarzkörnern auch verschiedenartige Gesteinsreste. Sehr hart. — Verwendung als Bruchmaterial (Schotter) im Straßen- und Bahnbau. — Fundorte: Rheinisches Schiefergebirge, Harz.

Quarzit (Nr. 179), ein sehr fester, quarzreicher Sandstein mit kieseligem Bindemittel, weiß bis hellgrau, sehr schwer zu bearbeiten. Entstanden durch Diagenese oder auch Metamorphose (S. 134) aus Quarzsand. — Verwendung als Bruchmaterial (Schotter) für Straßen- und Bahnbau, für Bodenbeläge, Treppen und Wandverkleidungen sowie als Zuschlag für Hartbeton. — Fundorte: Erzgebirge, Oberpfalz, Taunus, Westfalen.

174 Angulaten-Sandstein, eisenschüssig, bei stark kalkigem Bindemittel nicht widerstandsfähig. — Vorkommen in Württemberg.

175 Murnauer Quarzit, sehr fester, quarzreicher glaukonithaltiger Sandstein. Druckfestigkeit schwankt zwischen 1600—2600 kp/cm². — Verwendung als Bahnschotter. — Handelsname Glauko. — Fundort Eschenlohe/Bayern.

176 Glaukonit-Sandstein, wenig wetterbeständiger Sandstein, Schweiz.

177 Grauwacke, durch Frittung (Erhitzen) vom aufgedrungenen Magmamaterial metamorph rotgebrannt. — Fundort Bad Godesberg/Rheinland.

174

175

176

177

Sandsteinverwitterung: Wenn Klüfte die Schichtung senkrecht schneiden, bilden sich Quader (Quadersandstein).

Kalksandstein: Kalkhaltiger Sandstein (als Naturstein). — Auch Synonym für Hartstein, einen künstlichen kalkhaltigen Sandstein.

Richtzahlen für die technische Bewertung einiger Sandsteine
(über die einschlägigen DIN-Normen siehe S. 154)

Eigenschaften		*Quarzit Grauwacke*	*Quarzitische Sandsteine*	*Sonstige Quarzsandsteine*
Rohdichte ϱ (Rohgewicht γ Raumgewicht)	kg/m³	2600—2650	2600—2650	2000—2650
Reindichte s (Reinwichte γ_0 Spez. Gewicht)	kg/dm³	2,64—2,68	2,64—2,68	2,64—2,72
Wahre Porigkeit (Porosität)	Raum-%	0,4—2,0	0,4—2,0	0,5—25
Wasseraufnahme	Gewichts-%	0,2—0,5	0,2—0,5	0,2—9
Scheinbare Porigkeit	Raum-%	0,4—1,3	0,4—1,3	0,5—24
Druckfestigkeit im trockenen Zustand	kp/cm²	1500—3000	1200—2000	300—1800
Biegezugfestigkeit	kp/cm²	130—250	120—200	30—150
Schlagfestigkeit, Anzahl der Schläge bis zur Zerstörung		10—15	8—10	5—10
Abnutzung durch Schleifen, Verlust auf 50 cm² in cm³		7—8	7—8	10—14

178 **Burgpreppacher Sandstein,** ein Mainsandstein, Sichtfläche geschliffen, Unterfranken (o. l.).

179 **Quarzit** (Sedimentär-Quarzit), Sichtfläche bruchrauh, Westfalen (o. r.).

180 **Molassesandstein,** Sichtfläche scharriert, Schweizer Voralpen (u. l.).

181 **Buntsandstein,** Sichtfläche gestockt, Schwarzwald (u. r.).

Verwitterungsneubildungen

Die chemische Verwitterung (S. 102) zerstört Gesteine und löst sie in ihre chemischen Komponenten auf. Die Wasser des Festlandes und der Meere übernehmen diese Lösungen, verteilen oder sortieren sie und scheiden sie letzten Endes in verschiedener Form wieder aus. Solche Ablagerung führt im Bereich von Quellen, in Seen und Meeren zur Bildung neuer Gesteine. Während die Quellausscheidungen (Sinter) überwiegend anorganisch entstehen, bilden sich in Seen und Meeren sowohl anorganische Gesteine (Salzgesteine) als auch biogene Sedimente (Kalk- und Kieselgesteine).

Sinter sind mineralische Ausscheidungen an Quellaustritten. Durch Entweichen von Kohlendioxid infolge Druck- und Temperaturänderung oder vereinzelt auch unter Mitwirkung von Pflanzen (durch Assimilation) zerfallen die wasserlöslichen Verbindungen, und die unlöslichen Bestandteile lagern sich als kalkige oder kieselige Bildungen (Sintergesteine) ab. Bei kalkreichem Wasser entstehen porige Kalksinter, Kalktuffe, Tuffstein (nicht mit den vulkanischen Tuffen zu verwechseln, S. 92) oder Travertin genannt. Sie sind von gelblich-brauner Farbe. In der Hütten- und Bauindustrie bezeichnet man die Bildungen mit schaumig-lockerem Gefüge als Kalktuff (Nr. 186) und die kompakteren, polierfähigen Kalksinter als Travertin (Nr. 187). Poröse Kalktuffe werden als Leichtbaustoffe, kompakte Travertine für Boden- und Fassadenplatten verwendet.
Auch die Tropfsteinbildungen in den Höhlen, die von der Decke herabhängenden Stalaktiten und die vom Boden aufwachsenden Stalagmiten, gehören zu den Sintergesteinen.

182/183 Kalksinter entstehen bevorzugt an Hindernissen im Quellwasserbereich. Dadurch kommt es zu ungleicher Ablagerung, und es bilden sich kleine Wasserfälle und Tuffkaskaden. Die Tuffkaskaden von Hierapolis in der Türkei sind weltberühmt. — Auch Blätter und Holzteile werden von Kalkkrusten überzogen oder umschlossen. — Fundort von Nr. 182 ist Polling/Oberbayern, von Nr. 183 Iffeldorf/Oberbayern.

184 Karlsbader Sprudelstein (anpoliert) entsteht als kalkige Ausscheidung von warmen Quellen in der Modifikation des Aragonit (S. 36); oft schön gebändert und durch Eisenverbindungen rot und braun gefärbt. — Verwendung zu kunstgewerblichen Gegenständen.

185 Erbsensteine sind Ansammlungen von Kalkkügelchen. Sie bilden mit den Minetten und Rogensteinen die Gruppe der Oolithe. Erbsensteine entstehen an warmen Quellen infolge schaliger Anlagerung um schwebende Fremdkörper in der Modifikation des Aragonit (S. 36). Durch Erhöhen des Eigengewichts sinken die einzelnen Kügelchen zu Boden und bilden sedimentäre Aggregate. — Fundort Karlsbad/CSSR.

Kieselsinter (Geysirit) entsteht an heißen Quellen, bei Geysiren, in der Form eines feinfaserigen Quarzes oder als amorpher Opal (S. 50) durch Ausscheiden der gelösten Kieselsäure infolge Abkühlung und Verdampfen des Wassers an der Erdoberfläche. — Fundorte: Island, Neuseeland, Yellowstone-Park/USA.

182

183

184

185

Kalktuff und Travertin haben von allen Sintergesteinen (S. 118) allein eine wirtschaftliche Bedeutung.

186 Kalktuff (Duckstein, Süßwasserkalk) wird in der Bauwirtschaft ein schaumig, grobporiger Kalksinter (S. 118) genannt. — Verwendung als Leichtbaustein im Gewölbebau, als wärmedämmende Ausfachung von Fachwerkwänden und wegen seiner Reinheit zu gebranntem Kalk. — Trotz der Porosität ist der K. frostsicher. Die großen Poren, oft zusammenhängend, sind nie von Wasser ganz erfüllt und gestatten somit eine Ausdehnung des Wassers bei Frost ohne sprengende Wirkung. — Fundort des abgebildeten Kalktuffs ist Polling/Oberbayern.

187 Travertin (nach einem italienischen Lokalbegriff) ist in der Bauwirtschaft die Bezeichnung für feinkörnige, feste, schleif- und polierfähige Kalksinter (S. 118). Am bekanntesten ist der zart gebänderte, hellgelbe Römische Travertin aus den Sabinerbergen, der auch beim Bau des Kolosseums und der Peterskirche in Rom verwendet wurde. In Deutschland ist der Cannstatter Travertin (bei Stuttgart) mit seiner kräftig bräunlichen Zeichnung von Bedeutung. — Verwendung in Plattenform mit stets löchriger Sichtfläche für Verkleidungen, Fußböden und Terrassen. Wegen der agressiven Rauchgase ist Travertin nur mehr für Innenarchitektur geeignet. — Der Kunststein-Travertin, der nur die Farbe und die porige Struktur mit dem Naturstein-Travertin gemeinsam hat (sonst aus gefärbtem Zement besteht), ist wetterbeständiger und für Gartenterrassen besser geeignet als der echte Travertin. — Nr. 187 ist Römischer Travertin in typischer gelber Farbe und mit charakteristisch weicher Zeichnung.

Richtzahlen für die technische Bewertung der Kalktuffe und Travertine
(über die einschlägigen DIN-Normen siehe S. 154)

Eigenschaften		*Römischer Travertin*	*Cannstatter Travertin*	*Kalktuff locker*
Rohdichte ϱ (Rohgewicht γ Raumgewicht)	kg/m³	2400—2500	2300—2500	1200—2000
Reindichte s (Reinwichte γ_0 Spez. Gewicht)	kg/dm³	2,69—2,72		
Wahre Porigkeit (Porosität)	Raum-%	5—12		30
Wasseraufnahme	Gewichts-%	2—5	1,3—1,8	
Scheinbare Porigkeit (Porosität)	Raum-%	4—10		
Druckfestigkeit im trockenen Zustand	kp/cm²	200—600	570—1300	50—260
Biegezugfestigkeit	kp/cm²	40—100		

Salzgesteine sind anorganisch entstandene Sedimente mit den Hauptvertretern Steinsalz, Anhydrit und Gipsstein. S. sind monomineralische Gesteine, d. h. sie bestehen aus der Anhäufung nur eines einzigen Minerals, den Salzmineralien (S. 34, 35).
Salzgesteine entstehen vornehmlich in abgeschnürten Meeresbuchten bei aridem Klima. Durch stetige Verdunstung des Wassers werden die im Meer gelösten Salze allmählich immer stärker angereichert, bis sie sich schließlich aus den übersättigten Lösungen niederschlagen. Die Ausscheidung der Salze erfolgt in umgekehrter Reihenfolge ihrer Löslichkeit. Zuerst setzen sich die Sulfate (Gips, Anhydrit) ab, dann die Cloride (Steinsalz), zum Schluß Abraumsalze (S. 34). — Da alle Salzgesteine leicht wasserlöslich sind, treten sie nur in extrem trockenem Klima an der Erdoberfläche auf; bei uns in Mitteleuropa, im humiden Klimabereich, findet man sie nur unterirdisch, immer geschützt durch mächtige Deckschichten.

188 Steinsalz (NaCl), das bekannteste Salzgestein, im Volksmund Kochsalz genannt. Besteht aus dem Mineral Steinsalz (S. 34, Nr. 25) und schmeckt wie jenes salzig. Anhydrit, Quarz und Ton sind häufig beigemengt. — Im allgemeinen ist Steinsalz geschichtet, grobkörnig und von glitzerndem Aussehen. Künstlich gereinigt wasserklar, erscheint es meist grau, seltener gelblich oder rötlich. — Ein Drittel der Produktion werden von Mensch und Tier verbraucht, der größte Teil dient industriellen Zwecken. — Fundorte: Staßfurt/Sachsen-Anhalt, Celle/Niedersachsen, Berchtesgaden/Bayern, Oberösterreich, Steiermark, Salzburg. Nr. 188 von Berchtesgaden/Oberbayern.

189 Anhydrit ($CaSO_4$) ist der Name für ein Salzgestein wie auch für das dieses Gestein aufbauende Mineral (S. 34, Nr. 26). Dem Steinsalz ähnlich, weißlichgrau, gelblich, bläulich, jedoch feinkörniger und nicht salzig schmeckend. — Verwendung zur Herstellung von Düngemitteln und in der Bauwirtschaft als Binder für Estriche, Innenputzmörtel und Mauermörtel. — Fundorte: Niedersachsen, Oberbayern, Wallis/Schweiz, Kärnten/Österreich. Das abgebildete Anhydritgestein stammt von Osterode/Harz. — Im Tunnelbau sind Anhydritschichten gefürchtet, weil sie bei Wasserzufuhr außerordentlich stark quellen und dadurch die Tunnelwände eindrücken können.

190/191 Gipsstein (kurz Gips, $CaSO_4 \cdot 2H_2O$) besteht aus dem Mineral Gipsspat (S. 34, Nr. 29). Farbe weiß bis leicht getönt, grobkörnig (Nr. 190) oder seidenglänzend-faserig (Nr. 191). Gegenüber dem ähnlichen Anhydrit (Mohshärte 3—4) durch geringere Härte (Mohshärte $1^1/_2$—2) zu unterscheiden. — Weite Verwendung in der Bauwirtschaft. Durch Brennen wird dem G. ein Teil seines Kristallwassers entzogen, das er bei Wasserzugabe unter Volumenvergrößerung mehr oder weniger schnell wieder aufnimmt (Stuckgips, Estrichgips). Darauf beruht seine technische Verwendung als Kitt- und Bindemittel. Neuerdings wird G. auch zu Leichtbaustoffen im Hausinnenbau verarbeitet. — Fundorte: Harz, Thüringen, Bayern, Salzburg und Kärnten/Österreich. Nr. 190 stammt von Osterode/Harz, Nr. 191 von Staßfurt/DDR. — Eine von Bildhauern geschätzte feinkörnige Varietät heißt Alabaster (S. 34, Nr. 27).

188

189

190

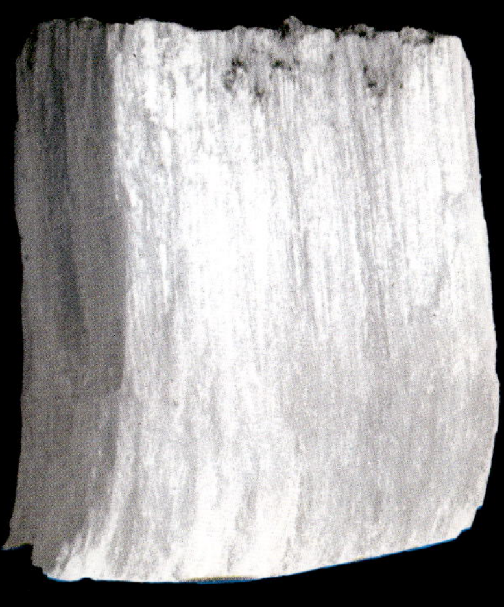

191

Kalkgestein ist Sammelbegriff für Kalk-Natursteine. Dazu zählen die Kalksinter (S. 118), die organogen gebildeten Kalksteine (S. 124), die Dolomite (S. 126) und die metamorphen Marmore (S. 142).

Kalkstein (fälschlich kurz Kalk) ist ein weitverbreitetes Sedimentgestein. Entsteht unter Mitwirkung von Organismen im Meer; physikalisch-chemische Vorgänge unterstützen und begleiten die organogenen Bildungen.
Algen, Brachiopoden, Foraminiferen, Korallen, Muscheln und Schnecken bauen aus dem im Wasser gelösten Kalk ihre Stützgerüste auf, die sich nach dem Absterben der Organismen am Meeresboden als Ganzes, als Skelettreste oder aufgelöst als Kalkschlamm ansammeln. Bei vielen K. kann man die Hartteile einstiger Organismen erkennen. Bei anderen sind die Schalenreste völlig zertrümmert und teilweise auch leicht (diagenetisch) umkristallisiert.
Bei starker, metamorpher Veränderung der Kalkablagerungen wird das Gestein grobkristallin-zuckerkörnig (Nr. 194). Die Gesteinswissenschaft bezeichnet solche metamorph umgebildeten Kalksteine als Marmor und zählt sie zur Gruppe der Metamorphite (S. 142). In der Hütten- und Bauindustrie dagegen nennt man auch die festen, polierfähigen Kalksteine Marmor. Tatsächlich ist die Grenze zwischen den metamorphen Marmoren und den marmorenen Kalksteinen fließend und die Unterscheidung für den Nichtfachmann oft schwierig (vgl. auch S. 142 ff.).

192 Walhallakalk, ein gelblicher Jurakalk von Regensburg/Bayern.

193 Kreidekalk (Schreibkreide, Kreide), feinkörniger, aus Foraminiferenschalen aufgebauter Kalkstein, Champagne/Frankreich. — Kreidekalke sind halbfest und abmehlend. Sie enthalten oft Feuersteinknollen (S. 130).

194 Marmor, ein metamorphisierter Kalkstein, ein Metamorphit (S. 142), mit typisch zuckerkörnigem Aussehen. — Fundort Fichtelgebirge/Bayern.

195 Dolomit mit sandig-körnigem Aussehen. — Fundort Fichtelgebirge.

Kalk- und Dolomitgebirge zeigen schroffe Wände und zackige Grate

192

193

194

195

Kalkstein ist ein monomineralisches Gestein aus Calcit (S. 36). Beimengungen sind meist vorhanden. Zu anderen Sedimentgesteinen bestehen alle Übergänge. Fremdstoffe bestimmen die Färbung des ursprünglich weißen K. Wie das Mineral Calcit läßt sich auch Kalkstein mit dem Taschenmesser ohne Mühe ritzen. — Beim Übergießen mit verdünnter Salzsäure (HCl) zeigt Kalkstein ($CaCO_3$) infolge Kohlensäureentwicklung kräftiges Brausen. Durch Verwitterung ergeben sich für den K. charakteristische Strukturen. Die gebirgigen Großformen sind durch schroffe Wände und zackige Grate gekennzeichnet (S. 124). — Geschichtete K. meist dünnbankig. Klüfte, die sich durch stetige Lösung erweitern, zergliedern die Schichtlagen (S. 128).
Die Namen der K. nehmen Bezug auf beteiligte Organismen (Nummuliten-), Verbreitung (Leitha-), Struktur (Oolith-), Beimengungen (Eisen-), Lagerung (Platten-) und auf geologische Epochen (Trias-).
Kalksteine sind weit verbreitet und bauen ganze Gebirgszüge auf: Nördliche und südliche Kalkalpen, Schweizer, Schwäbischer, Fränkischer Jura.
Verwendung in Industrie (Zuckerfabrikation, Salpeterherstellung, für Soda und Glas, Zuschlag bei Verhüttung von Eisen-Erzen, Dünger) und Bauwirtschaft (Zemente, gebrannter Kalk ist Ausgangsmaterial für Mörtelzubereitung). — Als Baustein hat K. an Bedeutung eingebüßt. Unter dem Einfluß der Rauchgase werden die K. in unseren Städten intensiv verwittert (siehe S. 150). — Kalksteine sind nicht feuerbeständig und werden auch vom Meerwasser angegriffen.

Dolomitstein (kurz Dolomit, $CaMg[CO_3]_2$), dem Kalkstein in Farbe, Beimengungen und Vorkommen ähnlich. Besteht aus dem Mineral Dolomitspat (S. 38). — Dolomitstein entsteht im Meer sekundär durch Umwandlung von Kalkstein, indem das im Wasser befindliche Magnesium mit Kalk in Bindung geht. Durch diese Dolomitisierung werden organische Reste vernichtet. Im allgemeinen fehlt dem D. auch die Feinschichtung, oft zeigt er Felsenbauwerke von geradezu gewaltiger Erscheinung. Gegenüber dem Kalkstein ist D. daran zu erkennen, daß er beim Übergießen nur mit warmer Salzsäure aufbraust. — Verwendung des D. in der Bauwirtschaft ähnlich wie bei Kalkstein, wenn auch wegen geringerer Verbreitung weniger umfangreich. Dolomitstein tritt mit Kalkstein vergesellschaftet auf.

Rauhwacke (Rauchwacke), ein ursprünglich gipshaltiger Dolomitstein von zellig-porigem Aussehen, bei dem der Gips herausgelöst wurde.

196 Crinoidenkalk (Krinoidenkalk), ein Kalkstein mit deutlich erkennbaren Resten von Seelilien. — Fundort Crailsheim/Württemberg.

197 Nummulitenkalk, tertiärer Kalkstein. — Fundort Bad Tölz/Bayern.

198 Korallenkalk ist überhaupt nicht oder nur unvollkommen geschichtet (Massenkalk). Entsteht durch Korallen (S. 62), die schon zu Lebzeiten Stöcke und ganze Riffe bauen. — Als Ablagerung älterer geologischer Epochen finden wir Korallenriffe von meist klotziger Erscheinung auch in den Alpen und anderen Kalkgebirgen Europas. — Fundort Gerolstein/Eifel.

199 Massenkalk, dunkelgrauer Kalkstein, überhaupt nicht oder nur unvollkommen geschichtet. — Fundort Grevenbrück/Westfalen.

196

197

198

199

Klüfte zergliedern die Schichtlagen des Kalksteins

Richtzahlen für die technische Bewertung der Kalksteine
(über die einschlägigen DIN-Normen siehe S. 154)

Eigenschaften		*Dichte Kalksteine und Dolomite*	*Sonstige Kalksteine*
Rohdichte ϱ (Rohgewicht γ Raumgewicht)	kg/m³	2650—2850	1700—2600
Reindichte s (Reinwichte γ_0 Spez. Gewicht)	kg/dm³	2,70—2,90	2,70—2,74
Wahre Porigkeit (Porosität)	Raum-%	0,5—2,0	0,5—30
Wasseraufnahme	Gewichts-%	0,2—0,6	0,2—10
Scheinbare Porigkeit (Porosität)	Raum-%	0,4—1,8	0,5—25
Druckfestigkeit im trockenen Zustand	kp/cm²	800—1800	200—900
Biegezugfestigkeit	kp/cm²	60—150	50—80
Schlagfestigkeit, Anzahl der Schläge bis zur Zerstörung		8—10	—
Abnutzung durch Schleifen, Verlust auf 50 cm² in cm³		15—40	—
(Verschleißangabe wird auf mm umgestellt)			

200 Solnhofener Plattenkalk (fälschlich Solnhofener Schiefer) ist ein gelbliches, eng geschichtetes Sedimentgestein und kein echter Schiefer, wie fälschlicherweise oft genannt. — Wegen seiner gleichmäßig feinkörnigen Struktur wurden einzelne, ausgesuchte Platten für den Steindruck verwendet (daher auch Lithographieschiefer genannt). Sonst Verwendung für Bodenbelag und Wandverkleidungen.
Häufig tragen die Plattenkalke farnartige Verzierungen, sog. Dendriten. Das sind keine Pflanzenreste oder Pflanzenabdrucke, sondern Eisen-Mangan-Ausscheidungen. Sie haben mit dem Pflanzenreich genausowenig zu tun wie die Eisblumen am Fenster. Sie entstehen unter Einwirkung von Sickerwasser und bilden sich vorwiegend auf Schicht- und Kluftflächen von feinkörnigem Kalkstein durch bevorzugtes Ecken- und Kantenwachstum. — In den Solnhofener Plattenkalken gibt es eine Fülle von Fossilien.

Kieselgestein ist eine Sammelbezeichnung für kieselige biogene Sedimente. Gelegentlich zählt man auch den anorganisch gebildeten Kieselsinter dazu. Kieselgesteine entstehen aus Skeletten meist einzelliger Lebewesen, wie Kieselalgen (Diatomeen), Kieselschwämme und Radiolarien, in Seen und im Meer. Bei lockeren Anhäufungen und jungen Verfestigungen sind die aus amorpher Opalsubstanz aufgebauten Skelette noch deutlich zu erkennen, bei älteren Bildungen ist jede organische Struktur durch diagenetische Auskristallisierung vernichtet. Zu den Kieselgesteinen gehören Kieselgur, Polierschiefer, Kieselschiefer, Radiolarit und Feuerstein.

Kieselgur (Diatomeenerde), lockere Anhäufung von Skelettresten zahlreicher Kieselalgen. Gelb bis braun, bei Bitumenbeimengung dunkelgrau. — Verwendung als Filtermasse und für Dynamitherstellung, wegen geringer Leitfähigkeit als Isoliermaterial gegen Wärme, Schall und Elektrizität. — Fundorte: Lüneburger Heide, Vogelsberg, Kalifornien.

Polierschiefer (Diatomeenschiefer, Tripel), verfestigte Kieselgur, durch Bitumenbeimengung grau. — Verwendung als Putzmittel für Metalle.

Kieselschiefer (Lydit), ein altes (paläozoisches), gut geschichtetes Kieselgestein aus der feinkristallinen Quarzart Chalcedon. Entstanden durch diagenetisches Auskristallisieren von amorpher Diatomeen- und Radiolariensubstanz. — K. ist hart und spröde; Farbe rotbraun, durch Bitumenbeimengung grau bis schwarz. Spez. Gewicht 2,6. — Fundorte: Rheinisches Schiefergebirge, Harz, Fichtelgebirge.

Radiolarit, ein Kieselgestein, bei dem man teilweise noch die Formen von Radiolarien erkennen kann; meist rot oder braun.

201/202 Feuerstein (Flint), ein feinkörniges, vielfach geflecktes oder gestreiftes Aggregat aus der dichten Quarzart Chalcedon. Entstanden aus aufgelösten Skelettresten (Kieselgel) von Kieselpflanzen und Kieseltierchen; durch Wasserverlust allmählich zu amorphem Opal und schließlich zu feinkristallinem Chalcedon umgewandelt. Häufig Reste einstiger Lebewesen eingelagert. — Farbe überwiegend grau bis schwarz. Splittrigmuscheliger Bruch, Spez. Gewicht 2,6. — Vorkommen als Knollen (Konkretionen), niemals in zusammenhängenden Schichten, vorwiegend in Kreidekalken. Charakteristisch ist eine weiße, poröse Oberflächenkruste (kein Kalk!). — Fundorte: Kreideküsten von Rügen, Dänemark und England, als Lesesteine im norddeutschen Tiefland. Die abgebildeten F. stammen von Rügen. — Wegen der großen Härte (Mohshärte 7) war F. während der Steinzeit wichtigster Werkstoff für Waffen und Gerät. Im 17. Jahrhundert zum Funkenschlag in Steinschloßgewehren (Flinte!) verwendet. Heute Schleif- und Poliermittel sowie Mahlstein in der Zementindustrie.

203 Opal, amorphe Masse aus Kieselsäure und Wasser, entstanden aus aufgelösten Skelettresten von Kieselpflanzen und Kieseltierchen. — Mohshärte $5^1/_2$—$6^1/_2$, Glas- bis Wachsglanz. Spez. Gewicht 2,1—2,5. — Vorkommen in Adern, Nestern und als Krusten. — Fundorte: CSSR, Mexiko, USA, Australien. Nr. 203 stammt vom Siebengebirge/Rheinland. — Farbige Sorten sind Schmuck- und Sammlersteine (S. 50).

201

202

203

Kohlegesteine

Kohlegesteine, auch Anthrazide genannt, sind organischen Ursprungs und deshalb nach geologischer Definition (S. 8) keine echten Gesteine. Da sie andererseits fester Bestandteil der Erdrinde und teilweise derart verändert sind, daß ihre organische Herkunft nicht mehr zu erkennen ist, ordnet man sie den Sedimentgesteinen zu. — K. entstehen nach Anhäufung pflanzlicher Substanzen durch sog. Inkohlung, d. h. durch relative Kohlenstoffzunahme infolge Sauerstoffverarmung. Druck und hohe Temperaturen im Zusammenhang mit gebirgsbildenden und vulkanischen Vorgängen bewirken die diagenetischen und metamorphen Vorgänge.

Inkohlungsreihe	C	H	O	N
Holz (trocken)	50%	6%	43%	1%
Torf	60%	6%	33%	1%
Braunkohle	73%	6%	19%	1%
Steinkohle	83%	5%	10%	1%
Anthrazit	94%	3%	2%	1%
Graphit	100%	—	—	—

Eigenschaften der Kohlegesteine

Kohlegestein	*Farbe*	*Glanz*	*Spez. Gew.*	*Heizwert in Kalorien*	*Kohlenstoff %*
Torf	braun	stumpf	1,0	1500—2000	55—65
Braunkohle	braunschwarz	Mattglanz	1,2	2000—7000	65—80
Steinkohle	schwarz	Fettglanz	1,3	7000—8500	80—93
Anthrazit	schwarz	Hochglanz	1,5	8500—9000	93—98
Graphit	schwarz	Metallglanz	2,2	brennt nicht	98—100

204 Torf entsteht aus Pflanzen, die infolge Luftabschluß durch Grund- und Moorwasser nicht verwesen können. Pflanzenreste sind bis in Einzelheiten zu erkennen. — Fundorte: Nordwestdeutschland, Oberbayern. Nr. 204 ist ein kleinblättriger Hochmoortorf vom Stiftsmoor/Niedersachsen.

205 Braunkohle, durch Diagenese so weit verändert, daß Pflanzen nurmehr in Teilen zu erkennen sind. — Fundorte: Mitteldeutschland, Rheinland, CSSR. Die abgebildete Braunkohle stammt von Nordrhein-Westfalen.

206 Steinkohle, meist streifig entwickelt, zeigt vereinzelt Pflanzenabdrücke. — Fundorte: Oberschlesien, Sachsen, Ruhrgebiet, Belgien, Frankreich, England, Wales. — Nr. 206 stammt von Oberhausen/Ruhrgebiet. — Die oberbayerische Pechkohle steht genetisch zwischen Stein- und Braunkohle.

Anthrazit ist so stark inkohlt, daß Pflanzenteile nicht mehr zu erkennen sind. Sonst äußerlich der Steinkohle ähnlich.

Graphit (siehe S. 40 und Nr. 37) ist hochmetamorphe Kohle oder anorganischer Entstehung; kristallin.

204

205

206

Metamorphite

Metamorphite (auch Metamorphe Gesteine, Umwandlungsgesteine oder Kristalline Schiefer genannt) entstehen durch Umwandlung (Metamorphose) irgendwelcher Gesteine. Diese Umwandlung erfolgt durch großen Druck und hohe Temperaturen; die Gesteinsmasse bleibt dabei in festem Aggregatzustand.
Zwei Arten der Metamorphose sind zu unterscheiden: die durch Aufdringen von magmatischem Material verursachte Kontaktmetamorphose und die durch mächtige Überlagerung fremder Gesteinsschichten bewirkte Regionalmetamorphose.
Die Kontaktmetamorphose ist kleinräumig. Im unmittelbaren Berührungsbereich von aufdringendem Magma und benachbartem Gestein ist die Gesteinsumwandlung am intensivsten. Nach außen zu wird sie immer geringer. Der Kontakthof, das ist der Raum der metamorphen Veränderung, reicht zwei bis drei Kilometer weit. Fruchtschiefer, Granatfels, Hornfels und Marmor sind typische Gesteine der Kontaktmetamorphose.
Wenn dagegen Gesteinspakete infolge tektonischer Absenkung und massiger Überlagerung in den Bereich großer Drucke und hoher Temperaturen gelangen, ist die Umwandlung, Regionalmetamorphose genannt, sehr weiträumig. Nach der Tiefe — und damit der Intensität der Metamorphose — unterscheiden wir Epi-, Meso- und Katazone.

Tiefenstufen der Regionalmetamorphose

Tiefenstufe	*Tiefe in km*	*Temperatur in ° C*	*Druck in at*
Epizone	8—10	300—400	3000
Mesozone	18—20	500—600	5000
Katazone	30—35	700—800	9000

Die Wirkungsweise der Kontakt- wie auch der Regionalmetamorphose zeigt sich durch Strukturveränderung, Umkristallisation oder durch Zu- und Abfuhr von irgendwelchen Stoffen. Fossilien werden dabei vernichtet. Bei einseitiger Druckeinwirkung (sog. Streß) entsteht eine Schieferung. Der ursprüngliche Mineralbestand bleibt dabei erhalten. Senkrecht zum einseitig gerichteten Druck regeln sich blättrig ausgebildete Mineralien (wie

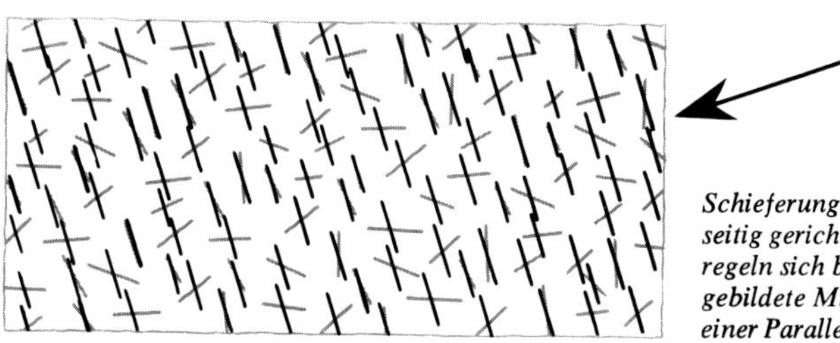

Schieferung: Durch einseitig gerichteten Druck regeln sich blättrig ausgebildete Mineralien zu einer Parallelstruktur ein.

Chlorit, Glimmer, Talk) mit ihrer größten Achse ein und verleihen dem Gestein dadurch eine Richtung im Gesteinsgefüge. Solche Schieferung ist ein charakteristisches Erkennungsmerkmal für viele metamorphe Gesteine.
Neben der Strukturänderung kann bei der Metamorphose auch eine Umkristallisation erfolgen, die zu kompakten Gesteinen führt. Kleingemengteile werden dabei aufgezehrt, und das Gestein erhält ein grobkörniges Gefüge. Vielfach entstehen — teilweise ohne Änderung des Gesamtchemismus wie aber auch durch Zufuhr von Lösungen und Gasen — ganz neue Mineralien. Andalusit, Chlorit, Cordierit, Disthen, Epidot, Granat, Graphit, Prehnit, Korund, Serpentin, Sillimanit, Staurolith, Talk, Vesuvian, Wallastonit und Zoisit sind für die metamorphen Gesteine charakteristisch und auch meist auf sie beschränkt.
Die Zahl der Metamorphite ist sehr groß, denn zu jedem Magmatitgestein und zu jedem Sedimentgestein gibt es ein oder mehrere entsprechende metamorphe Gesteine. Nach dem Ausgangsgestein unterscheidet man die aus Magmatiten hervorgegangenen Orthogesteine und die aus Sedimenten entstandenen Paragesteine. Im Handstück ist es allerdings nicht immer möglich, die Abstammung eines Metamorphitgesteins sicher zu bestimmen, da durch verschiedenartige Metamorphose die gleichen Endprodukte entstehen können. Glimmerschiefer z. B. kann sich aus Granit oder Sandstein bilden, kann also Ortho- wie auch Paragestein sein.
Die Einteilung der Metamorphite erfolgt nach Mineralbestand, nach Gesteinsgefüge, nach Art der Metamorphose, nach Abstammung oder nach der Tiefenzone, in der sie gebildet wurden.
Eine Systematik der Metamorphite nach Gesteinsgefüge und Mineralbestand ist für den Nichtfachmann am verständlichsten. Danach gliedern wir die Metamorphite in Gneise, Schiefer, Felse und Marmore.
Gneise sind reichlich feldspatführend und haben eine deutliche Schieferung (S. 136/137). — Schiefer sind feldspatarm oder feldspatfrei und haben deutliche Parallelstruktur (S. 138/139). — Felse haben nur geringen Quarz- und Feldspatgehalt, sind massig, ohne Schieferung (S. 140/141). — Marmore sind metamorph umgewandelte Kalk- oder Dolomitgesteine (S. 142).
Die gebirgischen Großformen zeigen bei metamorphen Gesteinen eine massige, gerundete Felswelt mit weiten, ausflachenden Hängen, wie wir es in den Zentralalpen beobachten können. Die Verwitterungskleinformen sind vom Gesteinsgefüge abhängig. Stark schiefrige Gesteine werden leichter aufbereitet als die kompakteren Gneise oder Felse.

Erkennungsmerkmale der Metamorphite

1. Vollkristallin
2. Große Kristalle
3. Seidenglänzend (glimmerreich)
4. Parallelstruktur (Schieferung)
5. Keine Hohlräume, sehr kompakt
6. Fossilleer
7. Verwitterungsformen weich

Gesteine der Regionalmetamorphose

Ausgangsgestein / *Tiefenstufen*	*Granit Quarzporphyr*	*Gabbo Basalt*	*Peridotit*	*Tongestein*	*Sandstein*	*Kalkstei*
Epizone	Phyllit Serizitgneis	**Grünschiefer** Chloritschiefer	Grünschiefer Chloritschiefer Talkschiefer	Tonschiefer Serizitschiefer Serizitphyllit	Quarzit Serizitquarzit	Kalkphyllit Marmo
Mesozone	Glimmerschiefer Muskovitgneis	Amphibolit	Amphibolit	Glimmerschiefer	Glimmerschiefer Quarzit	Kalkglimme schiefer Marmo
Katazone	Granitgneis Granulit Sillimanitgneis Biotitgneis	Eklogit Augitgneis Hornblendegneis	Bronzitfels Olivinfels Enstatitfels	Biotitgneis Sillimanitgneis Cordieritgneis	Quarzit Granatquarzit Granulit	Kalksilikatfels Marmo

Gneise sind feldspatführende Metamorphitgesteine mit Schieferung. Ausgangsgesteine können Magmatite wie auch Sedimente sein. Bei den von Magmatiten abstammenden Gneisen (Orthogneis) ist der Mineralbestand gegenüber dem Ursprungsgestein nur wenig verändert. Wichtigstes Erkennungsmerkmal ist die schiefrige Struktur. — Nach dem Ausgangsgestein unterscheidet man Granit-, Diorit-, Syenit-, Geröllgneis, nach charakteristischen Gemengteilen Serizit-, Muskovit-, Biotit-, Augit-, Hornblendegneis, nach Aussehen und Struktur Flecken-, Schiefer- und Augengneis.
Das spezifische Gewicht der Gneise liegt bei 2,7. Farben vielseitig wie bei Granit. — Fundorte: Sudeten, Fichtelgebirge, Bayerischer Wald, Böhmerwald, Schwarzwald, Zentralalpen, Skandinavien. — Gneise lassen sich wegen der schiefrigen Struktur nicht quaderförmig spalten. Verwendung zu Splitt und Bruchschotter. — Technische Daten siehe S. 140.

Granulit hat eine Parallelstruktur mit englagigen, feinkörnigen Gneispartien von Hell und Dunkel. Neben dem Hauptgemengteil Feldspat ist Quarz und stets auch Granat vorhanden. — Technische Daten siehe S. 140.

207 Serizitgneis, ein glimmerreicher Gneis, benannt nach dem feinschuppigen Serizit, einer Muskovitabart (S. 28). — Fundort Taunus.

208 Muskovitgneis, ein glimmerreicher Gneis mit charakteristischem Metall-Seidenglanz. — Fundort Tessin/Schweiz.

209 Granitgneis-Migmatit, ein in der Katazone aus Granit entstandener Gneis, der von aufgedrungenem Granitmagma gangförmig durchzogen ist. Solche von Fremdmaterial durchsetzten Metamorphite heißen Mischgesteine oder Migmatite. — Fundort Fichtelgebirge.

207

208

209

Schiefer sind in der Gesteinswissenschaft feldspatarme oder feldspatfreie Metamorphite mit deutlicher Parallelstruktur. Im Volksmund versteht man unter Sch. den Tonschiefer (Nr. 211) und teilweise auch dünnplattige Gesteine, wie z. B. den Solnhofener Plattenkalk (Nr. 200). — Über Entstehung der Schieferung siehe S. 134. — Da sehr viele Metamorphite geschiefert sind, bezeichnet man auch die ganze Gruppe der Umwandlungsgesteine als kristalline Schiefer.

210 Talkschiefer, grünlichgrau, weich und sehr gut spaltbar. Entsteht in der Epizone aus Peridotit oder dolomitischen Mergeln. Mineralbestand Talk, Chlorit, Muskovit und Quarz. — Karbonatfreie T. wegen Feuerbeständigkeit technisch genutzt. — Fundort Erbendorf/Oberfranken.

211 Tonschiefer entsteht in der Epizone aus Ton bzw. Schieferton. Anstelle von Tonmineralien haben sich teilweise Glimmer gebildet, die neben Chlorit und Quarz die Hauptgemengteile ausmachen. Chlorite färben den T. grünlich, Schwefeleisen bläulich bis tiefschwarz. Im Unterschied zum Schieferton (Nr. 165) ist T. blättrig und nicht plastisch. In Schieferrichtung gut spaltbar. — Fundorte: Harz, Sauerland, Schweiz. Die größten Schieferbrüche Europas liegen bei Lehesten in Thüringen. — Verwendung für Schreib- und Schalttafeln, als Dachschiefer und als Verblendmaterial bei Häusern. — Über technische Daten siehe S. 140.

212 Phyllit, Sammelbegriff für blättrig ausgebildete Metamorphite der Epizone mit silbrigem Seidenglanz und graugrüner Farbe. Beim Quarzphyllit sind Quarz, Feldspat, Glimmer (feinschuppiger Serizit) und Chlorit vertreten, beim Kalkphyllit Karbonatmineralien. — In den Zentralalpen verbreitet. Nr. 212 (Quarzphyllit) stammt von Tirol/Österreich.

213 Glimmerschiefer ist ein grobkörniges, in der Mesozone entstandenes Metamorphitgestein mit erkennbaren Glimmerschüppchen. Hauptgemengteile sind Quarz und heller Glimmer; Feldspat, Granat, Disthen und Staurolith als Nebengemengteile vorhanden. — Ausgangsgesteine sind Granit, Tongesteine, Sandsteine und (für Kalkglimmerschiefer) Kalkstein.

Quarzit ist Sammelbegriff für sehr feste, aus Quarzsand entstandene Sedimente oder Metamorphite (S. 114, Nr. 179). — Technische Daten siehe S. 116.

Fruchtschiefer (Fleckschiefer, Knotenschiefer), ein Metamorphit mit neugebildeten Mineralien, die fleckenartig auftreten oder an Knoten und Früchte erinnern.

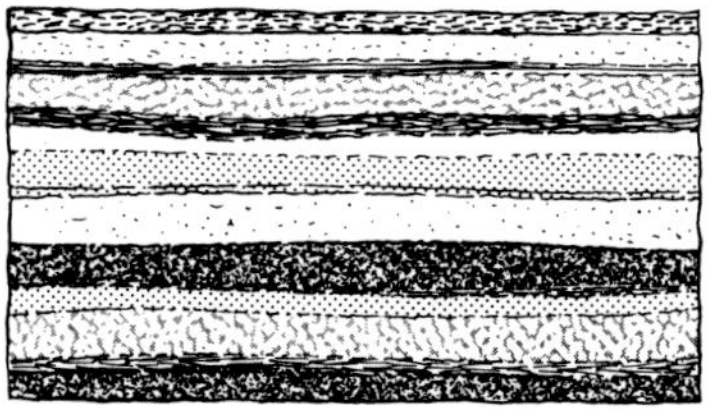

Schichtung: Durchgehende Schichtgrenze, beim Spalten glatte Flächen

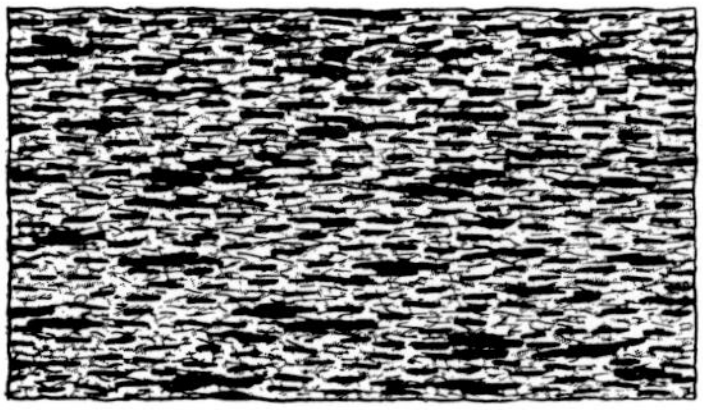

Schieferung: Eingeregelte Mineralien, beim Spalten keine glatten Flächen

210

211

212

213

Felse sind Metamorphite mit geringem Quarz- und Feldspatgehalt, sie zeigen keine Schieferung, sie sind massig.

214 Eklogit ist das schwerste Silikatgestein (Spez. Gewicht 3,2—3,6), entsteht in der Katazone aus Gabbro oder Mergel. Mineralbestand etwa je zur Hälfte grüner Augit (Omphacit) und roter Granat, daneben Hornblende, Glimmer oder Disthen, sehr zäh und hart, massig, ohne Schieferung. — Fundorte: Erzgebirge, Fichtelgebirge, Schwarzwald. Das abgebildete Handstück stammt von Gefrees/Fichtelgebirge. — Verwendung zu Bruchschotter, als Schleifmaterial, für Denkmäler. In Südafrika und Ostsibirien führt Eklogit Diamanten.

215 Serpentinfels (Serpentinstein, Serpentinit, Kurzbezeichnung Serpentin; nicht mit dem Mineral Serpentin, Nr. 51, zu verwechseln!), entsteht aus den magmatischen Gesteinen Peridotit und Pikrit, gelegentlich auch aus stark dolomitischen Mergeln. Hauptgemengteil ist das Mineral Serpentin, Nebengemengteile sind Granat, Olivin, Augit, Hornblende, Talk, Erze. Farbe in verschiedenen Grüntönen, von Nebengemengteilen weiter differenziert. Gesteinsgefüge massig, ohne Schieferung. — Fundorte: Sachsen, Salzburg/Österreich, Schweiz, Cornwall/England. — Verwendung in der Bauwirtschaft für Innenarchitektur (vgl. S. 152/153). Nicht wetterbeständig. — Je nach Mineralbestand unterscheidet man Antigorit-, Bronzit-, Chrysotil- und Granat-Serpentin. — Nr. 215 ist ein Bronzitserpentin von Sachsen.

216 Amphibolit (Amphibolfels) entsteht in der Meso- oder Katazone aus Basalt, Gabbro, Peridotit oder aus kalkärmeren Mergeltonen. — Mineralbestand: Hornblenden 40 %, Augite 10 %, Kalknatronfeldspat 40 %, Nebengemengteile Chlorit, Granat, Quarz, Erze. — Meist deutlich körnig, grünfarben. — Nr. 216 ist ein Granatamphibolit, Fundort (Isargeröll) bei München. — In der Wirtschaft nur lokale Verwendung als Baustein.

Richtzahlen für die technische Bewertung einiger Metamorphite
(über die einschlägigen DIN-Normen siehe S. 154)

Eigenschaften		*Gneise Granulit*	*Tonschiefer (Dachschiefer)*	*Serpentinfels*
Rohdichte ϱ	kg/m³	2650—3000	2700—2800	2600—2750
Reindichte s	kg/dm³	2,67—3,05	2,82—2,90	2,62—2,78
Wahre Porigkeit	Raum-%	0,4—2,0	1,6—2,5	0,3—2,0
Wasseraufnahme	Gewichts-%	0,1—0,6	0,5—0,6	0,1—0,7
Scheinbare Porigkeit	Raum-%	0,3—1,8	1,4—1,8	0,3—1,8
Druckfestigkeit im trockenen Zustand	kp/cm²	1600—2800	—	1400—2500
Biegezugfestigkeit	kp/cm²	—	500—800	—
Schlagfestigkeit, Anzahl der Schläge bis zur Zerstörung		6—12	—	6—15

214

215

216

Marmor gebührt unter den Gesteinen die Krone, wenn es gilt, das Edelste zu feiern. Kein Naturstein genießt eine gleich große Wertschätzung.
Dabei wird der Begriff Marmor ganz verschieden definiert. In der geologischen Wissenschaft versteht man unter Marmor ein aus Kalkstein umgewandeltes metamorphes Gestein. In der Bauwirtschaft, im Handel und im Volksmund wird jeder feste und damit polierfähige Kalkstein als Marmor bezeichnet. Teilweise werden sogar den „echten" Marmoren ähnlich sehende, nichtkalkige Gesteine, wie z. B. Serpentinfelse, Marmor genannt. Allen drei Gruppen ist eins gemeinsam: das mehr oder weniger intensiv Marmorierte. — So werden auch im folgenden — als Zugeständnis für den Nichtfachmann — die drei Gruppen wegen des Marmoriertseins gemeinsam unter dem Oberbegriff Marmor abgehandelt.
Der „echte", d. h. der metamorph entstandene Marmor ist durch Kontakt- oder Regionalmetamorphose aus Kalkstein gebildet. Er ist grobkristallin und wie Kalkstein monomineralisch aus Calcit aufgebaut. Einzelne Kristalle sind auf Kosten anderer vergröbert, so daß das ganze Aggregat ein zuckerkörniges Aussehen zeigt. An kantigen Bruchstellen ist dieses charakteristische Merkmal für „echte", d. h. kristalline Marmore deutlich zu erkennen. — Eine Schieferung ist kaum vorhanden. Fossilreste und Hohlräume fehlen.
Fremdbestandteile verändern das ursprünglich schneeweiße Gestein zu gestreiftem, geflammtem, geflecktem, gemasertem und geädertem buntem Marmor. Selten ist Marmor uni. Eisenoxid färbt rot, feinstverteiltes Eisensulfid bläulichschwarz, Brauneisen, Eisen- und Mangancarbonat sowie Eisenhydroxid bewirken gelbe und braune Tönungen, eisenhaltige Silicate (wie besonders Chlorit und Epidot) grüne Farben. Graue, bläuliche und schwarze Farbtöne können auch von eingelagertem Graphit oder Bitumen herrühren.
In reinem, schneeweißem Zustand kann Marmor bis zu 30 cm lichtdurchscheinend sein. Das tiefe Eindringen des Lichts verleiht ihm den typischen Schimmer.
Die Grenze zwischen kristallinen Marmoren und marmorisierten Kalksteinen ist fließend und für den Nichtfachmann kaum zu erkennen. „Adneter", „Hallstätter" und „Untersberger Marmor" sind genausowenig metamorphe Marmore wie die bekannten bunten Kalksteine aus dem Lahngebiet. Einige Merkmale jedoch geben deutlich Hinweis auf metamorphe Marmore:

Kristalliner Marmor	**Marmorierter Kalkstein**
Grobkristallin, zuckerkörnig	Feinkristallin
In Platten lichtdurchscheinend	Nicht lichtdurchscheinend
Keine Hohlräume	Gelegentlich Hohlräume
Fossilleer	Fossilien häufig

217 Deutsch Rot (Marxgrün, Bayerisch Rot, Bayerisch Grün), ein Marmor mit roter Grundfarbe in verschiedenen Tönungen, grünes und weißes Geäder, weiße Flecken eingesprengt. — Fundort Bobengrün und Horwagen bei Marxgrün, Oberfranken/Bayern. Polierte Sichtfläche.

Im Altertum war der Pentelische Marmor aus Griechenland wegen seiner goldgelben Verwitterungsspuren berühmt. Heute sind die griechischen Lagerstätten erschöpft. Der Carrara-Marmor ist an seine Stelle getreten.
Fundorte von kristallinem Marmor: Schlesien, Fichtelgebirge, Odenwald, Tirol, Kärnten, Zentralalpen, Italien, Griechenland, Spanien, Frankreich, Belgien, Norwegen. — Marmor gibt es in vielen weiteren Gegenden, meist sind die Lager derart zerklüftet, daß ein Abbau nicht lohnt.

Dolomit-Marmor ist ein aus Dolomitstein (S. 126) metamorph entstandener Marmor. Er ist seltener als der Kalkstein-Marmor. Dolomit-Marmor ist sandig-feinkörnig und spröde. Größere Verbreitung hat er in der Schweiz, im Fichtelgebirge und in Schlesien. — Wenn schlechthin von Marmor gesprochen wird, ist immer Kalkstein-Marmor gemeint.

Urkalk ist eine alte Bezeichnung für kristallinen Marmor, weil man ihn für die älteste Kalksteinbildung hielt. Heute wissen wir, daß Marmor in jeder geologischen Epoche entstehen kann. Der Begriff Urkalk ist daher überholt und sollte nicht mehr verwendet werden.

218 Rosso Normanno (Rosso Sicilia) (o. l.), ein Marmor mit braunroter Grundfarbe, durchsetzt von weißen Adern. — Fundort Sizilien. Poliert.

219 Carrara-Marmor (o. r.), Sammelbegriff für die bei der Stadt Carrara in der Toskana gebrochenen Marmore. Die Gewinnungsstätten liegen im Apuanischen Apennin (Apuanische Alpen), in einer Bergkette von 60 km Länge und 20 bis 25 km Breite. Vier Haupttäler führen von Carrara über mehrere Seitentäler zu den zahlreichen Brüchen. Bis zu den Gipfeln hinauf findet man den schneeweißen Marmor aus der Epoche der Trias.
Bei Carrara liegen die qualitativ und quantitativ bedeutendsten Vorkommen der ganzen Welt von weißem, kristallinischem Marmor. Schon zur Römerzeit wurden die Brüche ausgebeutet. Später gerieten sie in Vergessenheit. Im Hochmittelalter und zur Zeit der Renaissance wurden sie wieder belebt. Die Lager scheinen unerschöpflich.
Neben einigen bunten Marmorsorten ist der allgemeine Typ der des Bianco chiaro, in Deutschland unter dem Namen Blanc clair besser bekannt. Grundfarbe milchigweiß bis leicht bläulichweiß. Rein weiße Sorten sind für Bildhauerzwecke sehr gesucht. Michelangelo fand dieses Material für seine Skulpturen am Monte Altissimo. Solche Marmore bestehen bis zu 98 % aus reinem Calciumcarbonat.
Meist sind die Bianco-Marmore gewolkt oder geadert. In Deutschland ist die arabeskenähnliche, hell- bis dunkelgraue, zartgeaderte Varietät Arabescato sehr beliebt. — Nr. 219 (poliert) ist ein Arabescato-Marmor.
Laaser-Marmor, dem Carrara-Marmor in seiner lebendig leuchtenden weißen Farbe ähnlich. Bedeutende Brüche im Vintschgau/Südtirol.

220 Rosé Phoceen (u. l.), ein Marmor von rosagelblicher Grundfarbe, Äderung verschieden intensiv. — Fundort St. Anne d'Evenos, Département Var, französische Meer-Alpen. Polierte Sichtfläche.

221 Edelfels Grau (u. r.), ein Marmor von hellgrauer Grundfarbe mit lichten Adern und Wolken. — Fundort Diez an der Lahn/Rheinland-Pfalz. — Andere Sorten von Edelfels-Marmor sind graurot, rosa oder auch rot.

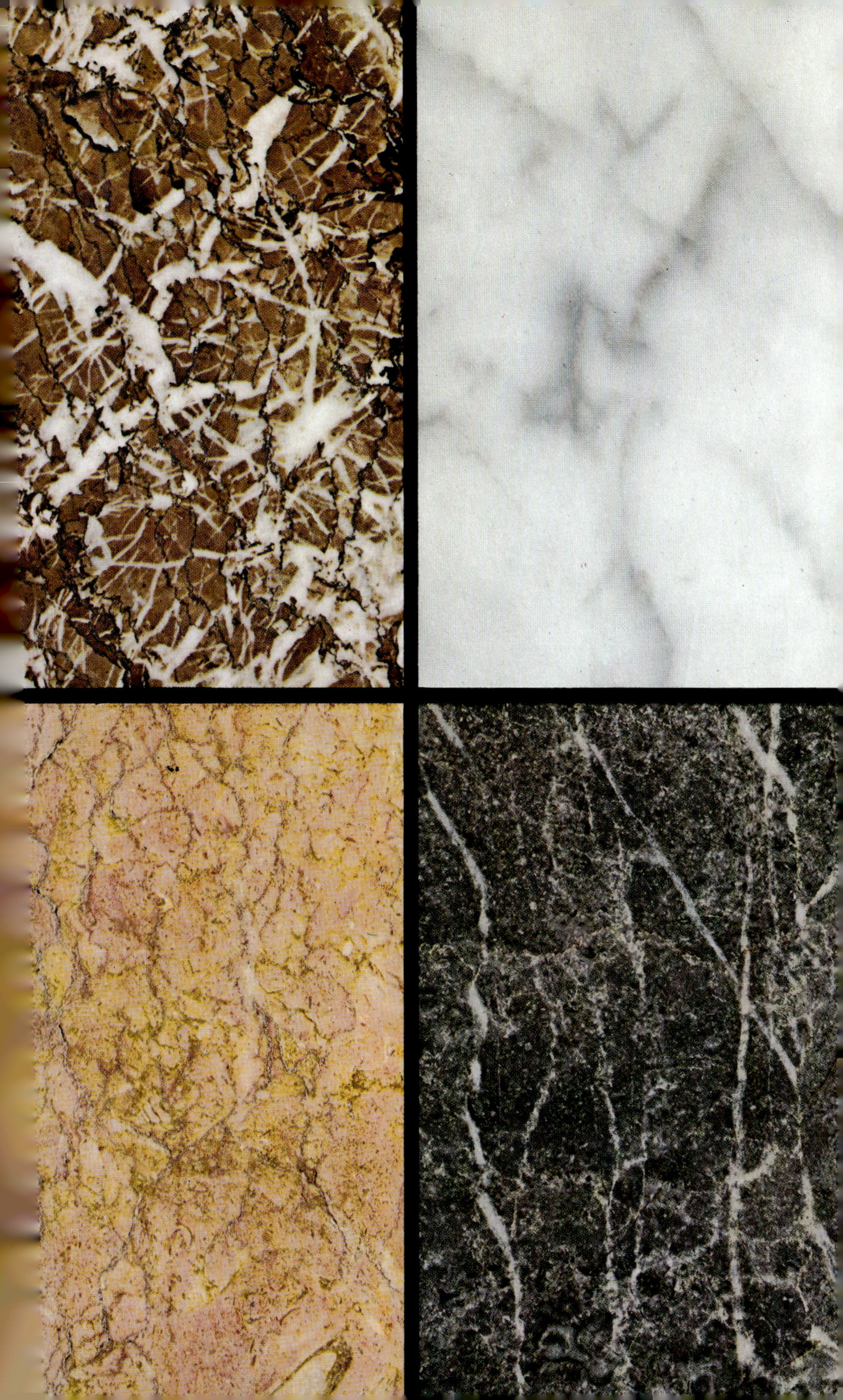

Die handelsübliche Benennung der Marmorsorten ist sehr vielgestaltig. Sie kann sich auf Fundort, Struktur, Zeichnung, Farbe, wie aber auch auf reine Phantasieangabe beziehen.

Castellina-Marmor, im Handel Bezeichnung für die Gipsvarietät Alabaster (S. 34). Hat petrographisch mit Kalkstein oder Marmor nichts zu tun.

Gips-Marmor, im Handel Bezeichnung für ein künstliches Produkt, das durch Farbe und Zeichnung Marmor vortäuscht. Hat petrographisch weder mit Marmor noch mit Gips etwas zu tun.

Stuck-Marmor ist im Handel die Bezeichnung für einen Kalkmörtel, der in verschiedenen Schichten rauh aufgetragen wird und schließlich vom Maler eine Zeichnung erhält, die Marmor vortäuscht.

Marmor-Handelssorten aus Deutschland

Deutsch Rot (Nr. 217), Donaukalkstein (Nr. 225), Edelfels (Nr. 221), Jura (Nr. 224), Muschelkalk (Nr. 226/227).

Bongard: Hellrötlich mit grauen, roten und gelben Schattierungen. — Fundort Villmar a. d. L./Hessen.

Elfenbein: Grundton elfenbeinfarbig, wolkige Einsprengungen. — Fundort Schopfloch, Schwäbische Alb/Württemberg.

Famosa: Grundton grau oder violett schattiert, gelbliche und weiße Einsprengungen. — Fundort Schupbach/Hessen.

Fürstenstein: Dunkelgrau mit zart schwarzer und kräftig weißer Aderung, vereinzelt rote Flecken. — Fundort Hof/Bayern.

Granit-Marmor: Hell gesprenkelter, dichter Kalkstein von Rosenheim/Bayern. Hat mit dem Plutonitgestein Granit nichts zu tun.

Goldader: Dunkelgrauschwarz mit goldgelben, rötlichen und weißen Adern. — Fundort Nehden/Nordrhein-Westfalen.

Ruhpoldinger: Braunrot mit helleren Partien, teils goldgelb mit weißer Aderung. — Fundort Ruhpolding/Oberbayern.

Schupbach: Schwarzgrau bis schwarz, weiße oder gelbliche Adern, fleckenartige Einsprengungen. — Fundort Schupbach a. d. L./Hessen.

Steedener Graurosa: Grundfarbe graurosa schattiert, mit dunklen Flecken und braunroter Aderung. — Fundort Steeden a. d. L./Hessen.

Unika: Auf dunkelgrauem oder aschgrauem Grund violettrot geflammt. — Fundort Villmar a. d. L./Hessen.

Wirbelau: Mausgrau mit hellen Partien, stark blumig geflammt, zahlreiche Fossilienreste. — Fundort Wirbelau/Hessen.

222 Grafenstein, ein Marmor mit rötlich-grauer Grundfarbe, lebhaft gezeichnet, gefleckt und geflammt, blaugraue und weiße Einsprenglinge. — Fundort Gaudernbach, Oberlahnkreis/Hessen. Polierte Sichtfläche.

223 Wallenfels, ein Marmor von hell- bis dunkelgrauer Grundfarbe, in sich schattiert, mit weißen Flecken, weißen und schwarzen Adern. — Fundort Köstenberg, Oberfranken/Bayern. Polierte Sichtfläche.

Marmor-Handelssorten aus europäischen Ländern

Belgischer Granit (Nr. 230), Carrara-Marmor (Nr. 219), Rosé Phoceen (Nr. 220), Rosso Normanno (Nr. 218), Untersberger (Nr. 229), Verona Rot (Nr. 231).

Adneter: Sammelbegriff für gefleckte und gewolkte graue, rötliche und rotbraune Sorten. — Fundort Adnet, Land Salzburg/Österreich.

Belgisch Rot (Rouge belge): Rote Grundfarbe, gewolkt, gefleckt, Ausfallarten sehr verschieden. — Fundort Flandern/Belgien.

Breccien-Marmor: Sammelbegriff für bunte Sorten mit eckigem Kornmaterial Nr. 172). — Fundorte bei Verona und Carrara/Italien.

Comblanchien: Graugelbe Grundfarbe, geblümt, graue oder rosa getönte Einsprengungen, fossilreich. — Fundort Côte d'Or/Frankreich.

Napoléon: Gelblichgrau bis bräunlich mit hellen oder dunklen Schattierungen, auch gefleckt und geädert. — Fundort Nordfrankreich.

Onyx: Sammelbegriff für zartfarbige (gelbliche, grünliche) gestreifte und transparente Kalksteine. Nicht zu verwechseln mit dem Chalcedon-Onyx (S. 50). — Fundorte: Tschechoslowakei, Marokko, Algerien, Tunesien.

Serpentin-Marmor: Sammelbegriff für grünlich marmorierte, serpentinhaltige Gesteine (siehe S. 152).

Trientiner Rot: Grundton braunrot mit fleckenartigen, dunkleren Einsprengungen, vereinzelt weiße Adern. — Fundort Trient/Italien.

Zola Repen: Taubengraue Grundfarbe mit bräunlich-schwarzen Einsprenglingen, geblümtes Aussehen. — Fundort Venetien/Italien.

224 Jura Grau (Deutsch Grau) (o. l.), ein kompakter Kalkstein, häufig mit Fossilien, im Handel zur Gruppe der Jura-Marmore gehörend. Grundfarbe gelblich-grau, ohne wesentliche Zeichnung, teilweise gesprenkelt, rotbraune Fleckenbildungen. — Fundort Treuchtlingen, Mittelfranken/Bayern. Polierte Sichtfläche. — Je nach Ausfallart werden die Jura-Marmore als Jura-Gelb (Deutsch-Gelb), Jura Blau, Jura Geblümt, Jura Gebändert, Jura Rahmweiß und ähnlich bezeichnet. Alle Brüche liegen im Südteil der Fränkischen Alb, in der Umgebung von Treuchtlingen.

225 Kelheimer Auer (o. r.), ein heller weißlichgelber, gelegentlich poröser Kalkstein, im Handel als Marmor wie auch als Donau- oder Kelheimer Kalkstein bezeichnet. Gelbe Einsprengungen verleihen ihm ein warmes Aussehen. — Fundort Marching bei Neustadt a. d. D./Niederbayern. Polierte Sichtfläche. — Die Ausfallarten sind wenig differenziert.

226 Muschelkalk Blaubank (u. l.), ein dichter, hell- bis dunkelblau-grauer Kalkstein mit charakteristischen Versteinerungsresten, im Handel als Marmor bezeichnet. — Fundort Würzburg, Unterfranken/Bayern. Polierte Sichtfläche. — Je nach Ausfallart unterscheidet man beim Muschelkalk neben Blaubank, Rotbank, Goldbank und Kernstein.

227 Muschelkalk Goldbank (u. r.), leicht poröser, rotbraun getönter Kalkstein mit zahlreichen Versteinerungsresten, im Handel als Marmor bezeichnet. — Fundort Ochsenfurt/Bayern. Polierte Sichtfläche.

Marmore sind in Farbe, Gefüge und Mineralbestand sehr unterschiedlich. Ein sinnvoller Einsatz verlangt daher Fachkenntnis und individuelle Betreuung. — Kristalliner Marmor läßt sich auf Grund der Körnigkeit gut bearbeiten. Seine Verwendung reicht von der Fassadenverkleidung über die Innenarchitektur bis zu Schalttafeln, Tischplatten und Ornamenten. Weiße Marmore werden für Monumentalbauten bevorzugt. Für figürliche Arbeiten gilt der weiße, leicht cremefarbene Statuario (Statuaire) von Carrara als wertvollstes Material. — Onyx-Marmore sind wegen der Transparenz für Lampen und kunstgewerbliche Gegenstände geeignet.

Alle kristallinen Marmore lassen sich gut polieren, werden im Freien jedoch rasch matt, aufgerauht und dadurch heller. Die Außenverwendung von Marmor und Kalkstein ist in Industriegebieten und Großstädten äußerst fragwürdig geworden. Infolge der Rauchgase unterliegen alle kalkigen Gesteine einer intensiven Verwitterung, vornehmlich die porösen Sorten (wie Travertin und Muschelkalk). An den Wetterseiten wirken Kohlensäure und Regen oberflächlich zermürbend. Häßliche Streifen unterhalb der Fenstersimse und an Mauervorsprüngen zeigen das Ausmaß der Zerstörung. Im Wetterschatten verursachen Schwefelsäure und Luftfeuchtigkeit bei porigem Material eine tiefgründige Umwandlung zu Gips, der dann treibend von innen heraus Krusten absprengt. Ein guter Wetterschutz für kalkiges Gesteinsmaterial wird durch Fluatieren, d. h. durch Anstrich mit Silikofluoriden, erreicht. Dadurch bildet sich an der Oberfläche eine mit dem darunter befindlichen Gestein fest verbundene, unlösliche Schutzschicht.

228 Kieselkalk (o. l.), ein fester kieselreicher Kalkstein von dunkelgrauer Grundfarbe mit zahlreichen helleren Flecken. — Fundort Südfrankreich. Sichtfläche geschliffen.

229 Untersberger (o. r.), ein fast einfarbiger, leicht gelblich bis rosa gefärbter Kalkstein (im Handel als Marmor bezeichnet), im allgemeinen ohne besondere Zeichnung, seltener gewolkt oder schattiert. Vereinzelt treten rötliche Punkte oder Flecken auf (Untersberger Forellen-Marmor, Forellenstein). — Fundort Untersberg, Land Salzburg/Österreich. Sichtfläche poliert. — Wegen der Gleichartigkeit des Materials und der dichten Beschaffenheit sehr beliebter Baustein für Außen- und Innenarchitektur sowie für Skulpturen.

230 Belgischer Granit (Belgisch Granit, Petit Granit, Granit-belge) (u. l.), polierfähiger Kalkstein von grauer bis grauschwarzer Farbe mit kleinen, weißen fleckenartigen Einsprengungen (Seelilienresten). — Vereinzelt zarte Aderung. Im Handel zu den Marmoren gehörend. — Fundort Sprimont/Belgien. Sichtfläche poliert. — Mit dem Plutonitgestein Granit (S. 72) hat der Belgische Granit in petrographischer Hinsicht nichts zu tun.

231 Verona Rot (Rosso Verona) (u. r.), Sammelbegriff für Kalksteine von hell bis lebhaft roter Grundfarbe mit länglichen, mandelförmigen Gebilden. Zahlreiche Varietäten, die im Handel alle als Marmor bezeichnet werden. — Fundort Provinz Verona/Italien. Sichtfläche poliert.

Serpentin-Marmor, auch Ophicalcit (Ophikalzit) genannt, ist Sammelbegriff für grünlich marmorierte Paragesteine mit den Hauptgemengteilen Calcit (S. 36) und Serpentin (S. 44). Das Gesteinsgefüge ist massig, ohne Schieferung. — Vereinzelt sind Serpentin-Marmore jedoch auch marmorierte Serpentinfelse (S. 140). — Zu den bekanntesten Sorten gehören Cipollino und Verde Alpi.

Cipollino, ein gelblich und grünlich-weißer kristalliner Marmor mit streifiger Zeichnung, ein Ophicalcit. Geäder und Streifung sind serpentinischen Ursprungs. — Fundorte: Toskana, Piemont/Italien, Euböa/Griechenland.

Verde Alpi (Vert des Alpes) Sammelbegriff für grün-marmorierte Ophicalcit-Gesteine oder Serpentinfelse mit weißen Adern und Flecken aus dem Alpengebiet. Bekannte Varietäten sind Alpengrün (Nr. 233) von Salzburg, Verde Fraya (Nr. 232) und der mittelgrüne Verde Issogne von Aosta/Italien.

232 Verde Fraya, hell- bis dunkelgrüne Ausfallart der Verde-Alpi-Gruppe mit schwarzen Einsprenglingen und zurücktretender weißer Aderung. — Fundort Verres, Aosta/Italien. Sichtfläche poliert.

233 Alpengrün, ein Serpentinfels von dunkelgrünem Grundton mit hellgrünem und grauweißem Geäder. Fluoreszierend! — Fundort Land Salzburg/Österreich.

Richtzahlen für die technische Bewertung von Kalksteinen, Marmoren und Serpentinfelsen
(über die einschlägigen DIN-Normen siehe S. 154)

Eigenschaften		*Dichte Kalksteine Kalkmarmore*	*Serpentin-felse*
Rohdichte ϱ (Rohgewicht γ Raumgewicht)	kg/m³	2650—2850	2600—2750
Reindichte s (Reinwichte γ_0 Spezifisches Gewicht)	kg/dm³	2,70—2,90	2,62—2,78
Wahre Porigkeit (Porosität)	Raum-%	0,5—2,0	0,3—2,0
Wasseraufnahme	Gewichts-%	0,2—0,6	0,1—0,7
Scheinbare Porigkeit (Porosität)	Raum-%	0,4—1,8	0,3—1,8
Druckfestigkeit im trockenen Zustand	kp/cm²	800—1800	1400—2500
Biegezugfestigkeit	kp/cm²	60—150	—
Schlagfestigkeit, Anzahl der Schläge bis zur Zerstörung		8—10	6—15
Abnutzung durch Schleifen, Verlust auf 50 cm² in cm³		15—40	8—18
(Verschleißangabe wird auf mm umgestellt)			

DIN-Normen (Naturstein betreffend)

DIN 482	Bordsteine; Naturstein (Juli 1964).
DIN 4022	Bl. 1 Baugrund und Grundwasser; Benennen und Beschreiben von Bodenarten und Fels, Schichtenverzeichnis für Untersuchungen und Bohrungen ohne durchgehende Gewinnung von gekernten Proben (Dezember 1969).
DIN 18 502	Pflastersteine; Naturstein (Dezember 1965).
DIN 18 555	Mörtel aus mineralischen Bindemitteln; Prüfung (Okt. 1971).
DIN 51 043	Traß; Anforderungen, Prüfung (Januar 1972).
DIN 51 991	Grobe Schüttgüter. Kennzeichnung der Kornform und Oberflächenbeschaffenheit der Einzelteile (Dezember 1940).
DIN 52 100	Prüfung von Naturstein; Richtlinien zur Prüfung und Auswahl von Naturstein (Juli 1939, ergänzt 1951).
DIN 52 101	Prüfung von Naturstein; Probenahme (September 1965).
DIN 52 102	Prüfung von Naturstein; Bestimmung der Dichte, Rohdichte, Reindichte, Dichtigkeitsgrad, Gesamtporosität (Sept. 1965).
DIN 52 103	Prüfung von Naturstein; Wasseraufnahme, Wasserabgabe (November 1942). DIN 52 103 Entwurf; Bestimmung der Wasseraufnahme (März 1966).
DIN 52 104	Prüfung von Naturstein; Frostbeständigkeit (November 1942, ergänzt 1965).
DIN 52 105	Prüfung von Naturstein; Druckversuch (August 1965).
DIN 52 106	Prüfung von Naturstein; Wetterbeständigkeit (März 1943). DIN 52 106 Entwurf; Beurteilungsgrundlagen für die Verwitterungsbeständigkeit (Oktober 1964).
DIN 52 107	Prüfung von Naturstein; Schlagfestigkeit an Würfeln ermittelt (Stoffeigenschaft), (März 1933).
DIN 52 108	Prüfung anorganischer nichtmetallischer Werkstoffe; Verschleißprüfung mit der Schleifscheibe nach Böhme, Schleifscheibenverfahren (August 1968).
DIN 52 109	Prüfung von Naturstein; Widerstandsfähigkeit gegen Schlag und Druck (Oktober 1939). DIN 52 109 Entwurf; Schlagversuch an Schotter und Splitt (März 1964).
DIN 52 110	Prüfung von Naturstein; Raummetergewicht und Gehalt von Steingekörn (März 1935).
DIN 52 111	Prüfung von Naturstein; Kristallisationsversuch (September 1942, ergänzt 1956).
DIN 52 112	Prüfung von Naturstein; Biegefestigkeit (September 1942).
DIN 52 113	Prüfung von Naturstein; Bestimmung des Sättigungswertes (März 1965).
DIN 52 114	Entwurf; Bestimmung der Kornform bei Schüttgütern mit der Kornform-Schieblehre (Dezember 1965).
DIN 52 201	Dachschiefer; Begriff, Richtlinien für Probenahme, gesteinskundliche und chemische Untersuchung (August 1933).
DIN 66 100	Körnungen; Korngrößen zur Kennzeichnung von Kornklassen/Korngruppen (Oktober 1966).

Meteorite

Meteorite, auch Meteorsteine oder Aerolithe genannt, sind gesteinsartige Bruchstücke, aus dem Weltraum der Erde zugeführt. Man kann sie als außerirdische Gesteine bezeichnen. Der tägliche Meteoriten-Befall der Erde wird auf 1000 bis 10 000 Tonnen geschätzt. 75 % aller Meteorite sind im Durchmesser kleiner als 0,1 mm. Nur ganz wenige Brocken erreichen die Erdoberfläche. Die meisten verglühen mit den bekannten Sternschnuppenerscheinungen beim Eintritt in die Atmosphäre.

Der größte Meteorit, der je gefunden wurde, ging in vorgeschichtlicher Zeit bei der Farm Hoba West nahe Grootfontein in Südwestafrika nieder. Er umfaßt bei einem Gewicht von 50 000 kg rd. 9 Kubikmeter.

Sehr schwere Meteorite erzeugen infolge der hohen Fluggeschwindigkeit durch explosionsartiges Auseinanderspringen beim Aufschlag auf die Erde rundgeformte Krater. Kleinere Meteorite dagegen werden beim Durchgang durch die Atmosphäre derart gebremst, daß sie an der Erdoberfläche liegenbleiben oder nur wenig in den Boden eindringen.

Der bekannteste Meteorkrater ist der Barringer-Krater von Winslow in Arizona/USA. Er hat einen Durchmesser von 1200 m und ist 175 m tief. Sein Ringwall erhebt sich 35 m über das flache Wüstengelände. — Hunderte von Kratern, über die ganze Erde verteilt, wurden inzwischen entdeckt und konnten mit Hilfe von Meteoritenresten sicher als Meteoreinschläge identifiziert werden.

Bei anderen Kratern ist zwar kein Meteoreisen gefunden worden, ihre Entstehung durch Meteoriteneinschlag ist dennoch gesichert. Bei einer dritten Gruppe von kraterartigen Eintiefungen schließlich gehen die Meinungen auseinander, so auch beim Nördlinger Ries, einem über 20 km weiten Becken zwischen der Schwäbischen und Fränkischen Alb. Die einen glauben, daß das Becken durch vulkanische Gase ausgesprengt wäre, andere sehen im Ries einen Meteorkrater. Das nachgewiesene Hochdruckmineral Coesit spricht für die Entstehung als Meteorkrater.

Auch heutzutage fallen riesige Meteorite auf die Erde. Am 30. Juli 1908 ging in Mittelsibirien ein Meteorit nieder, erzeugte zahlreiche Krater bis 50 m Durchmesser und verwüstete den Wald in einem Umkreis von 60 km. — Am 17. April 1930 wurde ein Meteorit beobachtet, der bei Paragoult in Arkansas/USA landete. Er war 370 kg schwer. — Am 12. Februar 1947 schlug in Ostsibirien nahe Wladiwostok ein Meteorit ein, der auf einer Fläche von mehreren Quadratkilometern 106 Krater hinterließ, deren größter 28 m Durchmesser und 6 m Tiefe hat.

Alle Meteorite haben qualitativ die gleiche chemische Zusammensetzung wie die Erde. Die Verteilung der Elemente ist jedoch mehr dem Erdinnern entsprechend und nicht der Erdkruste. Die leichteren Elemente (Sauerstoff, Silicium, Aluminium) treten zurück, die schwereren (Eisen, Nickel, Magnesium) sind stärker vertreten. In der Häufigkeit der Elemente ist Eisen führend, dann folgen Sauerstoff, Silicium, Magnesium, Nickel, Schwefel, Calcium und Aluminium.

Nach der Zusammensetzung und der Struktur sind drei Meteorit-Typen zu unterscheiden: Eisenmeteorite, Steinmeteorite und Glasmeteorite.

234/235 Eisenmeteorite (Meteoreisen, Siderit, nicht zu verwechseln mit dem Mineral Siderit, Nr. 248) bestehen überwiegend aus Nickel-Eisen mit einem geringen Gehalt an Kobalt und Kupfer. Als Erz kommt diese Zusammensetzung in der Erdkruste nicht vor. — Wenn Eisen mit 6 bis 7 % Nickel in kubischen Kristallen kristallisiert und sich nach dem Würfel spalten läßt, bezeichnet man die Meteorite als Hexaedrite. Auf angeschliffenen und mit Salpetersäure geätzten Flächen zeigen sie eine feine Streifung (Neumannsche Linien). — Bei höherem Nickelgehalt (teilweise bis 50 %) kristallisiert die Masse nach der Gestalt des Oktaeders. Angeschliffen, poliert und mit Salpetersäure geätzt, wird ein Lamellensystem sichtbar, das man als Widmannstättensche Figuren (Widmannstättersche Figuren) bezeichnet. Drei verschiedene Teile sind bei diesen Figuren zu erkennen: Das dunkelgraue, aus 6 bis 7 % Nickel bestehende, mehrere Millimeter breite Balkeneisen (Kamazit), das dieses umsäumende, silberglänzende nickelreiche Bandeisen (Tänit) und das in den Zwickeln des Balkeneisens befindliche grauschwarze Fülleisen (Plessit). Meteorite mit dieser Struktur heißen Oktaedrite. — Vereinzelt gibt es Eisenmeteorite mit stahlähnlicher Struktur (Ataxite), bei denen man weder die Neumannschen Linien noch die Widmannstättenschen Figuren vorfindet. Sie sind durch Erhitzen aus Oktaedriten entstanden. — Nr. 234 ist ein Hexaedrit (angeätzt) von Arizona/USA, Nr. 235 Teil eines Oktaedrits von 15 000 kg mit Widmannstättenschen Figuren aus Südwestafrika.

236 Steinmeteorite (Meteorsteine) sind irdischen Gesteinen ähnlicher als Eisenmeteorite. Sie haben, mit Ausnahme von Nickel-Eisen, eine Zusammensetzung wie etwa Peridotite (S. 82). Das spezifische Gewicht liegt bei 3,0—3,5. Die Schmelzrinde ist tiefschwarz. — Nach der Struktur unterscheidet man die körnigen, weißen bis dunkelgrauen Chondrite und die nichtkörnigen, selteneren Achondrite. — Nr. 236 (Nachbildung) ist ein Chondrit, gefallen am 3. Februar 1882 bei Mocs in Rumänien.
Steinmeteorite sind häufiger als Eisenmeteorite. Wegen ihrer größeren Verwitterungsempfindlichkeit und ihrer Ähnlichkeit mit irdischen Gesteinen werden Steinmeteorite allerdings weniger oft gesucht, gefunden und gesammelt. — Übergangsglieder zwischen Eisen- und Steinmeteoriten sind die Pallasite oder Siderolithe mit vorherrschender Steinmasse und die Mesosiderite oder Lithosiderite mit vorherrschender Eisenmasse.

237/238/239 Glasmeteorite (Tektite) sind von amorpher Struktur und bestehen vor allem aus SiO_2 (80 %) und Al_2O_3 (10 %). Farbe schwarz bis grün. Sie stammen wohl nicht aus dem Weltraum, sondern sind Sekundärprodukte beim Meteoriteneinschlag. In der chem. Zusammensetzung weichen sie sowohl von den magmatischen Gesteinsgläsern als auch von den übrigen Meteoriten ab. Das spezifische Gewicht liegt bei 2,4. Die Oberfläche ist stark zerrissen und gegliedert. Sie zeigt keine Schmelzspuren. Das Relief dürfte durch Ätzung entstanden sein.
Eine flaschengrüne Varietät ist der früher zu Schmucksteinen verschliffene Moldavit (Bouteillenstein, Wasserchrysolith, Nr. 237) mit stark zerrissener oder abgerollter Oberfläche. — Fundort von Nr. 237 ist Südböhmen, von Nr. 238 und Nr. 239 Thailand.

234

235

236

239

238

237

Erze

Im allgemeinen versteht man unter einem Erz ein Mineralgemenge mit nutzbarem Metallgehalt. Neuerdings jedoch werden auch mineralische Rohstoffe mit einer Spezialeigenschaft als Erz bezeichnet, selbst wenn ihnen der metallische Charakter fehlt.
In der Gesteinskunde nennt man alle metallischen Gemengteile Erz. Die Wissenschaft der Erzkunde dagegen unterscheidet streng die Erzmineralien von den aus mehreren Mineralarten zusammengesetzten eigentlichen Erzen. In diesem Bestimmungsbuch liegt das Schwergewicht auf den Erzmineralien.

Die **Namen der Erze** und Erzmineralien sind sehr vielgestaltig. Sie nehmen Bezug auf den Metallinhalt, Farbe, hervorstechende Eigenschaften und anderes. Viele Bezeichnungen wurden vor Jahrhunderten von Bergleuten geprägt. Auch die Einteilung sulfidischer und ähnlicher Erze in Blenden, Fahle, Glanze und Kiese geht auf uralten Bergbau zurück.
Blenden: Sulfidische Mineralien mit halbmetallischem, diamantartigem Glanz, im allgemeinen von geringer Härte, guter Spaltbarkeit und großer Sprödigkeit; in dünnen Schichten meist durchsichtig; Eigenfarbe verschieden. — Typische Vertreter sind Silberblende (Nr. 243) und Zinkblende (Nr. 283). — Der Name bedeutet Blender.
Fahle: Sulfidische Mineralien mit Metallglanz von geringer Härte, großer Sprödigkeit, fehlender Spaltbarkeit und von dunkelgrauer Farbe. — Typischer Vertreter ist Antimonfahlerz (Nr. 293). — Der Name stammt von der fahlgrauen Tönung.
Glanze: Sulfidische Mineralien mit metallischem Glanz, von geringer Härte und vornehmlich guter Spaltbarkeit; undurchsichtig. Die Farbe ist dunkel, grau bis schwarz. — Typische Vertreter sind Bleiglanz (Nr. 279) und Antimonglanz (Nr. 292). — Der Name rührt vom Glänzen der Spaltflächen her. — Ausnahmsweise wird auch das oxidische Mineral Hämatit als Glanz (Eisenglanz, Nr. 247) bezeichnet.
Kiese: Sulfidische Mineralien mit metallischem Glanz, von größerer Härte, ohne deutliche Spaltbarkeit; undurchsichtig. Die Farben sind überwiegend hell (weiß, grau, gelb, rötlich). — Typische Vertreter sind Rotnickelkies (Nr. 258) und Schwefelkies (Nr. 306). — Der Name Kies nimmt Bezug auf die große Härte, hart wie ein Kieselstein.

Die **Schreibweise der Erze,** d. h. der Mineralaggregate, und der Erzmineralien ist oft irreführend. Um Verwechslungen der Erze mit deutschen Mineralnamen, die auf -erz (z. B. Zinnerz) enden, zu vermeiden, werden im folgenden die eigentlichen Erze durch Bindestriche kenntlich gemacht (z. B. Zinn-Erz). Zinnerz ist demnach das auch Zinnstein oder Kassiterit genannte Erzmineral, Zinn-Erz dagegen ein zinnhaltiges Gestein.

Eine **Klassifizierung** der Erze und Erzmineralien erfolgt in Technik, Industrie und Wirtschaft vorwiegend nach dem Metallgehalt. — Im vorliegenden Bestimmungsbuch werden die Erze und Erzmineralien nach Metallen, nach Verwendung der Metalle bzw. nach Nichtmetallen klassifiziert.

Erzlagerstätten

Seltenere Elemente, wie z. B. Metalle, sind bei gleichmäßiger Verteilung in der Erdkruste unzugänglich. Erst durch Anreicherung in bestimmten Zonen oder Komplexen werden sie gewinnungswürdig. Solche Anreicherung von metallenen oder sonstwie wertvollen Mineralien und Mineralaggregaten bezeichnet man als Lagerstätte.
Nach der Entstehung unterscheiden wir magmatische, sedimentäre und metamorphe Lagerstätten.

Magmatische Lagerstätten sind Mineralkonzentrationen, deren Entstehung mit dem Erstarren von schmelzflüssigem Material zusammenhängt. Da die Entmischung und Auskristallisierung des ursprünglich homogenen Magmas nach und nach, in Abhängigkeit von bestimmten Temperaturen, erfolgt, ergeben sich Lagerstätten verschiedener Abfolge.

In der Anfangsphase der Abkühlung entstehen die liquidmagmatischen Vorkommen. Bei 1200 bis 550° C scheiden sich infolge Differentiation gediegene Metalle (Eisen, Platin), oxidische Erze (Magnetit) und sulfidische Erze (Magnetkies) aus. Liquidmagmatische Lagerstätten gibt es bei Petsamo (im nordfinnisch-sowjetischen Grenzgebiet), am Taberg (Südschweden) und in Kiruna (Nordschweden), bei Sudbury (Ontario/Kanada) und in Südrhodesien.
Aus den leichtflüchtigen Dämpfen und Lösungen der magmatischen Restschmelze bilden sich am Ende der Erstarrungsphase bei etwa 500 bis 370° C pneumatolytische Lagerstätten mit gold-, kupfer- und zinnführenden Pegmatiten (siehe S. 88) sowie Molybdän-, Wolfram- und Lithium-Mineralgesellschaften.

Bei Temperaturen unter 374° C entstehen aus verdunstenden oder sich abkühlenden, mit Lösungen beladenen Warmwassern hydrothermale Lagerstätten mit Metallanreicherungen von Antimon, Blei, Gold, Kobalt, Kupfer, Quecksilber, Silber und Zink. Man findet sie, eingedrungen in Spalten und Hohlräume, in benachbarten Gesteinskomplexen. Die Siderit-Erze des Siegerlandes in Nordrhein-Westfalen sind hydrothermaler Entstehung.
Teilweise werden bei hydrothermalen Bildungen lösliche Nachbargesteine (besonders Kalk- und Dolomitstein) verdrängt (Metasomatose) oder auch porenreiche Gesteine von Erzen durchsetzt (Imprägnation). Durch Metasomatose entstand die größte Blei-Zink-Lagerstätte der Welt von Broken Hill in Australien. Imprägnationslagerstätten sind trotz geringer Metall-Gehalte auf Grund ihrer großen Erstreckungen wirtschaftlich, besonders für Kupfer-Erze, von Bedeutung.
Bei untermeerisch-vulkanischen Exhalationen entstehen submarine Lagerstätten, wie z. B. die Roteisensteinablagerungen des Lahn- und Dill-Gebietes in Hessen.

Sedimentäre Lagerstätten entstehen bei der Verwitterung von Gesteinen, durch Vermittlung des Wassers oder durch chemische Vorgänge unter bestimmten Klimabedingungen. Der Temperaturbereich der sedimentären Erzbildungen liegt zwischen dem Gefrierpunkt und etwa 50° C.
Zutage tretende Erzkörper unterliegen der Verwitterung. Oberhalb des Grundwasserspiegels bildet sich eine mit Eisen stark angereicherte, an Edel-

metallen verarmte Oxidationszone, von den Bergleuten „Eiserner Hut" genannt. Die Hut-Erze sind porös, oberflächlich zerfressen und von braunschwarzer bis schwarzer Farbe. Sie wurden in früheren Zeiten bevorzugt abgebaut.
Sickerwasser führen Lösungen aus der Oxidationszone in tiefere Bereiche, teils bis ins Grundwasser, wo besonders sulfidische Erze des Kupfers und des Silbers in einer sogenannten Zementationszone ausgefällt werden.

Für die Gewinnung von Edelmetallen (wie auch für Edelsteine, siehe S. 21) haben die Seifen, das sind Ansammlungen von Mineralien in Sanden und Kiesen, eine große Bedeutung. Unter Mitwirkung von Wasser und Wind werden metallische Mineralien auf Grund ihrer Verwitterungsbeständigkeit und ihres hohen spezifischen Gewichtes zu Metallkonzentrationen angereichert. Nach Mineralführung unterscheiden wir Chromit-, Gold-, Ilmenit-, Magnetit- und Platinseifen. — Goldseifen wurden bis vor 100 Jahren im Rhein, in der Donau, in Isar, Eder und Saale ausgebeutet. Heute haben die Goldseifen an der oberen Lena/UdSSR einen hohen wirtschaftlichen Wert. Die größten Goldlagerstätten von Witwatersrand bei Johannsburg/Südafrika sind verfestigte Seifen aus der Frühzeit der Erdgeschichte (Algonkium, S. 188).
In SW-Afrika, Brasilien und Carolina/USA gibt es Strandseifen, die durch Strömung und Wellenschlag am Meer gebildet wurden. Auch die Trümmer-Erz-Lagerstätte von Peine-Ilsede/Niedersachsen ist im Bereich einer Brandungszone (Kreidemeer) entstanden.
Bauxite, Bohnerze sowie Krusten von Eisen- und Manganhydroxiden entstehen unter bestimmten Klimabedingtheiten durch Verwitterung und Anreicherung auf dem Festland (Verwitterungslagerstätten). Sie bilden Decken oder füllen Hohlräume und Taschen aus.
Oolithische Eisen-Erze sind mariner Entstehung. Eisen, vom Festland in Lösungen zugeführt, wird schalenförmig um die Oolith-Kerne angelagert und baut Kügelchen von einem halben Millimeter bis zu Erbsengröße auf. — Die bekanntesten Oolith-Erze sind die Minette von Lothringen-Luxemburg. Weitere finden wir in Alabama/USA und auf Neufundland/Kanada. Oolithische Mangan-Erze gibt es im Kaukasus/UdSSR.
Die Mansfelder Kupferschiefer (im Harz, DDR) sind durch sedimentäre Ausfällung von Schwermetallsalzen ebenfalls marin entstanden.

Schließlich gibt es Eisenverbindungen, wie Raseneisenerze, die unter Mitwirkung organischer Stoffe und Bakterien entstehen. Mengenmäßig sind sie von untergeordneter Bedeutung.

Metamorphe Lagerstätten entstehen durch Umwandlung (Metamorphose, s. S. 134) magmatischer oder sedimentärer Erzvorkommen. Dadurch wird der ursprüngliche Mineralbestand infolge Neubildungen, Auflösungen und Vergröberungen wie aber auch das Gefüge der Erze verändert. — Solcher Entstehung sind die Kupfer-Erzlagerstätten von Outokumpu in Ostfinnland, die Skarn-Erze von Mittelschweden, die Erzlager von Kriwoi Rog in der Ukraine, die Itabirit-Erze von Brasilien, die Taconit-Eisenerze vom Oberen See wie auch teilweise die silberreichen Blei-Zink-Erzlagerstätten von Broken Hill in Australien.

Die **Bauwürdigkeit** einer Erzlagerstätte ist von vielen Faktoren abhängig, wie Zusammensetzung des Erzes, Gesamtvorräte, Abbaumöglichkeit, Leistungsfähigkeit der Aufbereitung, Verkehrslage, Kosten und Marktlage. Sie kann sich im Laufe der Zeit ändern. So werden heute alte Abraumhalden wegen neuer Aufbereitungsmöglichkeiten teilweise wieder aufgearbeitet.
Wie die Bauwürdigkeit einer Lagerstätte von der angereicherten Metallmenge abhängig ist, zeigt die folgende Tabelle (nach G. Wagner, 1960):

Metall	*Durchschnitt in der Erdrinde*		*Mindestgehalt in einer bauwürdigen Lagerstätte*	*Anreicherungsfaktor*
	g/t	*%*		
Aluminium	81 300	8,13	30 %	3,7 mal
Eisen	50 000	5,00	25 %	5 mal
Mangan	1 000	0,10	35 %	350 mal
Chrom	200	0,02	30 %	1500 mal
Nickel	80	0,008	1,5 %	188 mal
Zink	80	0,008	4 %	500 mal
Kupfer	70	0,007	1 %	140 mal
Zinn	40	0,004	1 %	250 mal
Blei	16	0,0016	4 %	2500 mal
Silber	0,1	0,00001	500 g/t	5000 mal
Gold	0,005	0,0000005	5 g/t	1000 mal

Das Aufsuchen von Lagerstätten (Prospektion) erfolgte früher durch Oberflächenuntersuchungen, Schurfgräben, Stollen und Aufschlußbohrungen. Moderne Meßverfahren ermöglichen genauere Erfassung des Erzkörpers und damit bessere Kalkulation der wirtschaftlichen Möglichkeiten.
Die Erzkörper haben nach Art der Entstehung, nach Schichtenaufbau und Gesteinsgefüge der Erdkruste verschiedenartigste Formen. Plattige Mineralvorkommen von ursprünglich horizontaler Ablagerung nennen wir Flöze. Entstehung immer sedimentär. Durch gebirgsbildende Vorgänge sind sie oft gestört und in ihrer Lage verändert. — Größte Bedeutung beim Erzbergbau haben die Gänge (im Volksmund fälschlich als Adern bezeichnet). Es sind liquidmagmatische, pneumatolytische und hydrothermale Ausfüllungen mit Erzen und anderen Mineralgemengen meist tektonisch entstandener Spalten und Klüfte. Der Ganginhalt ist daher jünger als das Nebengestein. Als Folge von Zerrungsvorgängen sind sie meist steil geneigt, selten flach gelagert. — Als Lager bezeichnet man meist langgestreckte Linsen mit wechselnder Mächtigkeit im Nebengestein. — Sehr häufig sind Lagerstätten von unregelmäßigen Formen.
Ziel bei einem modernen Abbau ist es, alle die verschiedenen in einem Erz enthaltenen Mineralien und Metalle zu gewinnen. Darin liegt allerdings auch die Schwierigkeit. — Aus dem abgebauten Roh-Erz werden durch Aufbereitung zunächst Erzkonzentrate gewonnen, die dann der Verhüttung zugeführt werden können.

Erze der Edelmetalle: Zu den Edelmetallen zählen wir Silber, Gold und Platin. Man nennt sie edel, weil sie an der Luft nicht wesentlich oxidieren und nur schwer chemische Verbindungen eingehen.

Silber kommt gediegen, in Gold-Erzen, in Nickel-Kobalt- und Zinn-Erzen vor. Daneben fällt es bei der Gewinnung anderer Erze an. — Erzmineralien sind neben gediegenem Silber Argentit, Freibergit (Silberfahlerz) und Rotgültig. — Verwendung in Legierungen mit Kupfer für Herstellung von silbernen Gegenständen, reines Silber für Filmindustrie.

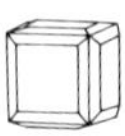

240 Silber gediegen, Ag, Mohshärte $2^{1}/_{2}$—3, Spez. Gew. 9,6—12,0, Metallglanz, undurchsichtig. Farbe silberweiß, grau oder mit schwarzem Anflug. — Strich silberweiß, Bruch hakig, dehnbar, geschmeidig, Spaltbarkeit keine. — Vorkommen in Nestern oder eingesprengt, Kristalle (kubisch) meist verzerrt, draht- und haarförmige Gebilde. — Fundorte: Freiberg/Sachsen, Kongsberg/Norwegen, Cobalt/Kanada, Nevada/USA, Mexiko. Das abgebildete gediegene Silber stammt von Mexiko.

241 Argentit (Silberglanz), Ag_2S (Silbersulfid), Mohshärte 2—$2^{1}/_{2}$, Spez. Gew. 7,2—7,4, Metallglanz, undurchsichtig. Farbe bleigrau bis eisenschwarz. Strich dunkelbleigrau, Bruch muschelig, biegsam, Spaltbarkeit unvollkommen. — Vorkommen auf hydrothermalen Silber-Erzgängen. Kristalle (kubisch) Würfel mit Oktaeder, oft verzerrt, plattig, dendritisch. — Fundorte: Erzgebirge, Freiberg/Sachsen, Ungarn, Kanada, Nevada/USA, Chile. Nr. 241 zeigt Argentit mit Calcit, Pribram/CSSR.

242 Silber in Matrix, angeschliffen; von Cobalt, Ontario/Kanada.

243 Rotgültig (Rotgültigerz, Silberblende), Sammelbegriff für zwei verwandte Mineralien: Licht-R. (Proustit, Ag_3AsS_3) und Dunkel-R. (Pyrargyrit, Ag_3SbS_3). Mohshärte 2—3, Spez. Gew. 5,6—5,8, Diamant-, Metallglanz, durchsichtig bis durchscheinend. Farbe rot, in dünnen Splittern tiefrot, bleigrau. Strich scharlachrot bis purpurrot, Bruch muschelig, splittrig, spröde, Spaltbarkeit vollkommen. — Vorkommen auf Silber-Blei-Erzgängen. Kristalle (trigonal) prismatisch, oft verzwillingt, derbe Aggregate. — Fundorte: Sachsen, CSSR, Spanien, Kanada, USA, Peru, Bolivien, Chile. Nr. 243 ist Pyrargyrit von Mexiko.

244 Platin, Pt, stets mit Beimengungen (Eisen, Iridium, Osmium). — Mohshärte 4—$4^{1}/_{2}$, Spez. Gew. 14—19, Metallglanz, undurchsichtig. Farbe silberweiß. Strich silberweiß, Bruch hakig, geschmeidig, Spaltbarkeit keine. — Vorkommen auf Seifen. Wichtiges P.-Erz ist Sperrylith ($PtAs_2$). Kristalle (kubisch) selten, abgerollte Körner und Klumpen (Nuggets). — Fundorte: Südafrika, Kanada, Ural, Alaska. Nr. 244 ist gediegenes Platin (Nugget vom Ural). — Verwendung für Laborgeräte und in der Elektroindustrie.

245 Gold, Au, Mohshärte $2^{1}/_{2}$—3, Spez. Gew. 15,5—19,3, Metallglanz, undurchsichtig. Farbe goldgelb, Strich goldgelb, Bruch hakig, geschmeidig, Spaltbarkeit keine. — Vorkommen meist gediegen als Berggold und Seifengold. — Kristalle (kubisch) selten, drahtförmige Aggregate, Nuggets. — Fundorte: Südafrika, Sibirien, Alaska. Nr. 245 ist ein Nugget vom Tobin Creek/Alaska. — Verwendung für Schmuck und Währungsmittel.

240

241

242

243

244

245

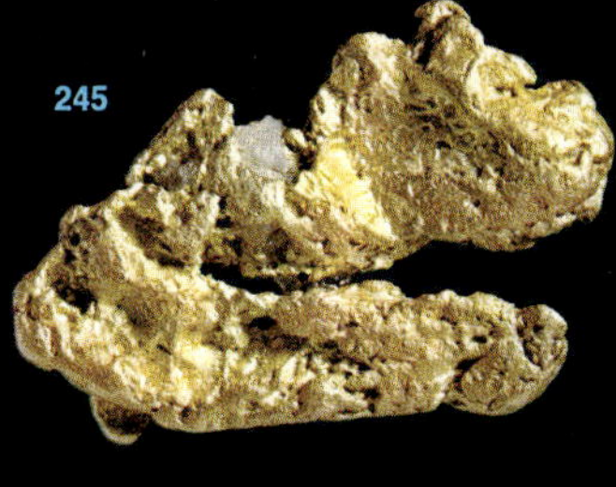

Erze der Eisenmetalle: Die Benennung der Eisen-Erze erfolgt nach dem Chemismus (Oxidisch, silikatisch, sulfidisch) oder nach dem Mineralbestand (wie Hämatit-, Limonit-Erze). — Erzmineralien sind Hämatit, Siderit, Magnetit, Goethit. — Bei der Gewinnung anderer Erze fällt Eisen vielfach als Nebenprodukt an.

246/247 Hämatit, gut auskristallisiert als Eisenglanz, feinkristallin als Roteisen (Roteisenstein) bezeichnet. — Eisenglanz: Fe_2O_3 (Eisenoxid), Mohshärte $6^1/_2$, Spez. Gew. 5,2, Metallglanz, undurchsichtig. Farbe grauschwarz, bunt anlaufend. Strich rot, Bruch muschelig, Spaltbarkeit keine. Kristallform (trigonal) vielgestaltig. — Roteisen: grau mit rot, körnig oder faserig, teilweise Roter Glaskopf. Eine besonders dichte Varietät, der Blutstein, wird für Schmuckzwecke verschliffen. Eine erdige Abart ohne metallischen Charakter ist der als Farbstoff verwendete Rötel. — Vorkommen der Hämatit-Erze in Stöcken und Gängen, als Eisenglimmerschiefer und als Oolithe. — Fundorte: Kanada, USA, Ukraine, Brasilien. Der abgebildete Rote Glaskopf (Spaltstück, Nr. 246) stammt vom Hunsrück, das Eisenglanzaggregat (Nr. 247) von der Insel Elba.

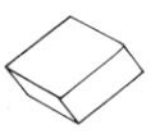

248 Siderit (Eisenspat, Spateisenstein), $FeCO_3$ (Eisencarbonat), Mohshärte 4, Spez. Gew. 3,8, Glasglanz, durchscheinend bis undurchsichtig. Farbe gelb bis dunkelbraun. Strich weiß, bei verwittertem Material braun, Bruch muschelig, Spaltbarkeit vollkommen. — Kristalle (trigonal) als Rhomboeder, feinkörnig, derb. — Vorkommen der Siderit-Erze auf Gängen und Lagern in Sedimenten. Abarten sind Ton- und Kohleneisenstein. — Fundorte: Siegerland/Nordrhein-Westfalen, Eisenerz/Österreich, England, USA. Die abgebildete Stufe stammt von Ungarn.

249 Magnetit (Magneteisen, Magneteisenstein), Fe_3O_4 (Eisenoxid), Mohshärte $5^1/_2$, Spez. Gew. 5,2, Metallglanz, undurchsichtig. Farbe schwarz. Strich schwarz, Bruch muschelig, spröde, Spaltbarkeit unvollkommen, magnetisch. — Kristalle (kubisch) gewöhnlich Oktaeder, daneben derb-körnige Aggregate. — Vorkommen der Magnetit-Erze in Magmatitgesteinen, auf Gängen und Klüften, selten auf Seifen (Magneteisensande). — Fundorte: Schweden, Norwegen, Ural, USA, Indien. Die abgebildeten Magnetitkristalle sind auf Chlorit (S. 44) aufgewachsen und stammen von Tirol/Österreich. — Magnetit-Erze haben den höchsten Eisengehalt.

250/251 Limonit (Brauneisen), ein Mineralgemenge, durch Zersetzung eisenhaltiger Mineralien entstanden, vielfach mit dem kleinkristallinen, nadeligen Goethit (Nadeleisenerz). — Formel $Fe_2O_3 \cdot nH_2O$ (Eisenoxid-Hydrat), Mohshärte 1—5, Spez. Gew. um 4, Glasglanz, undurchsichtig. Farbe gelb bis schwarzbraun. Strich gelb bis braun, Bruch muschelig, Spaltbarkeit keine. — Die Erscheinungsformen sind erdig (Nr. 250), faserig, oolithisch, derb sowie als Brauner Glaskopf (Nr. 251). — Erzvarietäten sind Bohnerz, Raseneisenerz, Sumpferz und der gelbe, erdige Ocker. — Fundorte: Lothringen-Luxemburg (Minette-Erze), Niedersachsen, Bayern, England. Das abgebildete Limonit-Aggregat (Nr. 250) stammt von der Oberpfalz/Bayern, der Braune Glaskopf (Nr. 251) vom Westerwald/Hessen.

246

247

248

249

250

251

Erze der Stahlveredler: Zahlreiche Metalle werden für eine Vergütung der Stähle benötigt, um höhere Zähigkeit, größere Härte und verbesserte magnetische Eigenschaften zu erreichen.

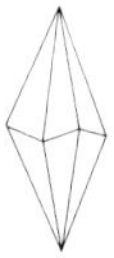

252 Manganspat (Himbeerspat, Rhodochrosit), $MnCO_3$ (Mangancarbonat), Mohshärte 4, Spez. Gew. 3,3—3,7, Glasglanz, durchscheinend. Farbe rosa, selten grau, braun, farblos. Strich weiß, Bruch muschelig, uneben, spröde, Spaltbarkeit vollkommen. — Vorkommen auf hydrothermalen Gängen. Kristalle (trigonal) klein, spätige, derbe, traubig-radialstrahlige Aggregate. — Fundorte: Freiberg/Sachsen, Jugoslawien, Ungarn, Rumänien, UdSSR, USA. Nr. 252 von Montana/USA. — Wichtiges Mangan-Erz. Schön gefärbte Stufen für kunstgewerbliche Gegenstände (Nr. 88).

253 Psilomelan (Hartmanganerz), MnO_2 (Mangandioxid), Mohshärte 4—6, Spez. Gew. 4,4—4,7, matt, Metallglanz, undurchsichtig. Farbe schwarz. Strich schwarzbraun, Bruch muschelig, spröde, Spaltbarkeit keine. — Vorkommen auf sedimentärer Lagerstätte. Amorph oder feinkristallin, nierig, glaskopfig. — Fundorte: UdSSR, Ghana, Kongo, Südafrika, Indien. — Der abgebildete Schwarze Glaskopf stammt vom Westerwald/Hessen. — Wichtiges Mangan-Erz. — Weitere Mangan-Erze sind Pyrolusit (Weichmanganerz), Polianit, Manganit, Hausmannit, Braunit, Kryptomelan, Wad.

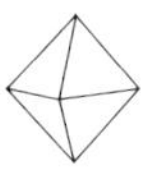

254 Chromit (Chromeisenerz), $FeCr_2O_4$ (Chromeisenoxid), Mohshärte 5¹/₂, Spez. Gew. 4,5—4,8, Metallglanz, undurchsichtig. Farbe schwarz, braunschwarz. Strich braun, Bruch muschelig, spröde, Spaltbarkeit keine. — Vorkommen liquidmagmatisch mit Serpentingesteinen. Kristalle (kubisch) selten, meist körnig, derbe Massen. — Fundorte: Türkei, UdSSR, Rhodesien, Südafrika. Nr. 254 von der Türkei. — Wichtigstes Chrom-Erz.

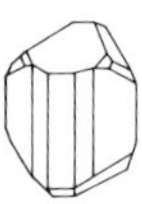

255 Wolframit $(Fe,Mn)WO_4$ (Eisenmanganwolframat), Mohshärte 5—5¹/₂ Spez. Gew. 7,1—7,5, Metallglanz, undurchsichtig. Farbe schwarz, dunkelbraun. Strich schwarz bis braun, Bruch uneben, spröde, Spaltbarkeit vollkommen. — Vorkommen auf Quarzgängen und Pegmatiten. Kristalle (monoklin) prismatisch, spätige, derbe Aggregate. — Fundorte: China, Korea, Burma, USA, Bolivien, Portugal. Nr. 255 (glänzende Spaltflächen) stammt von Portugal. Neben Scheelit (Tungstein) wichtigstes Wolfram-Erz.

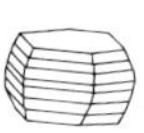

256 Molybdänglanz (Molybdänit), MoS_2 (Molybdänsulfid), Mohshärte 1 bis 1¹/₂, Spez. Gew. 4,6—5,0, Metallglanz, undurchsichtig. Farbe rötlichbleigrau. Strich bleigrau, fein verrieben lauchgrün, biegsam, unelastisch. Spaltbarkeit sehr vollkommen. — Vorkommen mit pegmatitischen Graniten. Kristalle (hexagonal) selten, meist schuppige, blättrige, tafelige Aggregate. — Fundorte: USA, Kanada, Chile, Norwegen, UdSSR. Nr. 256 von Nevada/USA. — Wichtigstes Molybdän-Erz.

257 Wulfenit (Gelbbleierz), $Pb[MoO_4]$ (Bleimolybdat), Mohshärte 3, Spez. Gew. 6,5—7,0, Fett-, Diamantglanz, durchsichtig bis durchscheinend. Farbe wachsgelb bis rot. Strich gelblich, Bruch muschelig, uneben, spröde, Spaltbarkeit vollkommen. — Vorkommen sekundär auf Oxidationszonen von Blei-Erzen. Kristalle (tetragonal) pyramidal, tafelig. — Fundorte: Österreich, Jugoslawien, USA. Die abgebildete Stufe stammt von Jugoslawien. — Wichtiges Molybdän-Erz.

252

253

254

255

256

257

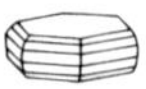

258 Rotnickelkies (Nickelin, Niccolit, Kupfernickel), NiAs (Arsennickel), Mohshärte 5—$5^{1}/_{2}$, Spez. Gew. 7,5—7,8, Metallglanz, undurchsichtig. Farbe lichtkupferrot (daher Name Kupfernickel!), grau anlaufend. Strich bräunlichschwarz, Bruch muschelig, uneben, spröd, Spaltbarkeit unvollkommen. — Vorkommen auf hydrothermalen Erzgängen. Kristalle (hexagonal) sehr selten, eingesprengte Körner, dichte traubige Aggregate. — Fundorte: Erzgebirge, Kanada, UdSSR. Nr. 258 stammt von Ontario/Kanada. — Wichtiges Nickel-Erz.

259 Pentlandit (Eisennickelkies), $(Fe,Ni)_9S_8$ (Nickeleisensulfid), Mohshärte $3^{1}/_{2}$—4, Spez. Gew. 4,5—5,0, Metallglanz, undurchsichtig. Farbe bronzegelb. Strich schwarz, spröde, Spaltbarkeit vollkommen. — Vorkommen auf magmatischer Lagerstätte mit Magnetkies (Nr. 304) verwachsen. Kristalle (kubisch) sehr selten, derbe Körner, eingewachsen. — Fundorte: Kanada, Norwegen, Schweden, UdSSR, Südafrika. — Das abgebildete Aggregat stammt von Ontario/Kanada. — Wichtigstes Nickel-Erz.

260 Garnierit, $(Mg,Ni)_6(OH)_8[Si_4O_{10}]$ (Nickelmagnesiumsilicat), Mohshärte 2—4, Spez. Gew. 2,3—2,8, matt, undurchsichtig. Farbe bläulichgrün bis grasgrün. Strich hellgrün, Bruch muschelig, erdig, spröde, Spaltbarkeit keine. — Vorkommen in tonigen Sedimenten und Verwitterungskrusten bei Serpentingesteinen. Kristallsystem monoklin, Ausbildung faserig, traubig, nierig, erdig. — Fundorte: Griechenland, Neukaledonien, UdSSR, Kuba, Brasilien. Nr. 260 stammt von Oregon/USA. — Wichtiges Nickel-Erz.

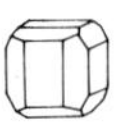

261 Kobaltglanz (Glanzkobalt, Cobaltin), CoAsS (Kobaltarsensulfid), Mohshärte $5^{1}/_{2}$, Spez. Gew. 6,0—6,4, Metallglanz, undurchsichtig. — Farbe rötlich-silberweiß. Strich grau bis schwarz, Bruch muschelig, uneben, spröde, Spaltbarkeit vollkommen. — Vorkommen pneumatolytisch in Metamorphitgesteinen. Kristalle (kubisch) häufig Pentagondodekaeder, auch derbe Aggregate, körnig eingesprengt. — Fundorte: Erzgebirge, Schweden, UdSSR, Kanada, Marokko. Nr. 261 von Ontario/Kanada. — Wichtigstes Kobalt-Erz.

262 Skutterudit (Smaltin, Speiskobalt), $CoAs_3$ (Kobaltarsenid), Mohshärte $5^{1}/_{2}$—6, Spez. Gew. 6,4—6,8. Metallglanz, undurchsichtig. Farbe zinnweiß, teils rötlicher Anflug. Strich grauschwarz, Bruch uneben, spröde, Spaltbarkeit unvollkommen. — Vorkommen auf hydrothermaler Lagerstätte, oft mit anderen Erzmineralien verwachsen. Kristalle (kubisch) klein, meist körnig, derbe Aggregate, nierig, eingesprengt. — Fundorte: Erzgebirge, CSSR, England, Norwegen, UdSSR, Kanada, Marokko. Nr. 262 stammt von Marokko. — Wichtiges Kobalt-Erz. — Der ähnliche Chloanthit (Weißnickelkies) gehört zur Gruppe der Skutterudit-Erze.

263 Kobaltblüte (Erythrin), $Co_3[AsO_4]_2 \cdot 8\ H_2O$ (wasserhaltiges arsensaures Kobalt), Mohshärte 2—$2^{1}/_{2}$, Spez. Gew. 3,0—3,1, Diamant-, Perlmutter-, Glasglanz, durchscheinend. Farbe pfirsichblütenrot. Strich blaßrot, Spaltbarkeit vollkommen. — Vorkommen als Verwitterungsprodukt von Kobalt-Erzen. Kristalle (monoklin) selten deutlich und sehr klein, meist erdige Massen und als Ausblühung, Beschlag. — Fundorte: Riesengebirge, England, Marokko. Nr. 263 stammt vom Heubachtal (Schwarzwald). — Leitmineral für Kobalt-Erze.

258

259

260

261

262

263

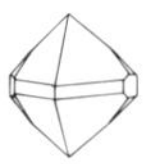

264 Descloizit, $PbZn(OH)[VO_4]$, (Bleizinkvanadat), Mohshärte $3^1/_2$, Spez. Gew. 5,5—6,2, Fett-, Diamantglanz, durchscheinend. Farbe braun, braunrot, schwarz. Strich gelb bis hellbraun, Bruch muschelig, spröde, Spaltbarkeit keine. — Vorkommen auf Oxidationszonen. Kristalle (rhombisch) pyramidal, säulig, tafelig, traubige Aggregate. — Fundorte: Kärnten, Tsumeb/SW-Afrika, Rhodesien, Katanga, Algerien, Arizona/USA. — Vanadium-Erz.

265 Vanadinit, $Pb_5Cl[VO_4]_3$ (Bleivanadat), Mohshärte 3, Spez. Gew. 6,8 bis 7,1, Fett-, Diamantglanz, durchsichtig bis durchscheinend. Farbe orange bis rot, braun. Strich hellgelb, Bruch uneben, spröde, Spaltbarkeit keine. — Vorkommen in Verwitterungszonen von Blei-Erzlagerstätten. Kristalle (hexagonal) nadelig, klein, auch derbe Aggregate, traubig. — Fundorte: Kärnten/Österreich, Spanien, SW-Afrika, Rhodesien, USA, Mexiko. Nr. 265 stammt von Marokko. — Wichtiges Vanadium-Erz.

266 Carnotit gehört zur Gruppe der Uranglimmer (S. 182), $K_2[UO_2]_2[VO_4]_2 \cdot 3\,H_2O$ (Kaliumuranylvanadat), Mohshärte 4, Spez. Gew. 4,5—4,6, matt, Perlmutterglanz, durchsichtig bis durchscheinend. Farbe gelblich, grünlich. Strich gelblich, grünlich, Bruch spröde, Spaltbarkeit vollkommen, stark radioaktiv. — Vorkommen als Imprägnation, als Überzüge. Kristalle (monoklin) sehr klein, undeutlich, meist erdige und pulvrige Massen. — Fundorte: USA, Kanada, Mexiko, Marokko, Katanga, Australien. Nr. 266 stammt von Colorado/USA. — Wichtiges Vanadium- und Uran-Erz.

267 Ilmenit (Titaneisen), $FeTiO_3$ (Eisentitanat), Mohshärte 5 bis 6, Spez. Gew. 4,7, matt, Metallglanz, undurchsichtig bis durchscheinend. Farbe braunschwarz. Strich braunschwarz, Bruch muschelig, spröde, Spaltbarkeit unvollkommen. — Vorkommen liquidmagmatisch mit basischen Magmatiten. Kristalle (hexagonal) tafelig, linsenförmig, meist eingesprengte Körner, selten dichte Massen. — Fundorte: Norwegen, Schweden, USA, Kanada, Indien, UdSSR. Nr. 267 stammt von Ekersund/Norwegen. — Neben Rutil (Nr. 2) wichtigstes Titan-Erz.

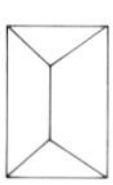

268 Titanit (Sphen), $CaTiO[SiO_4]$ (Calcium-Titan-Silicat), Mohshärte 5 bis $5^1/_2$, Spez. Gew. 3,4—3,6, Diamant-, Glasglanz, undurchsichtig. Farbe gelb, grünlich, braun, schwarz. Strich farblos, Bruch muschelig, spröde, Spaltbarkeit vollkommen. — Vorkommen in Magmatitgesteinen. Kristalle (monoklin) briefumschlagförmig, aufgewachsen, selten körnig oder derb. — Fundorte: Tirol, Salzburg/Österreich, UdSSR, Kanada, USA. Nr. 268, überstaubt mit Chlorit, stammt vom Zillertal/Österreich. — Wichtiges Titan-Erz.

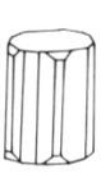

269 Columbit ist Überbegriff für die Mineralien Niobit und Tantalit, die eine lückenlose Mischungsreihe bilden. $(Fe,Mn)(Nb,Ta)_2O_6$ (Niob-Tantal-Oxid), Mohshärte 6, Spez. Gew. 5,2—8,1, Metallglanz, undurchsichtig. Farbe braunschwarz. Strich rötlichbraun bis braunschwarz, Bruch spröde, Spaltbarkeit vollkommen. — Vorkommen in Granitpegmatiten und auf Seifen. Kristalle (rhombisch) eingewachsen, dicktafelig, säulig, auch derbe Massen. — Fundorte: Nigeria, Kongo, Ostafrika, SW-Afrika, Brasilien, Norwegen, Schweden. Nr. 269 stammt von Hagendorf, Oberpfalz/Bayern. — Wichtiges Niob- und Tantal-Erz.

264

265

266

267

268

269

Erze der Buntmetalle: Alle Schwermetalle und deren Legierungen außer Eisen und Stahl werden als Buntmetall bezeichnet. Hauptvertreter sind Kupfer, Blei, Zinn und Zink.

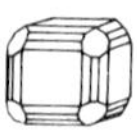

270 Kupfer gediegen, Cu, Mohshärte $2^1/_2$—3, Spez. Gew. 8,5—9,0, Metallglanz, undurchsichtig. Farbe kupferrot, braun anlaufend, grün umrindet. Strich kupferrot, Bruch hakig, sehr geschmeidig, Spaltbarkeit keine. — Vorkommen auf Oxidationszonen. Kristalle (kubisch) meist stark verzerrt, fein verästelte Aggregate, derb in Klumpen. — Fundorte: USA, Katanga, Spanien, UdSSR. Nr. 270 stammt von Santa Rita/Mexiko.

271 Kupferkies (Chalkopyrit), $CuFeS_2$ (Eisenkupfersulfid), Mohshärte $3^1/_2$ bis 4, Spez. Gew. 4,1—4,3, Metallglanz, undurchsichtig. Farbe messinggelb, bunt anlaufend. Strich grünschwarz, Bruch muschelig, uneben, spröde, Spaltbarkeit vollkommen. — Vorkommen auf Gängen, in Kupferschiefer. Kristalle (tetragonal) häufig als Zwillinge, derbe Massen, eingesprengte Körner. — Fundorte: Harz, Norwegen, Finnland, England, Spanien, UdSSR, Kanada, USA. Nr. 271 von Siegen/Westfalen. — Wichtiges Kupfer-Erz.

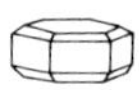

272 Kupferglanz (Chalkosin), Cu_2S (Kupfersulfid), Mohshärte $2^1/_2$—3, Spez. Gew. 5,5—5,8, Metallglanz, undurchsichtig. Farbe dunkelbleigrau. Strich dunkelgrau, Bruch muschelig, uneben, Spaltbarkeit unvollkommen. — Vorkommen in der Zementationszone, in Kupferschiefer. Kristalle (rhombisch) selten, meist derbe Aggregate, spätig, erdig. — Fundorte: Harz, Spanien, Jugoslawien, England, UdSSR, Katanga, SW-Afrika, USA. Nr. 272 von Butte, Montana/USA. — Wichtigstes Kupfer-Erz.

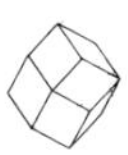

273 Buntkupferkies (Bornit), Cu_5FeS_4 (Eisenkupfersulfid), Mohshärte 3, Spez. Gew. 4,9—5,3, Metallglanz, undurchsichtig. Farbe bronzegelb bis kupferrot, blau anlaufend. Strich grauschwarz, Bruch muschelig, spröde, Spaltbarkeit unvollkommen. — Vorkommen magmatisch und sedimentär. Kristalle (kubisch) äußerst selten, meist derbe, körnige Massen und Überzüge. — Fundorte: Harz, Schweden, England, UdSSR, SW-Afrika, USA. — Nr. 273 stammt vom Siegerland/Westfalen. — Wichtiges Kupfer-Erz.

274 Covellin (Kupferindig), CuS (Kupfersulfid), Mohshärte $1^1/_2$—2, Spez. Gew. 4,6—4,8, Metall-, Fettglanz, undurchsichtig. Farbe blauschwarz. Strich blauschwarz, Bruch muschelig, Spaltbarkeit sehr vollkommen. — Vorkommen in Kupfer-Erzen. Kristalle (hexagonal) sehr selten, meist derbe, körnige Aggregate oder pulvrige Massen. — Fundorte: Harz, Jugoslawien, USA, Chile, Neuseeland. Nr. 274 von Jugoslawien. — Wichtiges Kupfer-Erz.

275 Cuprit (Rotkupfererz), Cu_2O (Kupferoxid), Mohshärte $3^1/_2$—4, Spez. Gew. 5,8—6,2, Diamant-, Metallglanz, undurchsichtig bis durchscheinend. Farbe braunrot, bleigrau. Strich braunrot, Bruch muschelig, uneben, spröde, Spaltbarkeit vollkommen. — Vorkommen als Oxidationsprodukt von Kupfer-Erzen. Kristalle (kubisch) oktaedrisch, dichte und derbe Aggregate. — Fundorte: Frankreich, Spanien, Chile, Peru, USA, SW-Afrika, UdSSR. Nr. 275 zeigt Cuprit auf Cerussit von Tsumeb/SW-Afrika. — Wichtiges Kupfer-Erz. — Kupferblüte ist eine Cuprit-Varietät von verfilzten nadeligen Aggregaten, Ziegelerz ein Gemenge von Cuprit und Limonit.

270

271

272

273

274

275

276 Cerussit (Weißbleierz), $PbCO_3$ (Bleicarbonat), Mohshärte 3—3½, Spez. Gew. 6,4—6,6, Fett-, Diamantglanz, durchsichtig bis durchscheinend. Farbe weiß, farblos, gelb, grau, braun, vereinzelt auch schwarz. Strich weiß, Bruch muschelig, uneben, sehr spröde, Spaltbarkeit vollkommen. — Vorkommen in der Oxidationszone sulfidischer Blei-Zink-Lagerstätten. Kristalle (rhombisch) tafelig, säulig, häufig Zwillinge, körnig bis dichte Aggregate, garbenförmig, nierig, nadelig. — Fundorte: Siegerland/Westfalen, CSSR, England, Rhodesien, SW-Afrika, Australien, UdSSR (Kasachstan, Altai), USA (Arizona, Colorado). Das abgebildete Aggregat stammt von Tsumeb/SW-Afrika. — Wichtiges Blei-Erz. — Bleierde ist eine erdige Varietät, Schwarzbleierz eine mit Bleiglanz vermengte feinstkristalline Abart.

277 Krokoit (Crocoit, Rotbleierz), $PbCrO_4$ (Bleichromat), Mohshärte 2½ bis 3, Spez. Gew. 5,9—6,1, Fett-, Diamantglanz, durchscheinend. Farbe leuchtend gelbrot (im Licht verblaßt die Farbe allmählich!). Strich orangegelb, Bruch muschelig, uneben, spröde, Spaltbarkeit vollkommen. — Vorkommen in der Oxidationszone bleihaltiger Lagerstätten. Kristalle (monoklin) prismatisch, säulig, nadelig, häufiger derbe Aggregate. — Fundorte: Ural/UdSSR, Tasmanien, Philippinen, Brasilien. Das abgebildete Krokoit-Aggregat stammt von Tasmanien. — Keine wirtschaftliche Bedeutung.

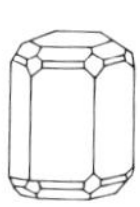

278 Pyromorphit, $Pb_5Cl[PO_4]_3$ (Bleiphosphat), Mohshärte 3½—4, Spez. Gew. 6,7—7,2, Fett-, Diamantglanz, durchscheinend. Farbe grün, blau, gelb, braun, weiß, farblos; je nach Farbe werden die Varietäten als Grün-, Braun- oder Buntbleierz bezeichnet. Strich weiß bis gelblich, Bruch muschelig, uneben, spröde, Spaltbarkeit keine. — Vorkommen auf Oxidationszonen sulfidischer Blei-Zink-Lagerstätten. Kristalle (hexagonal) säulig, dicktafelig, Aggregate traubig, nierig, als Krusten und Anflug, häufig Pseudomorphosen nach Cerussit (Nr. 276) und Bleiglanz (Nr. 279). Das abgebildete Grünbleierz stammt von Beresowsk/Ural. — Wichtiges Blei-Erz.

279/280 Bleiglanz (Galenit), PbS (Bleisulfid), Mohshärte 2½—3, Spez. Gew. 7,2—7,6, starker Metallglanz, matt anlaufend, undurchsichtig. Farbe bleigrau mit einem Stich ins Rötliche. Strich grauschwarz, Bruch spätig, spröde, Spaltbarkeit sehr vollkommen. — Vorkommen auf hydrothermalen Erzgängen zusammen mit Zinkblende und sedimentär als Lager oder als Imprägnation. Kristalle (kubisch) würfelig, oktaedrisch, gewöhnlich derbe Massen, spätig, grob- bis feinkörnig. — Fundorte: Harz, Siegerland, Bleiberg/Kärnten, CSSR, Jugoslawien, Schweden, Spanien, UdSSR (Sibirien), USA (Missouri, Colorado), Rhodesien, Australien. Abbildung Nr. 279 zeigt Bleiglanz mit Calcit von der Grube Sachtleben bei Siegen/Westfalen, der derbe Bleiglanz Nr. 280 stammt von der Grube Rosenberg bei Braubach / Rheinland. — Wichtigstes und häufigstes Blei-Erz. Auch Silber, das mit Bleiglanz verwachsen ist, wird auf Bleiglanzlagerstätten in größeren Mengen gewonnen. — Durch Gebirgsdruck dünnplattig ausgewalzte, striemige, schichtige Varietäten heißen Bleischweif, Gemenge mit Zinkblende Ringelerz.

Weitere Blei-Erze sind Anglesit ($PbSO_4$), Boulangerit (Nr. 295), Bournonit (Nr. 294) und Jamesonit ($Pb_4FeSb_6S_{14}$).

276

277

278

279

280

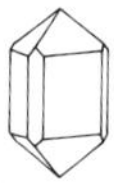

281 Kassiterit (Cassiterit, Zinnstein, Zinnerz), SnO_2 (Zinnoxid), Mohshärte 6—7, Spez. Gew. 6,8—7,1, Fett-, Diamant-, Metallglanz, durchscheinend bis undurchsichtig. Farbe schwarz, braun, gelblich. Strich weiß bis hellgelb, Bruch muschelig, Spaltbarkeit unvollkommen. — Vorkommen als Bergzinn in Pegmatiten, auf Gängen, als Imprägnation. Kristalle (tetragonal) kurzsäulig, häufig Zwillinge, derbe Aggregate, körnig bis dicht, sehr häufig abgerollte Körner (Seifenzinn). — Fundorte: Erzgebirge, England, Bolivien, Hinterindien, SW-Afrika. Nr. 281 stammt vom Erzgebirge. — Wichtiges Zinn-Erz.

282 Stannin (Stannit, Zinnkies) Cu_2FeSnS_4 (eisenhaltiges Kupfer-Zinn-Sulfid), Mohshärte 3—4, Spez. Gew. 4,3—4,5, Metallglanz, matt anlaufend, undurchsichtig. Farbe stahlgrau bis olivgrün. Strich schwarz, Bruch uneben, spröde, Spaltbarkeit unvollkommen. — Vorkommen auf Zinn-Erzlagerstätten. Kristalle (tetragonal) sehr selten, klein, derbe Aggregate, feinkörnig bis dicht. — Fundorte: Erzgebirge, England, UdSSR, Tasmanien, Bolivien. Nr. 282 zeigt Stannin in Zinnwaldit vom Erzgebirge. — Wegen geringer Verbreitung wirtschaftlich nur örtlich von Bedeutung.

283 Zinkblende (Sphalerit, Blende), ZnS (Zinksulfit), Mohshärte $3^1/_2$—4, Spez. Gew. 3,9—4,2, Fett-, Diamant-, Metallglanz, undurchsichtig bis durchsichtig. Farbe gelb, braun oder schwarz. Strich gelblich bis bräunlich, Bruch spätig, spröde, Spaltbarkeit vollkommen. — Vorkommen meist auf hydrothermaler Lagerstätte. Kristalle (kubisch) verzerrt. Zwillingsstreifung, fein- bis grobkörnige Aggregate, spätige Massen. — Fundorte: Meggen/Westfalen, Schweden, Spanien, UdSSR, USA. Nr. 283 ist eine eisenreiche Varietät von Trepca/Jugoslawien. — Wichtigstes Zink-Erz. —
Mit Wurtzit (hexagonale ZnS-Modifikation) verwachsene Zinkblende heißt Schalenblende.

284 Zinkit (Rotzinkerz), ZnO (Zinkoxid), Mohshärte $4^1/_2$—5, Spez. Gew. 5,4—5,7, Diamantglanz, durchscheinend. Farbe orangegelb, rot, braunrot. Strich orangegelb, Bruch muschelig, spröde, Spaltbarkeit vollkommen. — Vorkommen auf kontaktmetamorpher Lagerstätte. Kristalle (hexagonal) selten, körnige, spätige Aggregate, eingesprengte Körner. — Fundorte: USA, Tasmanien, Italien. Nr. 284 zeigt Zinkit mit Franklinit ($ZnFe_2O_4$) von New Jersey/USA. — Wegen geringer Verbreitung wirtschaftlich nur örtlich von Bedeutung.

285 Zinkspat (Smithsonit), $ZnCO_3$ (Zinkcarbonat), Mohshärte 5, Spez. Gew. 4,3—4,5, Glasglanz, durchscheinend bis undurchsichtig. Farbe grau, weiß, farblos, grün, braun. Strich weiß, Bruch muschelig, uneben, spröde, Spaltbarkeit vollkommen. — Vorkommen auf Klüften, Hohlräumen und als Krusten in Kalkgestein. Kristalle (trigonal) sehr selten und sehr klein, nierig, traubige Aggregate, zellig poröse Massen. — Fundorte: Kärnten/Österreich, Spanien, Algerien, SW-Afrika, USA, UdSSR. Nr. 285 von Tsumeb/SW-Afrika. — Wichtiges Zink-Erz.
Zinkspat bildet mit Hemimorphit (Kieselzinkerz) und Hydrozinkit (Zinkblüte) die sog. Galmei-Erze.

281

282

283

284

285

Erze der Nichteisen- und Nichtbuntmetalle: Enthalten die Metalle Antimon, Arsen, Kobalt, Quecksilber, das Reaktormetall Uran und die Leichtmetalle Aluminium, Beryllium und Magnesium.

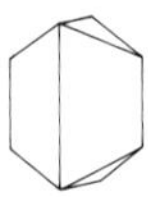

286 Arsenkies (Arsenopyrit, Mißpickel), FeAsS (Eisen-Arsen-Sulfid), Mohshärte $5\frac{1}{2}$—6, Spez. Gew. 5,9—6,2, Metallglanz, undurchsichtig. Farbe zinnweiß, gelb anlaufend. Strich schwarz, Bruch uneben, spröde, Spaltbarkeit vollkommen. — Kristalle (monoklin) säulig, nadelig, gestreift, derbe Massen körnig bis dicht. — Fundorte: Harz, Erzgebirge, Sachsen, Schweden, England. Nr. 286 stammt von Utah/USA. — Häufigstes Arsen-Erz.

287 Arsen gediegen, As, Mohshärte $3\frac{1}{2}$, Spez. Gew. 5,6—5,8, Metallglanz, matt, undurchsichtig. Farbe zinnweiß, schwarz. Strich schwarz, Bruch körnig, spröde, Spaltbarkeit vollkommen. — Vorkommen auf Silber- und Kobalt-Erzgängen. Kristalle (trigonal) sehr selten, meist krummschalige Aggregate (Scherbenkobalt genannt), auch glaskopfig, derb und eingesprengt. — Fundorte: Harz, Erzgebirge. Nr. 287 ist Scherbenkobalt von St. Andreasberg/Harz. — Ohne wirtschaftliche Bedeutung.

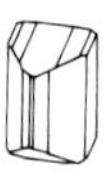

288 Auripigment (Rauschgelb, Orpiment), As_2S_3 (Arsensulfid), Mohshärte $1\frac{1}{2}$—2, Spez. Gew. 3,4—3,5, Perlmutter-, Fettglanz, durchscheinend. Farbe gelb bis orange. Strich gelb, Bruch muschelig, Spaltbarkeit sehr vollkommen. — Vorkommen auf hydrothermaler Lagerstätte. Kristalle (monoklin) selten, blättrige, körnige oder erdige Aggregate. — Fundorte: Schweiz, Griechenland, Türkei, Persien, USA. Nr. 288 zeigt Auripigment mit Realgar (Rauschrot, AsS) von Nevada/USA. — Wichtiges Arsen-Erz.

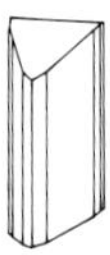

289 Löllingit (Arsenikalkies), $FeAs_2$ (Eisenarsenid), Mohshärte 5—$5\frac{1}{2}$, Spez. Gew. 7,4—7,5, Metallglanz, undurchsichtig. Farbe silberweiß, grau anlaufend. Strich grauschwarz, Bruch uneben, spröde, Spaltbarkeit vollkommen. — Vorkommen hydrothermal auf Gängen. Kristalle (rhombisch) prismatisch, nadelig, gewöhnlich derbe Aggregate. — Fundorte: Harz, Schlesien, Kärnten, England, Schweden, Kanada. Nr. 289 stammt von Reichenstein/Schlesien. — Als Arsen-Erz verwendet.

Mimetesit, ein Arsen-Erz, $Pb_5Cl[AsO_4]_3$, dem Pyromorphit (Nr. 278) in Aussehen und physikalischen Eigenschaften sehr ähnlich.

290 Wismut gediegen, Bi, Mohshärte 2—$2\frac{1}{2}$, Spez. Gew. 9,7—9,8, Metallglanz, undurchsichtig. Farbe silberweiß, rötliche Tönung, bunt anlaufend. Strich grau, Bruch feinkörnig, spröde, Spaltbarkeit vollkommen. — Vorkommen auf hydrothermalen Gängen. Kristalle (trigonal) sehr selten, Aggregate federartig verästelt, blättrig, derb. — Fundorte: Erzgebirge, England, Bolivien. Nr. 290 von Schneeberg/Sachsen. — Wichtiges Wismut-Erz.

291 Wismutglanz (Bismuthinit, Bismutin), Bi_2S_3 (Wismutsulfid), Mohshärte 2, Spez. Gew. 6,4—7,1, starker Metallglanz, undurchsichtig. Farbe weiß, bleigrau getönt, bunt anlaufend. Strich grau, Bruch muschelig, spröde, Spaltbarkeit sehr vollkommen. — Vorkommen auf hydrothermaler Lagerstätte. Kristalle (rhombisch) säulig, nadelig, Aggregate strahlig, stengelig, spätig. — Fundorte: Erzgebirge, Sachsen, Schweden, Bolivien. Nr. 291 stammt von Colorado/USA. — Wichtigstes Wismut-Erz.

286

287

288

289

290

291

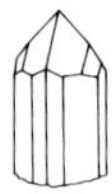

292 Antimonit (Antimonglanz, Stibnit, Grauspießglanz), Sb_2S_3 (Antimonsulfid), Mohshärte 2, Spez. Gew. 4,6—4,7, Metallglanz, undurchsichtig. Farbe bleigrau, bunt anlaufend. Strich bleigrau, Bruch muschelig, spröde, Spaltbarkeit sehr vollkommen. — Vorkommen hauptsächlich auf hydrothermalen Lagerstätten. Kristalle (rhombisch) langsäulig, spießig, Aggregate strahlig und dicht, selten körnig. — Fundorte: Harz, Jugoslawien, Algerien, Mexiko, Bolivien, China, Japan. Das abgebildete Aggregat stammt von Pribram/CSSR. — Wichtigstes Antimon-Erz.

Antimon-Ocker entsteht durch Verwitterung von Antimon-Mineralien.

293 Tetraedrit (Antimonfahlerz), $Cu_{12}Sb_4S_{13}$ (Kupfer-Antimon-Sulfid), Mohshärte $3^1/_2$—$4^1/_2$, Spez. Gew. 4,4—5,4, Metallglanz, undurchsichtig. Farbe stahlgrau bis eisenschwarz, durch Überzug von Kupferkies gelegentlich gelb. Strich grauschwarz, bräunlich, Bruch muschelig, uneben, spröde, Spaltbarkeit keine. — Vorkommen auf hydrothermaler Lagerstätte. Kristalle (kubisch) aufgewachsen, eingesprengt, Aggregate derb, körnig bis dicht. — Fundorte: Harz, Erzgebirge, Peru, Bolivien, USA, UdSSR. Nr. 293 stammt von Dillenburg/Hessen-Nassau. — Als Kupfer-Erz wirtschaftlich wertvoll. — Tetraedrit gehört mit Freibergit (Silberfahlerz) und Schwazit (Quecksilberfahlerz) zur Gruppe der Fahlerze.

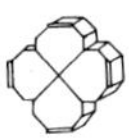

294 Bournonit, $CuPbSbS_3$ (Kupfer-Blei-Antimon-Sulfid), Mohshärte 3, Spez. Gew. 5,7—5,9, Metallglanz, undurchsichtig. Farbe stahlgrau bis eisenschwarz. Strich grau, Bruch muschelig, uneben, spröde, Spaltbarkeit unvollkommen. — Vorkommen auf hydrothermalen Gängen. Kristalle (rhombisch) dicktafelig. Aggregate gewöhnlich derb, körnig bis dicht. Von häufig auftretenden verzwillingten zahnradähnlichen Bildungen her wird B. auch als Rädelerz bezeichnet. — Fundorte: Harz, Kärnten/Österreich, England, Mexiko, Peru, Bolivien, USA, Kanada, UdSSR. Die abgebildete Stufe stammt von der Grube Georg, Horhausen/Westerwald. — Wichtiges Kupfer-Blei-Erz.

295 Boulangerit, $Pb_5Sb_4S_{11}$ (Blei-Antimon-Sulfid), Mohshärte $2^1/_2$—3, Spez. Gew. 5,8—6,2, Metallglanz, undurchsichtig. Farbe bleigrau bis eisenschwarz. Strich schwarz, bräunlich, grau, Bruch wellig, spröde, Spaltbarkeit vollkommen. — Vorkommen auf hydrothermalen Gängen. Kristalle (monoklin) sehr selten, gewöhnlich faserig, strahlige Aggregate, feinkörnig, dicht. — Fundorte: Harz, Schweden, Jugoslawien, UdSSR. Nr. 295 stammt von der Grube Goldberg/Westfalen. — Bei größerer Menge als Blei-Erz von Bedeutung.

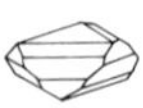

296 Zinnober (Cinnabarit), HgS (Quecksilbersulfid), Mohshärte 2—$2^1/_2$, Spez. Gew. 8,0—8,2, Diamantglanz und matt, nur in dünnen Schichten durchsichtig. Farbe rot bis bräunlich, grau. Strich rot, Bruch uneben, splittrig, spröde, Spaltbarkeit vollkommen. — Vorkommen auf hydrothermalen Lagerstätten. Kristalle (trigonal) dicktafelig, selten, gewöhnlich derbe Aggregate, körnig bis dicht. — Fundorte: Spanien, Italien, Jugoslawien, USA, Japan, China. Nr. 296 stammt von Almaden/Spanien. — Wichtigstes Quecksilber-Erz.

292

293

294

295

296

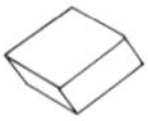

297/298 Magnesit (Bitterspat. Nicht zu verwechseln mit dem ebenfalls als Bitterspat bezeichneten Dolomit, S. 38), $MgCO_3$ (Magnesiumcarbonat), Mohshärte 4—4$^1/_2$, Spez. Gew. 2,9—3,1, Glasglanz, auch matt, durchsichtig bis durchscheinend. Farbe weiß, gelblich, bräunlich, grau. Strich weiß, Bruch muschelig, spröde, Spaltbarkeit vollkommen. — Vorkommen auf hydrothermaler Lagerstätte oder als Verwitterungsprodukt ultrabasischer Gesteine. Kristalle (trigonal) rhomboedrisch, säulig, Aggregate fein bis grobkörnig, stengelig, spätig (Spatmagnesit). — Fundorte: Kärnten und Steiermark/Österreich, CSSR, Griechenland, UdSSR, Korea, USA. Nr. 297 (grobkörnig) stammt von der Toskana/Italien, Nr. 298 (spätig) von Frankenstein/Schlesien. — Magnesit dient zur Herstellung feuerfester Ziegel.

299 Bauxit (Beauxit) ist ein Sedimentgestein, ein Gemenge von Brauneisen, Tonmineralien, Quarz und besonders Aluminium-Hydroxiden (wie Böhmit, Diaspor, Hydrargillit oder Gibbsit, Kliachit oder Alumogel). Formel $Al_2O_3 \cdot 2\,H_2O$ (wasserh. Alumo-Oxid), Mohshärte 2$^1/_2$—3, Spez. Gew. 2,4 bis 3,4, matt. Farbe weiß, rotbraun. Strich gelblich bis rotbraun. — Vorkommen als Verwitterungsbildung silicatischer Gesteine oder als Verwitterungsrückstand von Kalkgesteinen. Aggregate körnig bis dicht, erdig. — Fundorte: Les Baux/Frankreich, Italien, Griechenland, Jugoslawien, Ungarn, UdSSR, Jamaika, USA, Ghana. Nr. 299 stammt von Istrien/Jugoslawien. — Bauxit ist wichtigster Rohstoff für die Aluminiumgewinnung.

Beryll (Gemeiner Beryll) ist Leichtmetall-Erz für das sehr gesuchte Metall Beryllium. — Phys. Eigenschaften s. S. 60.

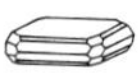

300 Torbernit (Kupferuranglimmer, Kupferuranit, Chalcolit), $Cu[UO_2]_2(PO_4)_2 \cdot 12\,H_2O$ (Kupferuranylphosphat), Mohshärte 2—2$^1/_2$, Spez. Gew. 3,3—3,6, Glas-, Perlmutterglanz. Farbe smaragdgrün. Strich grün, spröde, Spaltbarkeit sehr vollkommen, stark radioaktiv. — Vorkommen in Oxidationszonen uranhaltiger Lagerstätten. Kristalle (tetragonal) klein, tafelig, aufgewachsen, schuppige Aggregate, pulvrige Beschläge. — Fundorte: Erzgebirge, Wölsendorf/Bayern, Frankreich, Kongo, Südafrika, USA. Das abgebildete Aggregat stammt von Marienbad/CSSR. — Wichtiges Leitmineral für Uran-Erze. — Torbernit gehört mit Autunit (Kalkuranit, Kalkuranglimmer) und Carnonit (Nr. 266) zur Gruppe der Uran-Glimmer.

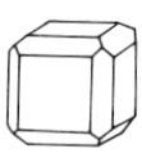

301 Pechblende (Uraninit, Uranpecherz), UO_2 (Uranoxid), Mohshärte 5—6, bei starker Zersetzung 3, Spez. Gew. kristallin 8—10, derb 6,5—8,5, Fett-, pechartiger Metallglanz, matt, undurchsichtig, Farbe pechschwarz, mit Stich ins Violette, bei oxidierten Stücken auch grünlich, gelb bis orange. Strich braunschwarz, dunkelgrün, Bruch uneben, spröde, Spaltbarkeit vollkommen, stark radioaktiv. — Vorkommen als Anreicherung in Pegmatiten und auf hydrothermalen Lagerstätten. Kristalle (kubisch) würfelig, eingewachsen, gewöhnlich derbe Aggregate. Die dichten Varietäten werden als Pechblende im engeren Sinne bezeichnet, pulvrige Massen und rußige Beschläge heißen Uranschwärze. — Fundorte: Erzgebirge, Frankreich, Katanga/Kongo, Südafrika, Ontario/Kanada, Colorado/USA, Mexiko, Australien. Nr. 301 stammt von Joachimsthal/CSSR. — Wichtigstes Erzmineral zur Gewinnung von Uran und Radium.

297

298

299

300

301

302 Schwefel gediegen, S, Mohshärte $1^{1}/_{2}$—2, Spez. Gew. 2,1, Fett-, Diamantglanz, durchsichtig bis durchscheinend. Farbe gelb, durch Verunreinigung grau, braun oder schwarz. Strich hellgelb, Bruch muschelig, uneben, spröde, Spaltbarkeit unvollkommen. — Vorgekommen als vulkanisches Sublimationsprodukt und auf sedimentärer Lagerstätte. Kristalle (rhombisch) pyramidal, aufgewachsen, Aggregate derb, grobkörnig bis dicht, faserig, erdig, pulvrig als Anflug. — Fundorte: Sizilien, Spanien, Polen, UdSSR, Japan, Texas, Louisiana/USA, Mexiko. Das abgebildete Aggregat stammt von Racalmuto/Sizilien. — Verwendung zur Herstellung von Schwefelsäure, zur Schädlingsbekämpfung, in der Gummiindustrie.

303 Markasit, FeS_2 (Eisensulfid), Mohshärte 6—$6^{1}/_{2}$, Spez. Gew. 4,8—4,9, Metallglanz, undurchsichtig. Farbe messinggelb. Strich grün-grau, Bruch uneben, spröde, Spaltbarkeit unvollkommen. — Vorkommen auf hydrothermalen Gängen, als Konkretion in Sedimenten. Kristalle (rhombisch) tafelig, säulig, häufig Zwillinge; gelegentlich Verwachsungsformen hahnenkammähnlich (Kammkies) und lanzenförmig (Speerkies). Aggregate radialstrahlig, nierenförmig, als Anflug. Derbe Aggregate sind äußerlich von Pyrit (Nr. 306) nicht zu unterscheiden. — Fundorte: Harz, Sachsen, CSSR, UdSSR, Bolivien. Nr. 303 Kammkies auf Bleiglanz, Missouri/USA. — Verwendung für Schwefelsäure-Herstellung. — Die im Handel angebotenen „Markasitknollen" (wie Nr. 305) sind überwiegend Pyritaggregate.

304 Magnetkies (Pyrrhotin, Magnetopyrit), FeS (Eisensulfid), Mohshärte 4, Spez. Gew. 4,6—4,7, Metallglanz, matt anlaufend, undurchsichtig. Farbe bronzegelb. Strich grauschwarz, Bruch muschelig, uneben, spröde, Spaltbarkeit vollkommen, magnetisch. — Vorkommen mit basischen Vulkaniten, seltener pegmatitisch und hydrothermal. Kristalle (hexagonal) selten, tafelig, säulig, rosettenartig gruppiert, meist derbe Aggregate, grobkörnig bis feinkörnig-dicht, blättrig. — Fundorte: Siegerland/Westfalen, Finnland, Norwegen, Jugoslawien, Südafrika, Kanada, UdSSR. Nr. 304 stammt von Waldsassen/Bayern. — Verwendung für Schwefelsäureproduktion.

305 Markasit-Knolle ist eine Handelsbezeichnung für radialstrahlige Konkretionen. Die meisten sind Pseudomorphosen von Pyrit (Nr. 306) nach Markasit (Nr. 303). — Nr. 305 stammt von Rio Tinto/Spanien.

306 Pyrit (Schwefelkies, Eisenkies, Kies), FeS_2 (Eisensulfid), Mohshärte 6—$6^{1}/_{2}$, Spez. Gew. 5,0—5,2, Metallglanz, undurchsichtig. Farbe messinggelb (im Volksmund wie Biotit Katzengold genannt). Strich grünlichschwarz, Bruch muschelig, uneben, spröde, Spaltbarkeit unvollkommen. — Vorkommen in magmatischen Gesteinen, auf Gängen, als Konkretion in Sedimenten. Kristalle (kubisch) häufig, würfelig, pentagondodekaedrisch, Flächenstreifung parallel zu den Kanten (S. 14, 32), Aggregate radialstrahlig, derb, körnig bis dicht, nierig, knollig. Häufig Versteinerungsmittel. — Fundorte: Harz, Meggen/Westfalen, Kärten/Österreich, Norwegen, Schweden, Insel Elba, Spanien, Ural/UdSSR, Südafrika, Kanada, Colorado/USA. — Wichtigstes Schwefel-Erz, dient der Schwefelsäure-Herstellung. — Die im Handel angebotenen „Markasitknollen" (wie Nr. 305) sind überwiegend Pseudomorphosen von Pyrit nach Markasit.

302

303

304

305

306

Versteinerungen

Versteinerungen (früher Petrefakten, heute allgemein Fossilien genannt) sind Überreste von Organismen, die in Gesteinen eingebettet sind und mehr oder weniger deutlich die einstige organische Gestalt erkennen lassen.

Da die Weichteile der Lebewesen sehr schnell verwesen, Hartteile sich dagegen länger erhalten, sind Versteinerungen von Organismen ohne Hartteile selten. Doch auch die Hartteile ergeben nur dann Fossilien, wenn sie in ein sich gerade bildendes Sedimentgestein eingebettet werden. Frei an der Oberfläche zerfallen selbst Schalen, Panzer und Skelette.

Besonders im Meer entstehen durch Einschwemmung, Ausfällung und andere Arten der Sedimentation fortwährend neue Gesteine. Dementsprechend sind die meisten Versteinerungen auch Meeresorganismen.

Der Vorgang der Fossilwerdung (Fossilisation) ist sehr verschieden. Gelegentlich werden Organismen in Gesteine (z. B. Kalksteine, Tongesteine) eingebettet und in unverändertem Zustand erhalten. Häufiger ist eine Umkristallisierung. Viele Fossilien haben sich nur dadurch erhalten, daß sie grobkörniger als der sie umgebende, verfestigte feine Kalkschlamm sind.

Eine weitere Art der Fossilisation erfolgt durch Stoffaustausch. Dabei werden die von dem neugewordenen Gestein umschlossenen Organismen zunächst durch Sicker- und Zirkulationswasser gelöst und dann durch andere Stoffe ersetzt. Derart entsteht ein Steinkern mit dem gleichen äußeren Erscheinungsbild wie das Original. Je feinkörniger die beteiligten Gesteinsbreie und Schlammablagerungen sind, desto naturgetreuer sind die Neubildungen. Versteinerungsmittel sind vornehmlich Kalke, Dolomite, Kiesel und Pyrit. — Auch das sog. versteinerte Holz (S. 50, Nr. 66) ist durch Austausch von Holzsubstanz mit Kieselsäure entstanden. Durch gebirgsbildende Vorgänge, Überlagerungen oder Schrumpfungen der Gesteine werden die Fossilien in Mitleidenschaft gezogen, deformiert, zerbrochen oder gar zerstückelt. Deshalb ist die Bestimmung von Fossilien oft sehr schwierig.

Die Verbreitung der Fossilien in den Sedimenten (und nur in Sedimentgesteinen gibt es Versteinerungen!) ist sehr ungleichartig. Das hängt mit einer verschiedenen Lebensentwicklung wie aber auch mit einer nachträglich besorgten unterschiedlichen Verteilung der Tierleichen durch Wellen, Meeres- und Gezeitenströmungen zusammen.

Jene zu Stein gewordenen Tiere und Pflanzen, die nur in ganz bestimmten geologischen Epochen gelebt haben und somit geradezu ein Indiz für diese Epoche mit ihren Schichtgesteinen sind, bezeichnen wir als Leitfossilien. Sie sind bedeutungsvolles Hilfsmittel, um die Schichtfolgen im Laufe der Erdgeschichte zu erkennen und zu ordnen.

Die Wissenschaft, die sich mit dem Tier- und Pflanzenleben der Vorzeit befaßt, heißt Paläontologie.

Erstes Erscheinen von Pflanzen und Tieren

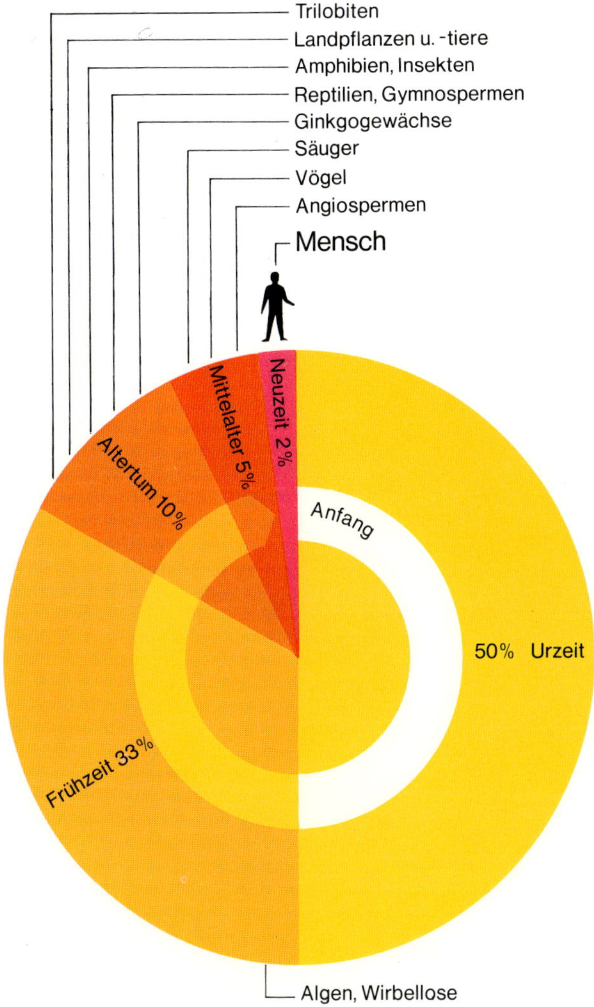

Geologische Uhr

Umfaßt die gesamte Erdgeschichte in einem Zifferblatt.
Die Prozentzahlen zeigen den Anteil an der Erdgeschichte.

Gliederung der Erdgeschichte

Zeitalter	*vor Mio. Jahren*	*Formation*	*Abteilung*
Erdneuzeit (Känozoikum oder Neozoikum)		Quartär	Holozän (Alluvium) Pleistozän (Diluvium)
	1	Tertiär	Pliozän, Miozän } Jungtertiär Oligozän, Eozän, Paleozän } Alttertiär
Erdmittelalter (Mesozoikum)	70	Kreide	Oberkreide Unterkreide
	135	Jura	Malm (Weißer Jura) Dogger (Brauner Jura) Lias (Schwarzer Jura)
	180	Trias	Keuper Muschelkalk Buntsandstein
Erdaltertum (Paläozoikum)	225	Perm (Dyas)	Zechstein Rotliegendes
	275	Karbon	Oberkarbon Unterkarbon
	345	Devon	Oberdevon Mitteldevon Unterdevon
	400	Silur	Obersilur Mittelsilur Untersilur
	440	Ordovizium	Oberordovizium Mittelordovizium Unterordovizium
	500	Kambrium	Oberkambrium Mittelkambrium Unterkambrium
Präkambrium: Erdfrühzeit (Algonkium)	580	Jungalgonkium	
	1000	Altalgonkium	
Präkambrium: Erdurzeit (Archaikum)	1800		
	3600		

Entwicklung des Lebens im Laufe der Erdgeschichte
Entwicklung zur heutigen Tier- und Pflanzenwelt. Höhlenbär, Elch, Riesenhirsch, Wisent, Wildpferd, Nashorn, Mammut. Erste Menschen.
Riesenforaminiferen, Muscheln, Schnecken, Riesenschildkröten, Beuteltiere, Nagetiere, Pferde, Antilopen, Flußpferde, Elefanten, Insekten, Fische, Vögel. Erstes Auftreten von Primaten (Affenarten).
Foraminiferen, Muscheln, Korallen, Belemniten, Ammoniten, Riesensaurier, Knochenfische, Gymnospermen. Erstes Auftreten von Angiospermen.
Foraminiferen, Ammoniten, Belemniten, Muscheln, Schnecken, Beuteltiere, Land-, Meer-, Flugsaurier in Riesenformen, Fische. Auftreten des Urvogels Archäopteryx. Koniferen.
Ammoniten, Muscheln, Brachiopoden, Korallen, Seelilien, Belemniten, Saurier, Fische. Erstes Auftreten der Säuger. Koniferen, Baumfarne, Schachtelhalme.
Brachiopoden, Muscheln, Ammoniten, Tetrakorallen, Trilobiten, Saurier, Schuppenfische. Koniferen, erstmals Ginkgogewächse.
Korallen, Muscheln, Knochen- und Knorpelfische, erstmals Reptilien. Baumfarne, Schachtelhalme, Siegelbäume, erstmals Gymnospermen.
Muscheln, Ammoniten, Brachiopoden, Korallen, Seelilien, Trilobiten, Knorpel- und Knochenfische. Erste Amphibien und Insekten. Gefäßkryptogamen. Erste Farne, erste Landtiere.
Graptolithen, Korallen, Brachiopoden, Trilobiten. Erste Landpflanzen.
Graptolithen, Brachiopoden, Trilobiten. Erste Wirbeltiere (Panzerfische). Algen.
Trilobiten, Brachiopoden, Algen. Leben nur im Meer!
Älteste wirbellose, schalenlose Weichtiere, erste Pflanzen (Algen). Beginn des organischen Lebens. Leben nur im Meer!
Sehr fraglich, ob erste Lebensspuren vorhanden.

Versteinerungen der Vor-Trias-Zeit

Die Epoche der Vor-Trias umfaßt das Erdaltertum (Paläozoikum, S. 188).

a) Trilobit (Dreilapper), Außenskelett mit charakteristischer Segmentgliederung, Dreiteilung längs und quer in Kopfschild, Rumpfteil und einheitlichem Schwanzschild sowie durch zwei Längsfurchen in einen Mittelteil und zwei Seitenteile. Der dicke Rückenpanzer besteht aus Chitin. — Ellipsocephalus hoffi (v. SCHLOTH.), Mittelkambrium, Böhmen. — Wichtiges Leitfossil für das Kambrium.

b) Brachiopode (Armkiemer, früher auch Armfüßer genannt, weil man die Kiemen für Arme hielt), Rückenschale kleiner als Bauchschale, kreisrunde Schalen aus Chitin und Horn, primitive Form ohne Verzahnungen der Schalen, rund bis oval quergestreift. — Obolus apollinis (EICHW.), Untersilur, Estland. — Brachiopoden haben mit Muscheln nichts zu tun; Brachiopoden haben Rücken- und Bauchschale, Muscheln dagegen rechte und linke Schale!

c) Brachiopode (Armkiemer) mit verzahnten Schalen (Schloßrand), kräftig gewölbt, starke Radialrippung. — Platystrophia ponderosa (FOERSTE.), Untersilur, Ohio/USA.

d) Cephalopode (Kopffüßer), langgestreckte Schale durch gleichabständige Kammerwände geteilt, Formen lang, schlank und groß. — Endoceras fulgur (BILLINGS), Untersilur, Ohio/USA.

e) Brachiopode (Armkiemer), Schalenrand (Schloßrand) gebogen, mäßig gewölbt, rundlicher Umriß, Radialrippen. — Atrypa reticularis (LIN.), Mitteldevon, Eifel/Rheinland.

f) Crinoide (Seelilie), großer Kelch, je fünf gleich große Plattenkränze, Stielansatz viereckig kantengerundet. — Cupressocrinus crassus (GOLDF.), Mitteldevon, Eifel/Rheinland. — Festgewachsene Seelilien zeigen im Devon eine besonders reiche Entwicklung.

g) Brachiopode (Armkiemer), Flanken und Mittelteil sind zahlreich und dünn gerippt. — Cyrtospirifer verneuili (MURCH.), Oberdevon, Namur/Belgien.

h) Ammonit (aus der Gruppe der Cephalopoden, Kopffüßer), Schale planspiral eingerollt. Die Lobenlinie (d. i. die Nahtstelle von Außenschale und Kammerwänden) ist sehr einfach, ohne Verästelung. Sie wird meist nur durch Ablösung der Außenschale oder am Steinkern sichtbar. — Clymenia laevigata (v. MÜNST.), Oberdevon, Frankenwald/Bayern. — Wichtiges Leitfossil für das Oberdevon.

i) Stachelhäuter, Pentremites godoni (DEFR.), Unterkarbon, Kentucky/USA.

k) Siegelbaum, Stammrinde mit Blattnarben. — Sigillaria (Favularia) elegans (BRGT.), Oberkarbon, Unna/Westfalen.

l) Brachiopode (Armkiemer), ohne Radialskulptur, Wirbel kräftig gewölbt, konzentrisch gestreift. — Horridonia horrida (SOW.), Oberperm, Gera/Thüringen. — Leitfossil des Zechstein.

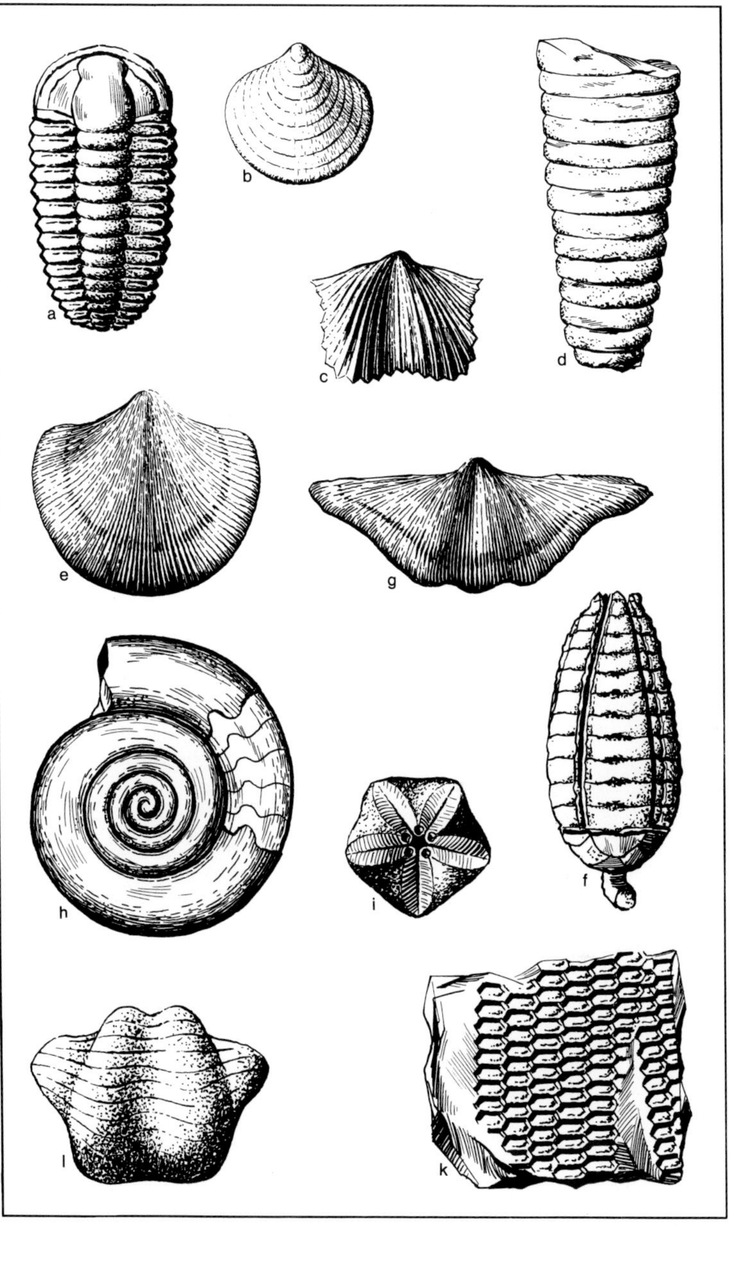
a
b
c
d
e
g
h
i
f
l
k

Versteinerungen der Trias-Zeit

Mit dem Perm ging das Erdaltertum (Paläozoikum) zu Ende, und viele alte Tiergeschlechter starben aus. Die Trias leitet das Erdmittelalter (Mesozoikum) ein. Korallen, Seeigel, Muscheln, Knochenfische und besonders die Ammoniten (die Ammonshörner, wie der Volksmund sagt) beherrschen jetzt das tierische Leben. Im deutschen Binnenmeer (Germanische Trias) ist der Formenreichtum zwar zurücktretend, im südeuropäischen Weltmeer (Tethysmeer der Alpinen Trias) dagegen entwickelt sich eine ungeheure Formenfülle.

a) Muschel, aus der Gattung Myophoria, ist in der Alpinen Trias wie auch im Muschelkalk häufig und artenreich. Mehrere hervortretende Rippen sind charakteristisch. — Myophoria vulgaris (v. SCHLOTH.), Untertrias (Unterbuntsandstein), Helmstedt/Baden.

b) Brachiopode (Armkiemer, S. 190), rund bis oval, glatt, oft zwei flache Falten am Schalenrand. — Terebratula (Dielasma) ecki (FRANTZEN), Mitteltrias (Untermuschelkalk), Veitsdorf, Bez. Hildburghausen/Thüringen. — Rücken- und Seitenansicht.

c) Muschel mit flachen Radialstreifen. — Lima lineata (v. SCHLOTH.), Mitteltrias (Muschelkalk), Rittershausen/Franken.

d) Muschel, klein, mäßig gewölbt, dreieckig bis oval. — Myophoriopsis gregaria (v. MÜNST.), Mitteltrias (Obermuschelkalk), Leimen bei Heidelberg/Baden.

e) Muschel, stark ungleichlappig, schief verlängert. Besonders häufig im Muschelkalk. — Hoernesia socialis (v. SCHLOTH.), Mitteltrias (Obermuschelkalk), Hoheneck bei Ludwigsburg/Württemberg.

f) Ammonit (Gruppe der Cephalopoden, Kopffüßer), groß, dick, außen abgeflacht, Wulstrippen und Außenknoten, Lobenlinie (S. 190), fein gezähnt. — Ceratites nodosus (BRUG.), Mitteltrias (Obermuschelkalk), Cannstatt/Württemberg. — Die Gattung Ceratites hat im Muschelkalk der Germanischen Trias eine große Bedeutung und formenreiche Entwicklung. Im oberen Muschelkalk ist sie gesteinsbildend (Ceratitenschichten).

g) Crinoide (Seelilie), selten sind die Kelche, die die wichtigsten Weichteile umschließen, fossil erhalten; runde Stielglieder. — Encrinus liliiformis (LAM.), Mitteltrias (Obermuschelkalk), Erkerode/Braunschweig. — Treten im Muschelkalk gesteinsbildend auf und bauen mit ihren Stielgliedern (Trochiten) mächtige Bänke des Trochitenkalkes auf. — Seelilien sind meist auf das Paläozoikum beschränkt, nur in der Trias spielen sie noch eine wesentliche Rolle.

h) Muschel, stark gewölbt, radialberippt. — Avicula contorta (PORTLAND), Obertrias (Oberkeuper), Nürtingen/Württemberg. — Hauptleitfossil des obersten Keuper (Rhät) sowie bei der Alpinen Trias der Kössener Schichten.

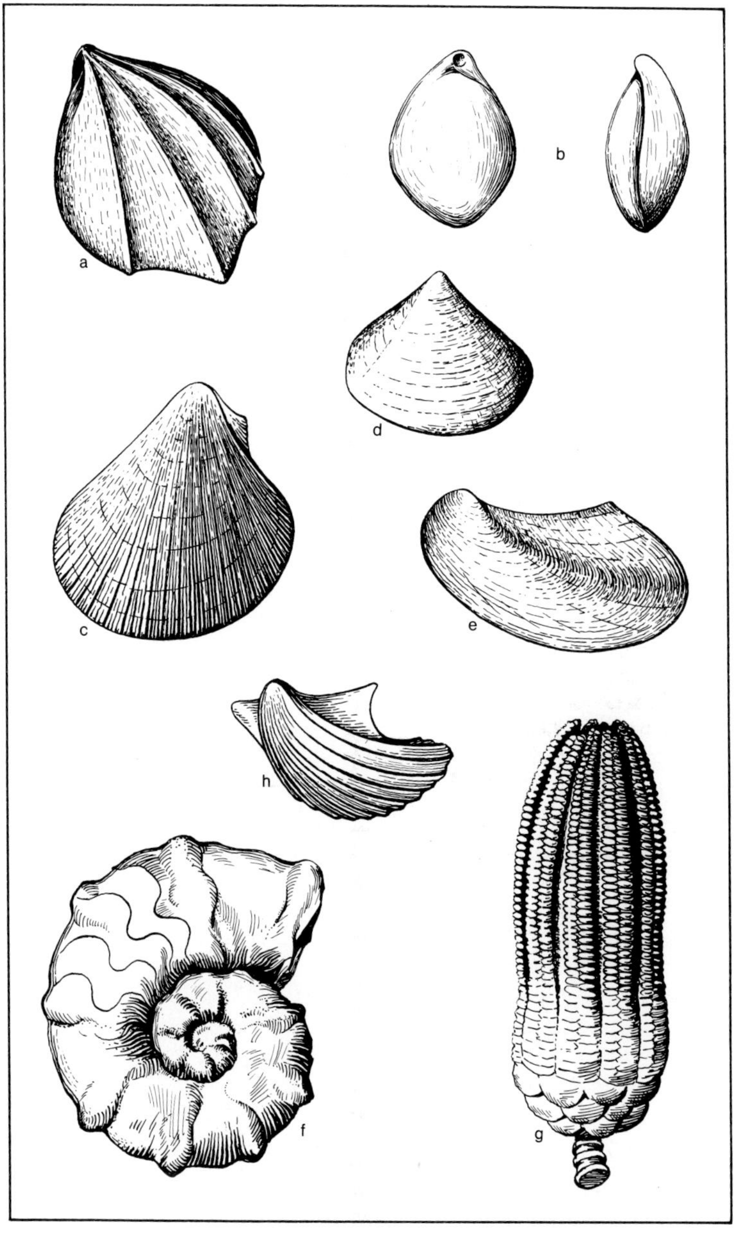
a
b
d
c
e
h
f
g

Versteinerungen der Jura-Zeit

Das mittlere Mesozoikum, die Jura-Zeit, ist sehr reich an Versteinerungen. Besonders Ammoniten, Belemniten und Muscheln treten in großer Zahl auf.

a) Auster, eine Gattung der Muscheln, mit dicken runzligen Schalen und stark gewölbter Unterschale, oft mit einer Schale am Meeresboden festgewachsen. — Gryphaea arcuata (LAM.), Unterjura (Unterlias), Schwäbisch Gmünd/Württemberg.

b) Ammonit (Cephalopode, Kopffüßer), engnablig und scheibenförmig, Flankenrippen sichelförmig geschwungen, am Schalenaußenrand perlschnurartiger Wulst (Kiel). — Amaltheus margaritatus (MONTF.), Unterjura (Mittellias), Sondelfingen/Württemberg.

c) Belemnit, im Volksmund Donnerkeil genannt, in Jura und Kreide sehr stark vertreten. Das kegelförmige, zugespitzte kalkige sog. Rostrum ist der hintere Hartteil eines Tintenfisches. — Nannobelus acutus (MILL.), Unterjura (Mittellias), Heiningen/Württemberg. — Infolge großer Ansammlungen sind Belemniten teilweise gesteinsbildend. — Die Rostren sind im allgemeinen wenig unterschiedlich, so daß die Bestimmung genauer Arten meist schwierig ist.

d) Poseidonsmuschel, kleine, helle, dünne Schale mit konzentrischen Rippen. — Posidonia bronni (VOLTZ), Unterjura (Oberlias), Boll/Württemberg. — Poseidonsmuscheln sind in den weltberühmten Posidonienschiefern von Schwaben mit ihren vielen Saurierfunden gesteinsbildend, oft ganze Schichtflächen bedeckend.

e) Muschel, dünnschalig, hinten klaffend. — Gresslya abducta (PHILL.), Mitteljura (Mitteldogger), Goslar/Harz.

f) Ammonit (Cephalopode, Kopffüßer), engnablig, dick, zahlreiche dichtstehende, stets gespaltene Rippen. — Macrocephalites macrocephalus (v. SCHLOTH.), Mitteljura (Oberdogger), Ützing/Franken.

g) Brachiopode (Armkiemer), rund bis oval, glatt oder einfache Anwachsstreifen. — Aulacothyris impressa (BRONN), Oberjura (Untermalm), Reichenbach/Württemberg.

h) Ammonit (Cephalopode, Kopffüßer), weitnablig, scheibenförmig, Rippen außen vorgeschwungen, teilen sich auf der äußeren Hälfte der Flanke. — Perisphinctes plicatilis (SOW.), Oberjura (Untermalm).

i) Brachiopode (Armkiemer), dreieckig gerundet, Schloßrand gebogen, kräftige Radialfalten. — Lacunosella lacunosa (QUENST.), Oberjura (Mittelmalm), Aalen/Württemberg.

k) Ammonit (Cephalopode, Kopffüßer), weitnablig, scheibenförmig. Rippen ab Flankenmitte nach außen zu gespalten, außerdem zwischengelagerte Schaltrippen auf Außenflanken. Rippen laufen über die Außenkante hinüber. — Ataxioceras lothari (OPPEL), Oberjura (Mittelmalm), Geislinger Steige/Württemberg.

a
b
d
c
e
i
g
f
h
k

Versteinerungen der Kreide-Zeit

Schwämme, Seeigel, Belemniten, Muscheln und stark verformte Ammoniten sind typische Vertreter aus der Welt der Kreidefossilien.

Die Saurier, die in der Kreidezeit den Höhepunkt ihrer Entwicklung erleben, werden den meisten Sammlern immer nur ein Wunschziel für ihre Sammlung bleiben. Landsaurier erreichen eine Körperlänge bis zu 15 m, sumpfbewohnende Saurier sogar bis zu 30 m. Die behaarten Flugsaurier haben Spannweiten bis zu 7 m.

Am Ende der Kreidezeit gibt es eine echte Zäsur in der Entwicklung des Lebens. Die Ammoniten, die Belemniten und die Saurier sterben aus. Es erscheinen neue Lebensformen, die bis in unsere Tage reichen.

a) Muschel, queroval bis dreieckig, konzentrisch gestreift. — Cyrena kochi (DUNKER), Unterkreide, Gronau/Westfalen.

b) Belemnit (Donnerkeil), schwache Längsfurche, die nicht bis zur Spitze des Rostrums (s. S. 194 c) reicht. — Neohibolites semicanaliculatus (BLAINV.), Unterkreide, Apt, -Vaucluse/Frankreich.

c) Belemnit (Donnerkeil), flache Längsfurche im Rostrum (s. S. 194 c) und aufgesetzte kleine Spitze. — Actinocamax verus (WILS.), Oberkreide, Braunschweig/Niedersachsen.

d) Ammonit (Cephalopode, Kopffüßer), ebene Spirale, mäßig engnablig, geschwungene Flankenrippen, Längsfurche am Schalenaußenrand. — Neocomites neocomiensis (d'ORB.), Unterkreide, Col de Prêmol, Drôme/Frankreich.

e) Ammonit (Cephalopode, Kopffüßer), glatt oder nur Anwachsstreifen, engnablig, dick scheibenförmig, außen gerundet. — Ptychophylloceras semisulcatum (d'ORB.), Unterkreide, Mtgne. de Chabre, Hautes Alpes/Frankreich.

f) Muschel, stark gewölbt, breit, kräftig gerunzelt. — Inoceramus lamarcki (PARK.), Oberkreide, Haldem, Münsterland/Westfalen. — Die Muscheln Inoceramus sind besonders in der Oberkreide groß und formenreich entwickelt; wichtig als Leitfossilien.

g) Seeigel (Echinoide) sind ungestielte, frei lebende Stachelhäuter mit fünfstrahliger Radialsymmetrie, von kugeliger, scheiben- oder herzförmiger Gestalt. Die Schale besteht aus zahlreichen Täfelchen, die bewegliche Stacheln tragen, die bei den fossilen Formen jedoch meist abgefallen und daher isoliert zu finden sind. Zehn Radialleisten auf der Schaleninnenseite erscheinen am Steinkern als Furchen. — Conulus albogalerus (LESKE), Oberkreide, Ahaus, Münsterland/Westfalen.

h) Ammonit (Cephalopode, Kopffüßer), geschlossene, ebene Spirale, weitnablig, Windungsquerschnitt hexagonal, Flankenrippen, mit Knotenreihen besetzt, gehen über den Rand und die Außenseite weiter. — Acanthoceras rhotomangense (DEFR.), Oberkreide, Chand, Somersetshire/England.

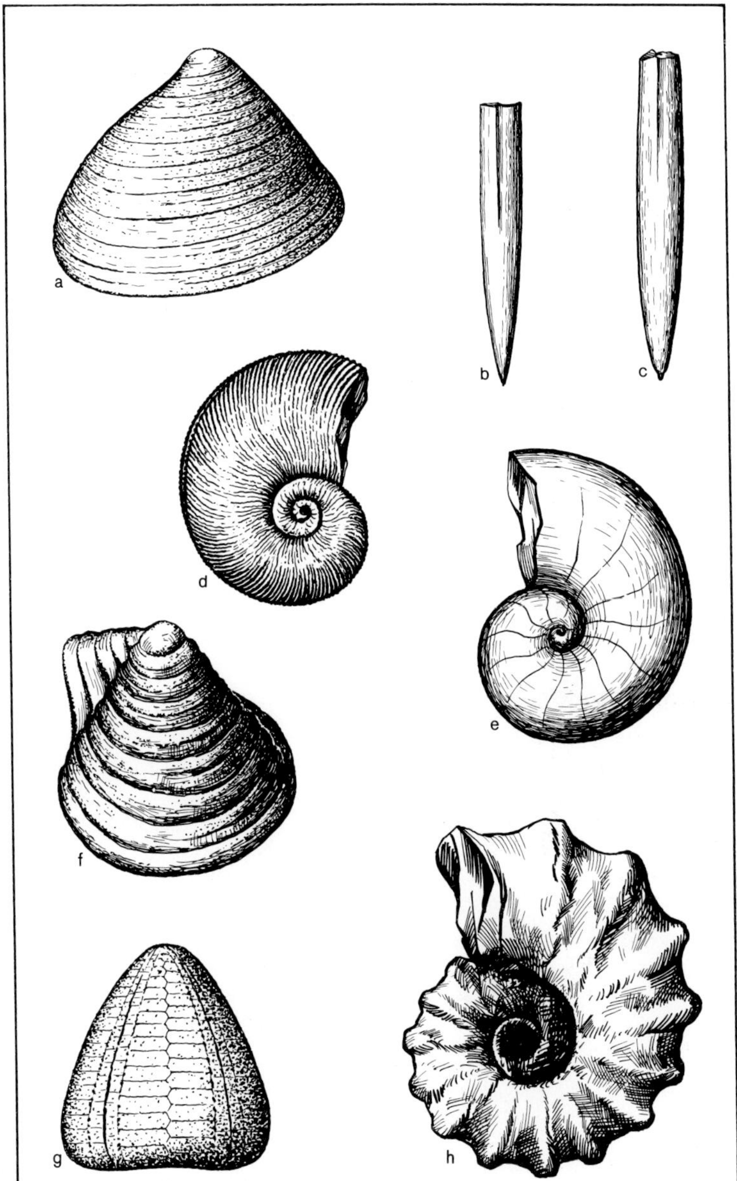

a
b
c
d
e
f
g
h

Versteinerungen der Tertiär-Zeit

Das Tertiär leitet allmählich zur heutigen Pflanzen- und Tierwelt über. Unter den Weichtieren (Mollusken) gewinnen die Schnecken die Oberhand.

a) Schnecke, Schale hochkegelförmig, spiralgerollt, Umgänge flach, Spiralen höckerbesetzt, Mündung viereckig gerundet. — Potamides tricarinatus (LAM.), Alttertiär (Mitteleozän), Grignon, Seine-et-Oise/Frankreich.

b) Schnecke, Kelchform mit scharfkantigen Zacken und Spitzen, kleine, flache Windungen laufen in einer steilen Spitze aus. — Athleta spinosa (LAM.), Alttertiär (Mitteleozän), Damery, Marne/Frankreich.

c) Schnecke, Schale hochkegelförmig, spiralgerollt, Umgänge kantig, Endwindung hoch, Mündung in kurzem, geradem Kanal. — Pleurotoma (Turricula) selysii (DE KON.), Alttertiär (Mitteloligozän), Antwerpen/Belgien.

d) Schnecke, Gewinde klein, nur wenig erhoben, dickschalig, eikegelförmig, Entwindung groß, gebläht. — Ampullina lignitarum (DESH.), Alttertiär (Oberpaleozän), Puzay, Indre-et-Loire/Frankreich.

e) Schnecke, feste Schale spiralgerollt, kugelig, mittelgroß, Gewinde klein und niedrig, Endwindung groß, gebläht, Mündung halbkreisförmig. — Natica (Neverita) josephina (RISSO), Jungtertiär (Mittelmiozän), Touraine/Frankreich.

f) Schnecke, Schale hochspiralig, flügelartige Erweiterung bei Mündung, mehrere stielartige Fortsetzungen. — Aporrhais pespelicani (PHILL.), Jungtertiär (Mittelpliozän), Modena/Italien.

g) Muschel, stark gewölbt, Wirbel spiralig eingerollt. — Isocardia substransversa (d'ORB), Alttertiär (Oberoligozän), Gerresheim/Rheinland.

h) Schnecke, dünnschalig, klein, oval, konzentrisch gestreift. — Corbula ficus (DESH.), Alttertiär (Obereozän), Barton, Hampshire/England.

i) Schnecke, dicke Schale spiralig gerollt, Gewinde erhoben, Umgänge mäßig gewölbt, spiral skulptiert. — Endwindung nicht vergrößert. — Monodonta araonis (BAST.), Jungtertiär (Mittelmiozän), Touraine/Frankreich.

k) Muschel, kräftige Radialrippen mit feiner Querstreifung. — Venericardia imbricata (GMEL.), Alttertiär (Mitteleozän), Damery, Marne/Frankreich.

l) Muschel, rund bis dreieckig, dickschalig, konzentrisch gefurcht. — Astarte (Isocrassina) omalii (LAJ.), Jungtertiär (Oberpliozän), Antwerpen/Belgien. — Astarte-Muscheln reichen vom Jura bis in die Gegenwart.

a
b
c
d
e
f
g
h
i
k
l

Hinweise für Sammler

Damit eine Sammlung von Mineralien, Edelsteinen, Gesteinen, Erzen und Versteinerungen sinnvoll ist und wertbeständig bleibt, sind gewisse Kenntnisse über das Sammeln und das Aufbewahren von Sammelstücken notwendig.

Das Sammeln von Steinen und Versteinerungen

Wer seine Sammelstücke nicht im Kaufladen, sondern in der Natur sucht, benötigt dazu bestimmte Werkzeuge. Nur ausnahmsweise liegen Edelsteine oder gute Gesteinsteile so herum, daß man sie nur aufzuheben braucht. Die Zeit der Gold- und Diamantenwäscher ist längst vorbei! Meist muß man recht mühselig seine Sammelstücke aus einem größeren Gesteinsverband lösen.

Dazu ist ein Geologenhammer unentbehrlich. Sein Vorzug liegt in der großen Zähigkeit. Er darf nicht zu hart und auch nicht zu weich sein. Eine Seite des Hammers trägt, je nach Bedürfnis, eine quer oder längs zum Griff gestellte Schneide, gelegentlich auch eine scharfe Spitze. Der Stiel ist entsprechend dem Gewicht des Hammers etwa 30 bis 40 cm lang und vornehmlich aus Hickoryholz gefertigt. Besonders bewährt haben sich Ganzstahlhämmer mit elastischem, widerstandsfähigem Nylongriff. In einer Schutzhülle aus Rindleder können sie bequem am Gürtel getragen werden. Für den Gebrauch im Felde sind Hämmer von 600 bis 800 g, beim Herrichten von handlichen Gesteinsproben (Handstücken) Hämmer von etwa 200 g Gewicht zweckmäßig.

Flachmeißel erleichtern das Losbrechen aus dem Gesteinsverband. Präpariermeißel ermöglichen, Kristalle und Versteinerungen freizulegen, spitz- und lanzettgeformte Präpariernadeln dienen der Feinausarbeitung von Versteinerungen.

Im Gelände sollte man sich begnügen, Fundstücke nur grob zurechtzuschlagen; die formgebende Präparation erfordert oft Geduld und Fingerspitzengefühl. Für Privatsammler ist ein Format von 5×7 cm zu empfehlen, für Anschauungszwecke (Schulunterricht) ist das Format 9×12 cm besser geeignet.

Die genaue Herkunft eines jeden Sammelstückes unbedingt an Ort und Stelle vermerken. Dies kann durch eine Nummer, die auf ein Feldbuch mit ausführlichen Bemerkungen Bezug nimmt, oder auch durch Beschriftung am Handstück selbst erfolgen. Stücke ohne Fundortangabe sind immer nur geringwertig.

Jede Probe einzeln verpacken, damit keine Beschädigungen beim Transport oder Verwechslungen möglich sind. Bei groben Stücken genügt Zeitungspapier als Packmaterial, bei zerbrechlichen Stufen empfiehlt sich Seidenpapier und Watte.

Das Reinigen von Fundstücken sollte mit großer Vorsicht zu Hause erfolgen. Erst wenn das Sammelstück richtig bestimmt ist, läßt sich ein Schaden durch unsachgemäße Behandlung vermeiden.

Sandig-erdige Proben, die leicht zerbröckeln, können durch Überstreichen mit hellen Kunstharzlacken verfestigt werden.
Auch bei gekauften Stücken muß man immer Wert auf möglichst umfassende Beschriftung legen. In Alpendörfern gibt es berufsmäßige Mineraliensammler (nach dem Schweizer Ausdruck „Strahl" für Bergkristall „Strahler" genannt), bei denen man aus erster Hand schöne Stufen meist günstig erwerben kann.

Das Aufbewahren der Sammelstücke

Jedes Stück einer Sammlung soll einzeln gelagert werden. Sammlungskästchen aus Pappe, Kunststoff und Klarsichtmaterial sowie Glasröhrchen (für kleinste Proben) lassen sich leicht anfertigen oder können vom Handel bezogen werden.
Im allgemeinen ist es zweckmäßig, wenn das Sammelstück nur eine Nummer trägt. Die Hauptbeschriftung erfolgt am Sammlungskästchen. Hier sind auf einem Etikett neben der Nummer des Sammlungsstückes der Name, Fundort und Funddatum, eventuell auch die chemische Zusammensetzung sowie jede Besonderheit (z. B. über einstige Lagerung) vermerkt. Ein Einzelkristall wird wegen Platzersparnis mit x, eine Kristallansammlung mit xx gekennzeichnet.

Das System einer Sammlung

Die gesammelten Stücke können nach verschiedenen Systemen geordnet werden. Der eine verlegt sich nur auf Mineralien, die er vielleicht weltweit sammelt, und ordnet sie nach Mineralklassen oder als Gesteinsgemengteile. Ein anderer errichtet eine Lokalsammlung von seiner näheren Heimat und sammelt die hier verbreiteten Gesteine mit den zugehörigen Mineralien und Fossilien. All solche Sammlungen haben ihre Reize und ihren Wert, wenn sie sorgfältig beschriftet und übersichtlich geordnet sind.
Ein allgemein-verbindliches System für die Errichtung einer Steinsammlung kann es nicht geben. Das vorliegende Bestimmungsbuch jedoch zeigt viele Hinweise, wie auch der Anfänger beginnen kann.

Beispiele, wie Sammlungen klassifiziert werden können:

- Mineraliensammlung, klassifiziert nach chemischer Zusammensetzung (siehe S. 23),
- Mineraliensammlung, gesteinsbildende Mineralien (siehe S. 24),
- Mineraliensammlung, Edelsteine (siehe S. 46),
- Mineraliensammlung, klassifiziert nach Mohshärte (siehe S. 19 und Mineralienbestimmungstabellen, S. 202—211),
- Edelsteinsammlung, klassifiziert nach Wertschätzung (siehe S. 46),
- Gesteinssammlung, klassifiziert nach dem genetischen Prinzip (siehe S. 68),
- Erzsammlung, klassifiziert nach Metallgehalt (siehe S. 158),
- Sammlung von Versteinerungen, geordnet nach Zeitepochen (siehe S. 186).

Strichfarbe weiß + farblos Die Ziffern hinter den Mineralnamen

Mohs-härte	*Glasglanz*	*Seidenglanz Perlmutterglanz*	*Diamantglanz*
1	Chlorit 2,6–3,3	Chlorit 2,6–3,3 Talk 2,7–2,8	
1½	Chlorit 2,6–3,3 Gips 2,2–2,4	Chlorit 2,6–3,3 Gips 2,2–2,4	
2	Chlorit 2,6–3,3 Gips 2,2–2,4 Steinsalz 2,1–2,2	Chlorit 2,6–3,3 Gips 2,2–2,4 Muskovit 2,8	
2½	Chlorit 2,6–3,3 Hydrargillit 2,3–2,4 Kainit 2,1 Karnallit 1,6 Kryolith 3,0 Sylvin 1,9–2,0 Vivianit 2,6–2,7	Biotit 2,7–3,3 Chlorit 2,6–3,3 Hydrargillit 2,3–2,4 Lepidolith 2,8–2,9 Muskovit 2,8 Perle 2,6–2,9 Zinnwaldit 2,9–3,0	
3	Anhydrit 2,9–3,0 Baryt 4,3–4,7 Calcit 2,6–2,8 Chlorit 2,6–3,3 Coelestin 3,9–4,0 Hydrargillit 2,3–2,4 Koralle 2,6–2,7	Anhydrit 2,9–3,0 Baryt 4,3–4,7 Chlorit 2,6–3,3 Coelestin 3,9–4,0 Hydrargillit 2,3–2,4 Perle 2,6–2,9 Serpentin 2,5–2,6	Anglesit 6,3 Cerussit 6,4–6,6
3½	Anhydrit 2,9–3,0 Aragonit 2,9 Baryt 4,3–4,7 Coelestin 3,9–4,0 Dolomit 2,8–2,9 Koralle 2,6–2,7 Strontianit 3,7–3,8 Witherit 4,3–4,4	Anhydrit 2,9–3,0 Baryt 4,3–4,7 Coelestin 3,9–4,0 Perle 2,6–2,9 Polyhalit 2,8 Serpentin 2,5–2,6	Cerussit 6,4–6,6 Mimetesit 7,2 Pyromorphit 6,7–7,2
4	Anhydrit 2,9–3,0 Aragonit 2,9 Dolomit 2,8–2,9 Fluorit 3,1–3,2 Koralle 2,6–2,7 Manganspat 3,3–3,7 Magnesit 2,9–3,1 Rhodochrosit 3,3–3,7 Siderit 3,8	Anhydrit 2,9–3,0 Perle 2,6–2,9 Serpentin 2,5–2,6	Mimetesit 7,2 Pyromorphit 6,7–7,2
4½	Chabasit 2,1 Disthen 3,5–3,7 Magnesit 2,9–3,1	Disthen 3,5–3,7 Margarit 3,0–3,1 Perle 2,6–2,9	Scheelit 5,9–6,1
5	Apatit 3,2 Diopsid 3,3 Sodalith 2,2–2,4 Titanit 3,4–3,6 Türkis 2,6–2,8 Zinkspat 4,3–4,5	Skapolith 2,6–2,8	Scheelit 5,9–6,1 Titanit 3,4–3,6
5½	Diopsid 3,3 Leuzit 2,5 Rhodonit 3,5–3,6 Sodalith 2,2–2,4 Strahlstein 2,9–3,3 Titanit 3,4–3,6 Türkis 2,6–2,8	Diallag 3,3 Rhodonit 3,5–3,6 Skapolith 2,6–2,8 Strahlstein 2,9–3,3	Anatas 3,8–3,9 Titanit 3,4–3,6

bedeuten das spezifische Gewicht

Strichfarbe weiß + farblos

Mohs-härte	*Fettglanz*	*Metallglanz*	*ohne Glanz matt*
1	Talk 2,7–2,8		Meerschaum (1,0) Montmorillonit 2,0–3,0
$1^1/_2$			Chlorit 2,6–3,3 Montmorillonit 2,0–3,0
2	Bernstein 1,0–1,1 Chrysokoll 2,2 Steinsalz 2,1–2,2	Muskovit 2,8	Chlorit 2,6–3,3 Kaolinit 2,6–2,8 Montmorillonit 2,0–3,0
$2^1/_2$	Bernstein 1,0–1,1 Chrysokoll 2,2 Karnallit 1,6 Sylvin 1,9–2,0	Biotit 2,7–3,3 Muskovit 2,8 Phlogopit 2,8–2,9 Silber 9,6–12,0	Chlorit 2,6–3,3 Kaolinit 2,6—2,8 Meerschaum 2,0 Zinkblüte 3,2–3,8
3	Anglesit 6,3 Cerussit 6,4–6,6 Chrysokoll 2,2 Karnallit 1,6 Polyhalit 2,8	Silber 9,6–12,0	Chlorit 2,6–3,3 Koralle 2,6–2,7 Serpentin 2,5–2,6
$3^1/_2$	Cerussit 6,4–6,6 Chrysokoll 2,2 Mimetesit 7,2 Polyhalit 2,8 Pyromorphit 6,7–7,2 Strontianit 3,7–3,8		Koralle 2,6–2,7 Serpentin 2,5–2,6 Witherit 4,3–4,4
4	Chrysokoll 2,2 Mimetesit 7,2 Pyromorphit 6,7–7,2	Platin 14–19	Koralle 2,6–2,7 Magnesit 2,9–3,1 Serpentin 2,5–2,6
$4^1/_2$	Scheelit 5,9—6,1	Platin 14–19	Magnesit 2,9–3,1
5	Scheelit 5,9—6,1 Sodalith 2,2–2,4	Bronzit 3,3–3,5 Monazit 4,8—5,5	
$5^1/_2$	Anatas 3,8—3,9 Sodalith 2,2–2,4	Anatas 3,8—3,9 Bronzit 3,3–3,5 Monazit 3,8—3,9	

Strichfarbe weiß + farblos Die Ziffern hinter den Mineralnamen

Mohs-härte	*Glasglanz*	*Seidenglanz Perlmutterglanz*	*Diamantglanz*
6	Amazonit 2,6 Diopsid 3,3 Hiddenit 3,2 Jadeit 3,3 Kunzit 3,2 Leuzit 2,5 Mondstein 2,6 Orthoklas 2,5 Plagioklas 2,6–2,8 Prehnit 2,8–3,0 Rhodonit 3,5–3,6 Sillimanit 3,2 Sodalith 2,2–2,4 Strahlstein 2,9–3,3 Türkis 2,6–2,8 Zoisit 3,1–3,4	Diallag 3,3 Mondstein 2,6 Prehnit 2,8–3,0 Rhodonit 3,5–3,6 Sillimanit 3,2 Skapolith 2,6–2,8 Strahlstein 2,9–3,3 Zoisit 3,1–3,4	Anatas 3,8—3,9 Kassiterit 6,8–7,1
6½	Amazonit 2,6 Granat 3,4–4,6 Hiddenit 3,2 Jadeit 3,3 Kunzit 3,2 Mondstein 2,6 Olivin 3,3–4,1 Plagioklas 2,6–2,8 Prehnit 2,8–3,0 Rhodonit 3,5–3,6 Sillimanit 3,2 Tansanit 3,3 Vesuvian 3,4 Zoisit 3,1–3,4	Diaspor 3,3—3,5 Prehnit 2,8–3,0 Rhodonit 3,5–3,6 Sillimanit 3,2 Zoisit 3,1–3,4	Kassiterit 6,8–7,1
7	Amethyst 2,6 Cordierit 2,5–2,6 Disthen 3,5–3,7 Granat 3,4–4,6 Hiddenit 3,2 Kunzit 3,2 Olivin 3,3–4,1 Quarz 2,6 Sillimanit 3,2 Staurolith 3,7–3,8 Tansanit 3,3 Turmalin 3,0–3,2	Diaspor 3,3—3,5 Disthen 3,5–3,7 Sillimanit 3,2	Kassiterit 6,8–7,1
7½	Andalusit 3,1–3,2 Beryll 2,7 Cordierit 2,5–2,6 Granat 3,4–4,6 Staurolith 3,7–3,8 Turmalin 3,0–3,2		Zirkon 4,0–4,7
8	Beryll 2,7 Spinell 3,6 Topas 3,5–3,6		
8½	Alexandrit 3,7		
9	Korund 3,9–4,1		Korund 3,9–4,1

bedeuten das spezifische Gewicht

Strichfarbe weiß + farblos

Mohs-härte	*Fettglanz*	*Metallglanz*	*ohne Glanz matt*
6	Anatas 3,8—3,9 Jadeit 3,3 Kassiterit 6,8–7,1 Nephrit 2,9–3,0 Sodalith 2,2–2,4	Anatas 3,8—3,9 Bronzit 3,3–3,5 Kassiterit 6,8–7,1 Labradorit 2,7	
6½	Granat 3,4–4,6 Jadeit 3,3 Kassiterit 6,8–7,1 Nephrit 2,9–3,0 Vesuvian 3,4	Kassiterit 6,8–7,1 Labradorit 2,7	
7	Cordierit 2,5–2,6 Granat 3,4–4,6 Kassiterit 6,8–7,1	Kassiterit 6,8–7,1	Quarz 2,6 Staurolith 3,7–3,8
7½	Cordierit 2,5–2,6 Granat 3,4–4,6 Zirkon 4,0–4,7		Andalusit 3,1–3,2 Staurolith 3,7–3,8
8			
8½	Alexandrit 3,7		
9			

Strichfarbe grau + schwarz

Die Ziffern hinter den Mineralnamen

Mohs-härte	*Glasglanz*	*Seidenglanz Perlmutterglanz*	*Diamantglanz*
1			
1½			
2			
2½			
3			
3½			
4			
4½			
5	Apatit 3,2 Hedenbergit 3,5		
5½	Arfvedsonit 3,4 Augit 3,3–3,5 Diallag 3,3 Hedenbergit 3,5	Augit 3,3–3,5 Diallag 3,3	
6	Arfvedsonit 3,4 Augit 3,3–3,5 Diallag 3,3 Epidot 3,4–3,5 Hedenbergit 3,5	Augit 3,3–3,5 Diallag 3,3	
6½	Epidot 3,4–3,5		

bedeuten das spezifische Gewicht

Strichfarbe grau + schwarz

Mohs-härte	*Fettglanz*	*Metallglanz*	*ohne Glanz matt*
1		Graphit 2,1–2,3	Graphit 2,1–2,3
1½	Covellin 4,6–4,8	Covellin 4,6–4,8 Molybdänglanz 4,6–5,0	
2	Covellin 4,6–4,8	Antimonit 4,6–4,7 Argentit 7,2–7,4 Covellin 4,6–4,8 Wismut 9,7–9,8 Wismutglanz 6,4–7,1	
2½		Argentit 7,2–7,4 Boulangerit 5,8–6,2 Bleiglanz 7,2–7,6 Kupferglanz 5,5–5,8 Wismut 9,7–9,8	
3		Bleiglanz 7,2–7,6 Bornit 4,9–5,3 Boulangerit 5,8–6,2 Bournonit 5,7–5,9 Kupferglanz 5,5–5,8 Stannin 4,3–4,5	Bleiglanz 7,2–7,6 Stannin 4,3–4,5
3½		Arsen 5,6–5,8 Enargit 4,4 Kupferkies 4,1–4,3 Pentlandit 4,5–5,0 Stannin 4,3–4,5 Tetraedrit 4,4–5,4	Arsen 5,6–5,8 Stannin 4,3–4,5
4		Kupferkies 4,1–4,3 Magnetkies 4,6–4,7 Pentlandit 4,5–5,0 Stannin 4,3–4,5 Tetraedrit 4,4–5,4	Magnetkies 4,6–4,7 Psilomelan 4,4–4,7 Stannin 4,3–4,5
4½		Psilomelan 4,4–4,7	Psilomelan 4,4–4,7
5		Chloanthit 6,4–6,6 Ilmenit 4,7 Löllingit 7,4–7,5 Psilomelan 4,4–4,7 Rotnickelkies 7,5–7,8 Wolframit 7,1–7,5	Ilmenit 4,7 Psilomelan 4,4–4,7
5½		Arsenkies 5,9–6,2 Ilmenit 4,7 Kobaltglanz 6,0–6,4 Löllingit 7,4–7,5 Magnetit 5,2 Psilomelan 4,4–4,7 Rotnickelkies 7,5–7,8 Skutterudit 6,4–6,8 Wolframit 7,1–7,5	Ilmenit 4,7 Psilomelan 4,4–4,7
6	Braunit 4,7—4,9	Arsenkies 5,9–6,2 Columbit 5,2–8,1 Markasit 4,8–4,9 Pyrit 5,0–5,2 Skutterudit 6,4–6,8	Ilmenit 4,7 Psilomelan 4,4–4,7
6½	Braunit 4,7—4,9	Markasit 4,8–4,9 Pyrit 5,0–5,2	

Strichfarbe gelb + orange + braun

Die Ziffern hinter den Mineralnamen

Mohs-härte	*Glasglanz*	*Seidenglanz Perlmutterglanz*	*Diamantglanz*
1½	Limonit 4,0	Auripigment 3,4–3,5	Schwefel 2,1
2	Autunit 3,2 Limonit 4,0	Auripigment 3,4–3,5 Autunit 3,2	Realgar 3,5–3,6 Schwefel 2,1
2½	Autunit 3,2 Limonit 4,0	Autunit 3,2	Krokoit 5,9–6,1
3	Limonit 4,0		Krokoit 5,9–6,1 Vanadinit 6,5–7,1 Wulfenit 6,5–7,0
3½	Limonit 4,0		Cuprit 5,8–6,2 Descloizit 5,5–6,2 Pyromorphit 6,7–7,2
4	Limonit 4,0	Carnotit 4,5–4,6	Cuprit 5,8–6,2 Pyromorphit 6,7–7,2 Zinkblende 3,9–4,2
4½	Limonit 4,0		Zinkit 5,4–5,7
5	Apatit 3,2 Augit 3,2 Hornblende 3,0–3,4 Limonit 4,0	Goethit 4,0–4,4	Goethit 4,0–4,4 Zinkit 5,4–5,7
5½	Hornblende 3,0–3,4	Goethit 4,0–4,4	Brookit 4,1 Goethit 4,0–4,4 Hausmannit 4,7–4,9
6	Ägirin 3,5 Hornblende 3,0–3,4 Hypersthen 3,4–3,5		Brookit 4,1 Kassiterit 6,8–7,1 Rutil 4,2–4,3
6½	Ägirin 3,5		Kassiterit 6,8–7,1
7		Tigerauge 2,6—2,7	Kassiterit 6,8–7,1

Strichfarbe rot + orange

Die Ziffern hinter den Mineralnamen

Mohs-härte	*Glasglanz*	*Seidenglanz Perlmutterglanz*	*Diamantglanz*
2	Kobaltblüte 3,0–3,1	Kobaltblüte 3,0–3,1	Kobaltblüte 3,0–3,1 Zinnober 8,0–8,2
2½	Kobaltblüte 3,0–3,1	Kobaltblüte 3,0–3,1	Kobaltblüte 3,0–3,1 Krokoit 5,9–6,1 Rotgültig 5,6–5,8
3			Krokoit 5,9–6,1 Rotgültig 5,6–5,8
3½			Cuprit 5,8–6,2
4			Cuprit 5,8–6,2
4½			Zinkit 5,4–5,7
5			Zinkit 5,4–5,7
6			
6½			

bedeuten das spezifische Gewicht

Strichfarbe gelb + orange + braun

Mohs-härte	*Fettglanz*	*Metallglanz*	*ohne Glanz matt*
1 1/2	Auripigment 3,4–3,5		
2	Auripigment 3,4–3,5 Schwefel 2,1		
2 1/2	Krokoit 5,9–6,1	Boulangerit 5,8–6,2 Gold 15,5–19,3	Bauxit 2,4–3,4
3	Krokoit 5,9–6,1 Vanadinit 6,5–7,1 Wulfenit 6,5–7,0	Boulangerit 5,8–6,2 Gold 15,5–19,3	Bauxit 2,4–3,4
3 1/2	Descloizit 5,5–6,2 Pyromorphit 6,7–7,2 Zinkblende 3,9–4,2	Cuprit 5,8–6,2 Tetraedrit 4,4–5,4 Zinkblende 3,9–4,2	
4	Pyromorphit 6,7–7,2 Zinkblende 3,9–4,2	Cuprit 5,8–6,2 Psilomelan 4,4–4,7 Tetraedrit 4,4–5,4	Carnotit 4,5–4,6 Manganit 4,3–4,4 Psilomelan 4,4–4,7
4 1/2		Psilomelan 4,4–4,7	Psilomelan 4,4–4,7
5	Pechblende 6,5–10,0	Pechblende 6,5–10,0 Psilomelan 4,4–4,7 Rotnickelkies 7,5–7,8 Wolframit 7,1–7,5	Ilmenit 4,7 Pechblende 6,5–10,0 Psilomelan 4,4–4,7
5 1/2	Pechblende 6,5–10,0	Chromit 4,5–4,8 Ilmenit 4,7 Pechblende 6,5–10,0 Psilomelan 4,4–4,7 Rotnickelkies 7,5–7,8 Wolframit 7,1–7,5	Ilmenit 4,7 Pechblende 6,5–10,0 Psilomelan 4,4–4,7
6	Kassiterit 6,8–7,1 Pechblende 6,5–10,0	Columbit 5,2–8,1 Franklinit 5,0–5,2 Ilmenit 4,7 Kassiterit 6,8–7,1 Pechblende 6,5–10,0	Ilmenit 4,7 Pechblende 6,5–10,0 Psilomelan 4,4–4,7
6 1/2	Kassiterit 6,8–7,1	Kassiterit 6,8–7,1	
7	Kassiterit 6,8–7,1	Kassiterit 6,8–7,1	

bedeuten das spezifische Gewicht

Strichfarbe rot + orange

Mohs-härte	*Fettglanz*	*Metallglanz*	*ohne Glanz matt*
2	Realgar 3,5–3,6	Rotgültig 5,6–5,8	Zinnober 8,0–8,2
2 1/2	Krokoit 5,9–6,1	Kupfer 8,5–9,0 Rotgültig 5,6–5,8	Bauxit 2,4–3,4 Zinnober 8,0–8,2
3	Krokoit 5,9–6,1	Kupfer 8,5–9,0 Rotgültig 5,6–5,8	Bauxit 2,4–3,4
3 1/2		Cuprit 5,8–6,2	
4		Cuprit 5,8–6,2	
4 1/2			
5			
6		Columbit 5,2–8,1	
6 1/2		Hämatit 5,2	

Strichfarbe grün

Die Ziffern hinter den Mineralnamen

Mohs-härte	*Glasglanz*	*Seidenglanz Perlmutterglanz*	*Diamantglanz*
1	Chlorit 2,6–3,3	Chlorit 2,6–3,3	
$1^1/_2$	Chlorit 2,6–3,3	Chlorit 2,6–3,3	
2	Chlorit 2,6–3,3 Torbernit 3,3–3,6	Chlorit 2,6–3,3 Torbernit 3,3–3,6	
$2^1/_2$	Chlorit 2,6–3,3 Torbernit 3,3–3,6	Chlorit 2,6–3,3 Torbernit 3,3–3,6	
3	Chlorit 2,6–3,3	Chlorit 2,6–3,3	
$3^1/_2$	Atacamit 3,8	Malachit 3,9–4,0	
4		Carnotit 4,5–4,6 Malachit 3,9–4,0	
$4^1/_2$			
5	Dioptas 3,3 Hornblende 3,0–3,4		
$5^1/_2$	Augit 3,3–3,5 Hornblende 3,0–3,4	Augit 3,3–3,5	
6	Ägirin 3,5 Augit 3,3–3,5 Hornblende 3,0–3,4	Augit 3,3–3,5	
$6^1/_2$	Ägirin 3,5		

Strichfarbe blau

Die Ziffern hinter den Mineralnamen

Mohs-härte	*Glasglanz*	*Seidenglanz Perlmutterglanz*	*Diamantglanz*
1			
$1^1/_2$	Vivianit 2,6–2,7	Vivianit 2,6–2,7	
2	Vivianit 2,6–2,7	Vivianit 2,6–2,7	
$2^1/_2$			
3			
$3^1/_2$	Azurit 3,7–3,9		
4	Azurit 3,7–3,9		
$4^1/_2$			
5	Dioptas 3,3 Lapislazuli 2,4–2,9		
$5^1/_2$	Lapislazuli 2,4–2,9		
6	Lapislazuli 2,4–2,9		

bedeuten das spezifische Gewicht

Strichfarbe grün

Mohs-härte	*Fettglanz*	*Metallglanz*	*ohne Glanz matt*
1			Chlorit 2,6–3,3
1½			Chlorit 2,6–3,3
2	Chrysokoll 2,2		Chlorit 2,6–3,3 Garnierit 2,3–2,8
2½	Chrysokoll 2,2		Chlorit 2,6–3,3 Garnierit 2,3–2,8
3	Chrysokoll 2,2		Garnierit 2,3–2,8
3½	Chrysokoll 2,2	Kupferkies 4,1–4,3	Garnierit 2,3–2,8
4	Chrysokoll 2,2	Kupferkies 4,1–4,3	Garnierit 2,3–2,8 Carnotit 4,5–4,6
4½			
5	Pechblende 6,5–10,0	Pechblende 6,5–10,0	Pechblende 6,5–10,0
5½	Pechblende 6,5–10,0	Pechblende 6,5–10,0	Pechblende 6,5–10,0
6	Pechblende 6,5–10,0	Markasit 4,8–4,9 Pechblende 6,5–10,0 Pyrit 5,0–5,2	Pechblende 6,5–10,0
6½		Markasit 4,8–4,9 Pyrit 5,0–5,2	

bedeuten das spezifische Gewicht

Strichfarbe blau

Mohs-härte	*Fettglanz*	*Metallglanz*	*ohne Glanz matt*
1			
1½	Covellin 4,6–4,8	Covellin 4,6–4,8	
2	Covellin 4,6–4,8	Covellin 4,6–4,8	
2½			Vivianit 2,6–2,7
3			
3½			
4			
4½			
5	Lapislazuli 2,4–2,9		
5½	Lapislazuli 2,4–2,9		
6	Lapislazuli 2,4–2,9		

Weiterführende Literatur

Barth, T., Correns, C. und P. Eskola, 1970: Die Entstehung der Gesteine. Berlin

Bentz, A. und H.-J. Martini, 1968: Lehrbuch der angewandten Geologie, Bd. II, 1. Stuttgart

Betechtin, A. G., 1971: Lehrbuch der speziellen Mineralogie. Leipzig

Brinkmann, R., 1966/67: Abriß der Geologie, 2 Bde. Stuttgart

Brinkmann, R., 1964/70: Lehrbuch der allgemeinen Geologie, 3 Bde. Stuttgart

Bruhns, W. und P. Ramdohr, 1972: Petrographie. Slg. Göschen, Bd. 173. Berlin

Cissarz, A., 1965: Einführung in die allgemeine und systematische Lagerstättenlehre. Stuttgart

Correns, C. W., 1968: Einführung in die Mineralogie, Kristallographie und Petrologie. Berlin

Gothan, W. und H. Weyland, 1973: Lehrbuch der Paläobotanik. Berlin

Herbeck, A., 1953: Der Marmor. München

Kettner, R., 1958/60: Allgemeine Geologie, 4 Bde. Berlin

Kleber, W., 1973: Einführung in die Kristallographie. Berlin

Kukuk, P., 1960: Geologie, Mineralogie und Lagerstättenlehre. Berlin

Lieber, W., 1973: Der Mineraliensammler. Thun u. München

Linck, G. und H. Jung, 1960: Grundriß der Mineralogie und Petrographie. Jena

Lüschen, H., 1968: Die Namen der Steine. Thun u. München

Mehling, G., 1973: Naturstein-Lexikon. München

v. Moos, A. und F. de Quervain, 1948: Technische Gesteinskunde. Basel

Müller, A. H., 1963/67: Lehrbuch der Paläontologie. Jena

Murawski, H., 1972: Geologisches Wörterbuch. Stuttgart

Nickel, E., 1971/73: Grundwissen in Mineralogie, 3 Bde. Thun

Parker, R. L. und H. U. Bambauer, 1975: Mineralienkunde. Thun

Petrascheck, W. E., 1961: Lagerstättenlehre. Wien

v. Philipsborn, H., 1967: Tafels zum Bestimmen der Minerale nach äußeren Kennzeichen. Stuttgart

v. Philipsborn, H., 1964: Erzkunde. Stuttgart

Ramdohr, P. u. H. Strunz, 1967: Klockmann's Lehrbuch der Mineralogie. Stuttgart

Schloßmacher, K., 1969: Edelsteine und Perlen. Stuttgart

Schneiderhöhn, H., 1962: Erzlagerstätten. Stuttgart

Scholz, W., 1972: Baustoffkenntnis. Düsseldorf

Schumann, H., 1975: Einführung in die Gesteinswelt. Göttingen

Schumann, H., 1962: Grundlagen des geolog. Wissens für Techniker. Göttingen

Schumann, W., 1975: Knaurs Buch der Erde. München

Schumann, W., 1976: Edelsteine und Schmucksteine. München

Strunz, H., 1966: Mineralogische Tabellen. Leipzig

Wagner, G., 1960: Einführung in die Erd- und Landschaftsgeschichte. Öhringen

Wendehorst, R., 1970: Baustoffkunde. Hannover

Ziegler, B., 1975: Allgemeine Paläontologie. Stuttgart

Zeitschrift „Der Aufschluß", hgg. Vereinigung der Freunde der Mineralogie und Geologie e. V., Heidelberg

Zeitschrift „Lapis", Christian Weise Verlag München. Aktuelle Monatsschrift für Liebhaber und Sammler von Mineralien und Edelsteinen

Zeitschrift „Der Mineraliensammler", Mitteilungsblatt der vereinigten Mineraliensammler Österreichs

Zeitschrift „Schweizer Strahler", Organ der Schweizerischen Vereinigung der Strahler und Mineraliensammler, Luzern

Sachwortverzeichnis

Ziffern bedeuten Seitenzahl, * farbige Abbildung neben Textseite.
Wichtige Hinweise werden jeweils zuerst genannt.

Abbrennen 80
Abkeilen 80
Abnutzung (Naturstein) 86, 100, 116, 128, 152
Abraumsalze 34, 122
Absatzgestein 68
Abschuppung 78
Absonderung 19
Abteilung 188
Acanthoceras rhotomangense 196
Achat 50*, 46
Moos 50*
Achondrit 156
Achroit 58
Achtkant 66, 67
Actinocamax verus 196
Ader 161
Adneter (Marmor) 148, 142
Adular 26*
Ägirin 30, 23, 208, 210
Aerolith 155
Afrika-Smaragd 64
Afterkristall 14
Agricola, G. 10
Aktinolith 44*
Alabaster 34*, 122, 146
Alaska-Diamant 64
Albit 26*, 11
Albitgesetz 26
Alexandrit 60*, 65
Algen 189, 187
Algonkium 188
Alt 188
Jung 188
Alluvium 188
Allgemeine Mineralogie 10
Almandin 58*, 40*, 64
Almandin-Spinell 64
Alpenbreccie 112*, 110
Alpengrün (Marmor) 152*
Alpine Trias 192
Altalgonkium 188
Altertum 188, 187
Altschliff 66, 67
Alttertiär 188, 198
Aluminium-Erz 182
Alumogel 182
Amazonenstein 52*
Amazonit 52*
Amaltheus margaritatus 194
Amerika-Jade 64
Amethyst 48*, 15, 50, 64
Amiant 44
Ammoniten 190—197
Ammonshorn 192
amorphe Struktur 14
Amphibien 189, 187
Amphibol 30*
Amphibolfels 140*
Amphibolit 140*, 69, 112, 136
Ampullina lignitarum 198
Analcim 32, 98
Anatas 23, 202—205
Andalusit 40*, 23, 135
Andradit 58
Andesin 26
Andesit 96, 91
Angiospermen 189, 187
Anglesit 202, 174, 203
Angulatensandstein 114*
Anhydrit (Mineral) 34*, 23
Anhydrit (Gestein) 122*, 103
Anhydritstein 122*
Ankerit 38, 23
Anorthit 26, 11
Anthophyllit 30, 24, 44
Anthrazide 132
Anthrazit 132, 103
Antigorit 44
Antigoritserpentin 140
Antimon-Erz 180
Antimonfahlerz 180*, 158
Antimonglanz 180*, 158
Antimonit 180*, 12, 23
Antimon-Ocker 180
Apatit 32*, 11, 20, 23, 24
Aplit 88*
Turmalin 88*
Aporrhais pespelicani 198
Aquamarin 60*, 64
Brasilianischer 64
Orientalischer 64
Siam 64
Synthetischer 64
Arabescato (Marmor) 144*
Aragonit 36*, 12, 13, 15, 17, 62, 118
Archäopteryx 189
Archaikum 188
Arfvedsonit 30, 23, 206
Argentit 162*, 23
Arizona-Rubin 64
Arizona-Spinell 64
Arkose 114
Armfüßer 190
Armkiemer 190—195
Arsen 178*, 23
Arsen-Erz 178
Arsenikalkies 178*
Arsenkies 178*, 23
Arsenopyrit 178*
Asbest 44*, 24
Chrysotil 44*
Serpentin 44
Asche (vulkanisch) 92
Aschentuff 92
Astarte (Isocrassina) omalii 198
Atacamit 23, 210
Ataxioceras lothari 194
Ataxit 156
Athleta spinosa 198
Atrypa reticularis 190
Augengneis 136
Augit 30*, 11, 23, 24, 40, 42, 68, 71
Gemeiner 30*
Augitgneis 136
Augitporphyrit 96*
Augitsyenit 86*, 82
Aulacothyris impressa 194
Auripigment 178*, 23
Auster 194, 195
Autunit 182
Avanturin 48*
Avanturinfeldspat 52
Avanturinquarz 48*
Aventurin 48*
Aricula contorta 192
Azurit 54*, 16, 23

Balas-Rubin 64
Balkeneisen 156
Bandachat 50
Bandeisen 156
Baryt 38*, 11, 12, 15, 23, 32*, 34
Barytrose 38
Basalt 98*, 32, 70, 88, 91, 100, 136
Blau 98
Olivin 98*
Basaltlava 98, 69
Basalttuff 92

Basaltsäulen 100
basische Gesteine 71
Bauxit 182*, 160
Bayerisch Grün (Marmor) 142*
Bayerisch Rot (Marmor) 142*
Beauxit 182*
Beilstein 44
Belemniten 194—197
Belgischer Granit 150*, 74, 148
Belgisch Granit 150*
Belgisch Rot (Marmor) 148
Bentonit 106
Bergflachs 44
Berggold 162
Bergkristall 24*, 46, 50 64
Bergleder 44
Bergzinn 176
Bernstein 62*, 21, 47
  Preß 62
Beryll 60, 11, 23, 182
  Chryso 60
  Edel 60
  Gemeiner 60, 182
  Gold 60
Beton 92
Bianco chiaro (Marmor) 144
Biegezugfestigkeit (Naturstein) 86, 100, 116, 120, 128, 140, 152
Bildstein 44
Bims 94*, 91, 92*
Bimsstein 94*
Biotit 28*, 71, 102
Biotitgneis 136
Bismuthinit 178*
Bismutin 178*
Bitterkalk 38*
Bitterspat (Dolomit) 38*
Bitterspat (Magnesit) 182*
Blätterserpentin 44
Blanc clair (Marmor) 144
Blattsäge 80, 81
Blaubank (Marmor) 148*
Blaubasalt 98
Blaueisenerde 32
Blauspat 56
Bleierde 174
Blei-Erz 174, 180
Bleiglanz 174*, 21, 23, 158
Bleischweif 174
Blende 176*
Blenden 158
Blockmeer 76
Blockwerk 104
Blutjaspis 50
Blutstein 164
Böhmischer Diamant 64
Böhmischer Granat 64
Böhmischer Rubin 64
Böhmischer Topas 64
Böhmit 182
Bohnerz 160, 164
Bombe 92*
  Vulkanische 92*
Bongard (Marmor) 146
Boracit 23
Bornit 172*, 23
Boulangerit 180*, 174
Bournonit 180*, 23, 174
Bouteillenstein 156*
Brachiopoden 190, 191, 192, 193, 194, 195
Brasilian. Aquamarin 64
Brasil-Smaragd 64
Braunbleierz 174
Brauneisen 164*
Brauner Glaskopf 164*
Brauner Jura (Zeit) 188
Braunit 23, 166, 207
Braunkohle 132*, 103
Braunspat 38
Breccie 110*, 103, 112*
  Alpen 112*, 110
  Kalkstein 110
Breccienmarmor 112*, 110, 148
Brekzie 110
Brennen 46
Bresche 110
Brillant 66
Brillant-Facettenschliff 65
Brillant-Vollschliff 66, 67
Brocken 108, 110, 112
Bronzit 30*, 23, 203, 204
Bronzitfels 136
Bronzitit 82
Bronzitserpentin 140*
Brookit 23, 208
Brotlaibstruktur 76
Buntbleierz 174
Buntkupferkies 172*
Buntmetall-Erz 172
Buntsandstein 116*, 114
Buntsandstein (Zeit) 188, 192
Burgpreppacher Sandstein 116*
Burgsandstein 114
Byssolit 44
Bytownit 26

Cabochon 66, 65, 67
Calcit 36*, 11, 13, 15, 16, 18, 19, 20, 22, 23, 38*, 58, 174
  Ophi 152
Cannstatter Travertin 120
Carneol 50
Carnotit 170*, 182
Carrara (Marmor) 144*, 148
Cassiterit 176*
Castellina (Marmor) 146
Cephalopoden 190, 191, 192, 194, 195, 196, 197
Ceratitenschicht 192
Ceratites nodosus 192
Cerussit 174*, 23, 172*
Ceylanit 56
Ceylon-Diamant 64
Ceylonit 56
Ceylon-Opal 64
Ceylon-Rubin 64
Ceylonschliff 66, 67
Chamosit 44
Chabasit 32, 202
Chalcedon 50*, 56, 130
Chalcolit 182*
Chalkopyrit 172*
Chalkosin 172*
Chemische Elemente 9
Chiastolith 40
Chloanthit 168, 207, 23
Chlorit 44*, 23, 24, 40, 135, 164*, 170*
Chloritschiefer 136, 44
Chondrit 156*
Chromeisenerz 166*
Chrom-Erz 166
Chromdiopsid 42*
Chromglimmer 28*, 48
Chromit 166*
Chrysoberyll 60
Chrysoberyllkatzenauge 60
Chrysokoll 54*, 23
Chrysolith 30
  Wasser 156*
Chrysopras 50*
Chrysoquarz 48
Chrysotil 44
Chrysotilasbest 44*
Chrysotilserpentin 140
Cinnabarit 180*
Cipollino (Marmor) 152
Citrin 48*, 64
Clymenia laevigata 190
Cobaltin 168*
Coelestin 38, 12, 23, 34
Coesit 155
Columbit 170*
Comblanchien (Marmor) 148
Conchyn 62
Conolus albogalerus 196
Corbula ficus 198
Cordierit 40*, 23, 135
Cordieritgneis 136

Covellin 172*, 23
Crinoiden 190, 191, 192, 193
Crinoidenkalk 126*
Crocoit 174*
Cullinan 60*
Cupressocrinus cr. 190
Cuprit 172*
Cyanit 40*
Cymophan 60
Cyrena kochi 196
Cyrtospirifer verneulli 190

Dachschiefer 140
Daphnit 44
Delessit 44
Demantoid 58, 64
Dendriten 128*
derbe Struktur 14
Derber Quarz 24*
Descloizit 170*
Desmin 32
Deutscher Diamant 64
Deutscher Lapis 50, 64
Deutsch Gelb (Marmor) 148
Deutsch Grau (Marmor) 148*
Deutsch Rot (Marmor) 142*, 146
Devon 188, 190
  Mittel 188, 190
  Ober 188, 190
  Unter 188, 190
Diabas 98*, 91, 100*, 112
Diagenese 91
Diallag 30*, 23, 202, 206
Diamant 60*, 11, 20, 23, 46
  Alaska 64
  Böhmischer 64
  Ceylon 64
  Deutscher 64
  Matura 64
  Sächsischer 64
  Straß 64
Diamant-Brillant 66
Diaspor 23, 182, 204
Diatomeenerde 130
Diatomeenschiefer 130
Dichroismus 65, 40
Dichroit 40*
Dichte 21
dichte Struktur 15, 90
Diluvium 188
DIN-Normen (Naturstein) 154
Diopsid 42*, 23, 30
Dioptas 54*, 23, 64
Diorit 84*, 70, 71, 82*, 86, 88, 100
Diorit
  Kugel 84*
  Grano 84
Dioritgneis 136
Dioritporphyr 88
Dispersion 65
Disthen 40*, 11, 23, 135
Dogger 188, 194
Dolerit 98, 91
Dolomit (Gestein) 126, 38, 124*, 128, 182 186
Dolomit (Mineral) 38*, 23, 34
Dolomitisierung 126
Dolomitmarmor 144
Dolomitspat 38*
Dolomitstein 126, 38, 103
Donaukalkstein (Marmor) 148*, 146
Donnerkeil 194, 195, 196, 197
Doppelspat 36, 16, 18
Doppelbrechung 16
Dravit 58
Dreilapper 190, 191
Drilling 14
Druckfestigkeit (Naturstein) 86, 100, 116, 120 128, 140, 152
Druse 15
Dublette 47
Duckstein 120*
Dünnschliff 22
Dunit 82
Dyas 188

Echinoiden 196, 197
Edelberyll 60
Edelfels (Marmor) 144*, 146
Edelfels Grau (Marmor) 144*
Edelkoralle 62*
Edelopal 50
Edelsalze 34, 103
Edelspinell 56*
Edelstein 46, 8
  Synthetischer 46
Edelsteinhärte 19
Edelsteinkunde 8
Edeltopas 56*
Eisenblüte 36*
Eisen-Erz 164
Eisenglanz 164*, 16, 158
Eisenglimmer 164
Eisenkalk 126
Eisenkies 184*, 32*
Eisenkiesel 24
Eisenmeteorit 156*, 155
Eisennickelkies 168*
Eisenoolithe 164
Eisensandstein 114
Eisenspat 164*
Eiserner Hut 160
Eklogit 140*, 136
Eläolith 26
Elemente 9
Elfenbein (Marmor) 146
Ellipsocephalus hoffi 190
Enargit 207
Encrinus liliiformis 192
Endoceras fulgur 190
Enstatit 30, 23
Enstatitfels 136
Eozän 188, 198
Epidot 42*, 23, 40, 135
Epizone 134, 136
Epprechtstein-Granit 74*
Erbsenstein 118*, 15, 36
Erdaltertum 188, 187, 190
Erdfrühzeit 188, 187
Erdgeschichte 188, 187
Erdmittelalter 188, 187
Erdneuzeit 188, 187
Erdurzeit 188, 187
Ergußgestein 70
Erratika 108
Erstarrungsgestein 68, 69, 70
Eruptiva (Vulkanit) 70
Eruptiva (Magmatit) 68
Eruptivgestein (Magmatit) 68
Eruptivgestein (Vulkanit) 70
Erythrin 168*
Erz 158, 8, 71
Erzader 161
Erzgang 161
Erzkunde 158
Erzlager 161
Erzlagerstätte 159
Erzmineralien 158
Estrichgips 122
Eternit 44

Facettenschliff 65
Fahle 158
Fahlerz 180, 23
Fahne 46
Falkenauge 48
Famosa (Marmor) 146
Farbe (Mineralien) 16
Farne 189
Faserkiesel 42
Faserserpentin 44
Fassait 30, 23, 42
Feder 46
Feinkies 104
Feinsand 104
Feinschluff 104
Feinton 104

Feldspat 26*, 10, 19, 20, 23, 24, 34, 40, 68, 71, 78, 102
Avanturin 52
Kali 26
Kalknatron 26
Feldspatvertreter 26, 24, 68, 102
Felse 135, 140
Amphibol 140*
Bronzit 136
Enstatit 136
Granat 134
Horn 134
Kalksilikat 136
Olivin 136
Serpentin 140*, 44, 142, 152
Festgestein 69
Feueropal 50
Feuerstein 130*, 94, 103, 124
Findling 108
Flachschliff 66, 67
Flammenfärbung 22
Fleckengneis 136
Fleckschiefer 138
Fließstruktur 91
Flint 130*
Flöz 161
Fluatieren 150
Fluorit 32*, 15, 16, 20, 23, 24, 38*, 64
Flußspat 32*, 19, 20
Forellenstein (Marmor) 150*
Formation 188
Fossil 186
Leit 186
Fossilisation 186
Franklinit 209, 176*
Fraueneis 34*
Freibergit 180
Frittung 114
Fruchtschiefer 138, 134
Frühzeit 188, 187
Fuchsit 28*
Fülleisen 156
Fürstenstein (Marmor) 146

Gabbro 84*, 70, 71, 82*, 86*, 86, 88, 100, 136
Gabbroporphyrit 88
Galenit 174*
Galmei-Erz 176
Gang 161
Ganggestein 88, 70
Gangquarz 88, 24
Garnierit 168*
Gatter 80, 81
Gefreeser-Granit 78*
Gehängeschutt 110
Gelbbleierz 166*
Gemeine Hornblende 30*
Gemeiner Augit 30*
Gemeiner Beryll 60, 182
Gemeiner Korund 60
Gemeiner Orthoklas 26*
Gemeiner Quarz 24
Gemischter Schliff 66, 65, 67
Gemmologie 8
Geode 15
Geologie 8
Geologische Uhr 187
Gequältes Gestein 108*
Germanische Trias 192
Geröll 108*, 103, 110, 112
Geröllgneis 136
Gertelbach-Granit 74*
Geschiebe 108*, 103, 110, 112
Geschiebemergel 106
Gespaltenes Ganggestein 88
Gestein 8
Gesteinsglas 94, 91
Geysirit 118
Gibbsit 23, 182
Ginkgogewächse 189, 187
Gips (Mineral) 34*, 11, 14, 15, 17, 20, 23
Gips (Gestein) 122*
Estrich 122
Stuck 122
Gips-Marmor 146
Gipsspat 34*
Gipsstein 122*, 34, 69, 103
Gitterbau 13
Glanz 16
Glanze 158
Glanzkobalt 168*
Glas 94, 91
Gesteins 94, 91
Schaumiges 94
Glaskopf 15, 17
Brauner 164*
Roter 164*
Schwarzer 166*
Glasmeteorit 156*, 155
Glattschliff 65
Glatzkopf 15
Glauko 114*
Glaukonit 28
Glaukonitsandstein 114*
Glaukophan 30, 23, 44
Glimmer 28, 10, 19, 23, 24, 34, 40, 68
Chrom 28*, 48
Eisen 164
Kali 28*
Glimmer
Kalk 28
Kalkuran 182
Kupferuran 182*
Lithium 28*
Lithiumeisen 28*
Magnesia 28*
Perl 28
Spröd 28
Uran 182, 170
Glimmerschiefer 138*, 40*, 135, 136
Gneis 136*, 69, 135, 140
Augen 136
Augit 136
Biotit 136
Cordierit 136
Diorit 136
Flecken 136
Geröll 136
Granit 136*
Hornblende 136
Muskovit 136*
Ortho 136
Schiefer 136
Serizit 136*
Sillimanit 136
Syenit 136
Goethit 164, 23, 208
Gold 162*, 23
Goldader (Marmor) 146
Goldbank (Marmor) 148*
Goldberyll 60
Goldstein 48
Goldtopas 48*, 64
Gotenrot-Granit 76*, 74
Gotlandium 188
Grafenstein (Marmor) 146*
Granat 40*, 4, 19, 23, 58*, 66, 71, 102, 135
Granatamphibolit 140*
Granatfels 134
Granatquarzit 136
Granatserpentin 140
Grand 104
Granit 72, 70, 86, 88, 104*, 112, 136
Belgisch 150*
Belgischer 150*, 74, 148
Epprechtstein 74*
Gefreeser 78*
Gertelbach 74*
Gotenrot 76*, 74
Hornblende 74, 82
Kösseine 74*
Kugel 84
Lausitzer grüner 74, 100
Oppmanna 76*
Rapakivi 74
Riesengebirge 74*

Granit
Schrift 88*, 74
Schwedischer 100*
Schwedisch-Schwarz 84*, 74
SS 84*, 74
Waldstein 72*
Zweiglimmer 74
Granit belge (Marmor) 150*
Granit de Rocq 74
Granitgewinnung 80, 81
Granitgneis 136*
Granitmarmor 146, 74
Granito nero 74
Granitporphyr 88*
Granit rosé 74
Granodiorit 84
Granulit 136, 140
Graphit 40*, 11, 23, 132
Grauspießglanz 180*
Grauwacke 114*, 69, 116, 134
Gresslya abducta 194
Grobkies 104
Grobsand 104
Grobschluff 104
Grobton 104
Grossular 58, 64
Grünbleierz 174*
Grünerde 28
Grüner Marmor 100
Grüner Porphyr 100
Grünschiefer 136
Grünstein 100*, 84
Grus 110
Gryphaea arcuta 194
Gymnospermen 189, 187

Habitus 14
Hämatit 164*, 15, 23, 24, 32, 158
Hämatit-Erze 164
Härte (Mineral) 19
Härteskala 20, 21
Halbedelstein 8
Halit 34*
Hallstätter Marmor 142
Hartgestein 69
Hartmanganerz 166*
Hartstein 116
Harzburgit 82*
Hauptgemengteile 24
Hausmannit 23, 166, 208
Hauyn 26, 23
Hedenbergit 30, 23, 42, 206
Heliodor 60
Heliotrop 50
Hemimorphit 176
Hessen-Nassauischer Syenit 82
Hessonit 58*
Heulandit 32
Hexaedrit 156*
hexagonal 11, 13
Hiddenit 54*, 64, 65
Himbeerspat 56*, 166*
Hoernesia socialis 192
Hohlschliff 66
Holozän 188
Holz 132
Versteinertes 50*
Holzopal 50
Holzstein 50*
Hornblende 30*, 23, 24, 40, 44, 68, 71
Gemeine 30*
Hornblendegneis 136
Hornblende-Granit 74, 82
Hornfels 134
Hornstein 50*
Horridonia horrida 190
Hut-Erze 160
Hyazinth 58
Orientalischer 64
Hydrargillit 182, 202
Hydrostatische Waage 22
Hydrothermale Lagerstätte 159
Hydrozinkit 176
Hypersthen 30, 23, 208

Idokras 42*
Ilmenit 170*, 23, 24, 32
Imitation 46
Imprägnation 159
Indigolith 58
Inkohlung 132
Inkohlungsreihe 132
Inoceramus lamarcki 196
Insekten 189, 187
Irisieren 18
Isocardia substransversa 198
Itabirit-Erz 160
Ital. Nagelfluh 110, 112

Jade 52
Amerika 64
Transvaal 64
Jadeit 52*, 23, 30
Jamesonit 174
Jaspis 50*, 64
Blut 50
Jungalgonkium 188
Jungtertiär 188, 198
Jura (Marmor) 148*, 146
Jura (Zeit) 188, 194
Brauner 188
Schwarzer 188
Weißer 188
Jura Blau (Marmor) 148
Jura Gebändert (Marmor) 148
Jura Geblümt (Marmor) 148
Jura Gelb (Marmor) 148
Jura Grau (Marmor) 148*
Jura Rahmweiß (Marmor) 148

Känozoikum 188
Kainit 34, 202
Kalifeldspat 26
Kaliglimmer 28*
Kalisalze 34
Kalk 124, 186
Bitter 38*
Eisen 126
Kiesel 150*, 112
Korallen 126*
Kreide 124*, 130
Krinoiden 126*
Leitha 126
Massen 126*
Muschel 148*, 126*, 150
Nummuliten 126*
Oolith 15, 17
Platten 126
Süßwasser 120*
Trias 126
Ur 144
Walhalla 124*
Kalkgestein 124, 118
Kalkglimmer 28
Kalkglimmerschiefer 138, 136
Kalknatronfeldspat 26
Kalkphyllit 138, 136
Kalksandstein 116
Kalksilikatfels 136
Kalksinter 118*, 120*, 124
Kalkspat 36*, 19, 20
Kalkstein 124, 69, 103, 126, 128, 136, 142, 186
Kelheimer 148*
Kiesel 150*, 112
Korallen 126*
Kreide 124*, 130
Krinoiden 126*
Leitha 126
Marmorierter 142
Massen 126*
Muschelkalk 148*, 126*, 150
Nummuliten 126*
Platten 126
Solnhofener 128*, 138
Süßwasser 120*
Trias 126
Ur 144
Walhalla 124*

Kalksteinbreccie 110
Kalkstein-Marmor 144
Kalktuff 120*, 92, 103, 118
Kalkuranglimmer 182
Kalkuranit 182
Kallait 56*
Kamazit 156
Kambrium 188, 190
  Mittel 188, 190
  Ober 188
  Prä 188
  Unter 188
Kammkies 184*
Kaneelstein 58
Kaolin 106*, 38
Kaolinit 38, 23, 106, 203
Kaolinsand 106
Kap-Rubin 64
Kap-Smaragd 64
Karat 46
Karbon 188
  Ober 188, 190
  Unter 188
Karlsbader Sprudelstein 118*
Karlsbader Zwilling 26*
Karnallit 23, 34, 202, 203
Kassiterit 176*, 23, 158
Katazone 134, 136
Katzenauge 60
  Chrysoberyll 60
Katzengold (Biotit) 28, 184
Katzengold (Pyrit) 184
Katzensilber 28
Kelheimer Auer (Marmor) 148*
Kelheimer Kalkstein (Marmor) 148*
Keratophyr 96, 91
Keuper 188, 192
Kies (Geröll) 108, 104
Kies (Pyrit) 32*, 184*
Kiese 158
Kiesel 24, 186
Kieselgel 130
Kieselgestein 130, 118
Kieselgur 130
Kieselkalk 150*, 112
Kieselkupfer 54*
Kieselkupfer-Smaragd 54*, 64
Kieselmalachit 54*
Kieselschiefer 130
Kieselsinter 118, 103, 130
Kieselstein 24
Kieselzinkerz 176
Kieserit 34
Klaproth, M. H. 10
Klastische Sedimente 102
Kliachit 182
Klingstein 96*
Klinochlor 44*
Klinozoisit 42
Knotenschiefer 138
Kobaltblüte 168*
Kobalt-Erz 168
Kobaltglanz 168*, 23
Kochsalz 122*
Kösseine-Granit 74*
Kössener Schichten 192
Kohlegestein 132, 102, 103
Kohleneisenstein 164
Konglomerat 112*, 103, 110*
Konkretion 106
Kontakthof 134
Kontaktmetamorphose 134
Kopffüßer 190, 191, 192, 193, 194, 195, 196, 197
Koralle 62*, 47, 126
  Orgel 62*
Korallenkalk 126*
Korallenriffe 126
Korund 60, 20, 23, 135
  Gemeiner 60
Kreide (Gestein) 124*
  See 106
Kreide (Zeit) 188, 194, 196
  Ober 188, 196
  Unter 188, 196
Kreidekalk 124*, 130
Kreidesandstein 114
Kreuzstein (Chiastolith) 40
Krinoidenkalk 126*
Kristall 8
Kristallachsen 11, 13
Kristallformen 11
Kristallgitter 14, 8
Kristalliner Marmor 142
Kristalline Schiefer 134, 68
Kristallographie 8
Kristallsysteme 11, 13
Kritzer 108
Krokoit 174*, 23
Krokydolith 44
Kryolith 32, 202
Kryptomelan 166
kubisch 11, 13
Kugeldiorit 84*
Kugelgranit 84
Kunststein 69
Kunststein-Travertin 120
Kunzit 54*, 65
Kupfer 172*, 23
Kupferblüte 172
Kupfer-Erz 172, 180
Kupferglanz 172*, 23
Kupferindig 172*
Kupferkies 172*, 11, 23
Kupferlasur 54*
Kupfernickel 168*
Kupferschiefer 160, 172
Kupfer-Smaragd 54*, 64
Kupferuranglimmer 182*
Kupferuraninit 182*
Kyanit 40*

Labrador (Gestein) 86*, 52, 82, 87
Labrador (Mineral) 52*
Labradorisieren 18, 52, 86
Labradorit 52*, 26, 86
Labradorstein 52*
Lacunosella lacunosa 194
Lager 161
Lagerstätte 159
Lamprophyr 88
Landpflanzen 189, 187
Landtiere 189, 187
Lapilli 92*
Lapis 58*, 50
Lapislazuli 58*
  Deutscher 50, 64
Larvikit 86*, 82
Lasurit 58, 23
Lasurstein 58*
Laurvikit 86*, 82
Lausitzer grüner Granit 74, 100
Lava 90
Lavagestein 91
Lazulith 56, 23
Lehm 106*
  Löß 106
Leichtbaustein 94
Leitfossil 186
Leithakalk 126
Lepidolith 28*
Letten 106
Leucit 26*
Leukosaphir 60
Leuzit 26*, 23
Leuzitnephelintephrit 98
Lherzolith 82
Lias 188, 194
Lima lineata 192
Limonit 164*, 17, 23, 172
Limonit-Erze 164
Liparit 96, 91
Liquidmagmatische Lagerstätte 159
Lithion-Smaragd 64
Lithiumeisenglimmer 28*
Lithiumglimmer 28*
Lithographieschiefer 128*
Lithosiderit 156
Lobenlinie 190, 192
Lockergestein 69, 46
Löllingit 178*, 23
Löß 106
Lößkindl 106*

Lößlehm 106
Lötprobierkunde 22
Lötrohr 22
Lupenrein 46
Lydit 130

Macrocephalites macrocephalus 194
Magma 70, 71
Magmatische Gesteine 68
Magmatische Lagerstätte 159
Magmatit 70, 23, 24, 52, 68, 69
Magnesiumglimmer 28*
Magnesit 182*, 23
Magneteisen 32*, 164*
Magneteisenerz 32*
Magneteisensand 164
Magneteisenstein 32*, 164*
Magnetismus 22
Magnetit 32*, 23, 24, 159, 164*
Magnetit-Erz 164
Magnetkies 184*, 23, 159, 168
Magnetopyrit 184*
Mainsandstein 116
Malachit 54*, 16, 23
  Kiesel 54
Malm 188, 194
Mangan-Erz 166, 56
Manganit 166, 23, 209
Manganspat 166*, 56*
Margarit 28
Marienglas 34*
Markasit 184*, 23
Marmor 142, 124*, 134, 135, 136, 146
  Adneter 148, 142
  Alpengrün 152*
  Arabescato 144*
  Bayerisch Grün 142*
  Bayerisch Rot 142*
  Belgisch Rot 148
  Belgisch Granit 150*
  Belgischer Granit 150*, 148
  Bianco chiaro 144
  Blanc clair 144
  Blaubank 148*
  Bongard 146
  Breccien 112*, 110, 148
  Carrara 144*, 148
  Castellina 146
  Cipollino 152
  Comblanchien 148
  Deutsch Gelb 148
  Deutsch Grau 148*
  Deutsch Rot 142*, 146

Marmor
  Dolomit 144
  Donaukalkstein 148*, 146
  Edelfels 144*, 146
  Edelfels Grau 144*
  Elfenbein 146
  Famosa 146
  Forellenstein 150*
  Fürstenstein 146
  Gips 146
  Goldader 146
  Goldbank 148*
  Grafenstein 146*
  Granit 72, 146
  Granit belge 150*
  Grüner 100
  Hallstätter 142
  Jura 148*, 146
  Jura Blau 148
  Jura Gebändert 148
  Jura Geblümt 148
  Jura Gelb 148
  Jura Grau 148*
  Jura Rahmweiß 148
  Kalkstein 144
  Kelheimer 148*
  Kelheimer Auer 148*
  Kieselkalk 150*
  Kristalliner 142
  Marxgrün 142*
  Muschelkalk 148*, 146
  Muschelkalk Blaubank 148*
  Muschelkalk Goldbank 148*
  Muschelkalk Kernstein 148
  Muschelkalk Rotbank 148
  Napoléon 148
  Onyx 148, 150
  Ophicalcit 152
  Ophikalzit 152
  Pentelischer 144
  Petit Granit 150*
  Rosé Phoceen 144*, 148
  Rosso Normanno 144*, 148
  Rosso Sicilia 144*
  Rosso Verona 150*
  Rouge belge 148
  Ruhpoldinger 146
  Schupbach 146
  Serpentin 152, 148
  Statuaire 150
  Statuario 150
  Steedener Grau 146
  Stuck 146
  Travertin 120*
  Trientiner Rot 148
  Unika 146

Marmor
  Untersberger 150*, 142, 148
  Untersberger Forellen 150*
  Verde Alpi 152
  Verde Fraya 152*
  Verde Issogne 152
  Verona Rot 150*, 148
  Vert des Alpes 152
  Wallenfels 146
  Wirbelau 146
  Zola Repen 148
Marmorierter Kalkstein 142
Marxgrün (Marmor) 142*
Massengestein 68
Massenkalk 126*
Matura-Diamant 64
Meerschaum 44*, 23
Melanit 58
Melaphyr 98*, 91, 100
Melaphyrmandelstein 98*
Mensch 189, 187
Mergel 106
  Geschiebe 106
Mesosiderit 156
Mesozoikum 188
Mesozone 134, 136
Metamorphe Gesteine 134, 68
Metamorphe Lagerstätte 160
Metamorphit 134, 40, 68, 69, 140
Metamorphose 134, 91
  Kontakt 134
  Regional 134, 136
Metasomatose 159
Meteoreisen 156*
Meteorit 155
  Eisen 156*, 155
  Glas 156*, 155
  Stein 156*, 155
Meteorstein 156*, 155
Metrisches Karat 46
Migmatit 136*
Mischgestein 136*
Mikroklin 26, 88
Milchopal 50
Milchquarz 24
Mimetesit 178, 23, 32
Mineral 10, 8
Mineralaggregat 15
Mineralienkunde 10
Mineralklassen 23
Mineralogie 10, 8
  Allgemeine 10
  Spezielle 10
Minette 160, 118

Minette-Erze 164
Mineralvergesellschaftung 15
Miozän 188, 198
Mißpickel 178*
Mittelalter 188, 187
Mitteldevon 188, 190
Mittelkambrium 188, 190
Mittelkies 104
Mittelsand 104
Mittelschluff 104
Modifikation 13
Mohs, F. 19, 20
Mohshärte 19
Mohssche Härteskala 19
Molassesandstein 116*
Moldavit 156*
Mollusken 198
Molybdän-Erz 166
Molybdänglanz 166*, 23
Molybdänit 166*
Monazit 203
Mondstein 52*, 64
Monodonta araonis 198
monoklin 11, 13
monomineralisch 122
Montmorillonit 38, 23, 203
Monzonit 82
Moosachat 50*
Moräne 103
Morganit 60
Morion 48
Moskauer Glas 28
Mühlstein 96
Mühlsteintrachyt 98, 96
Murnauer Quarzit 114*
Mugeliger Schliff 65
Muschelkalk (Gestein) 148*, 150
Muschelkalk (Zeit) 188, 192
Muschelkalk Blaubank (Marmor) 148*
Muschelkalk Goldbank (Marmor) 148*
Muschelkalk Kernstein (Marmor) 148
Muschelkalk-Marmor 148*, 146
Muschelkalk Rotbank (Marmor) 148
Muscheln 190, 192, 193 **194—199**
  Poseidons 194, 195
Muskovit 28*, 11
Muskovitgneis 136*
Myophoria vulgaris 192
Myophoriopsis gregaria 192

Nadeleisenerz 164
Nagelfluh 112*, 110, 111
  Italienischer 110, 112
Nannobelus acutus 194
Napoléon (Marmor) 148
Natica (Neverita) josephina 198
Natrolith 32, 24, 96*
Naturbims 94
Naturstein 69
Nebengemengteil 24
Neocomites neocomiensis 196
Neohibolites semicanaliculatus 196
Neozoikum 188
Nephelin 26, 23
Nephrit 44, 52, 205
Neumannsche Linien 156
Neuzeit 188, 187
Niccolit 168*
Nichtbuntmetall-Erz 178
Nichteisen-Erz 178
Nickel-Erz 168
Nickelin 168*
Niob-Erz 170
Niobit 170
Nordmarkit 82
Norit 84
Nosean 26, 23
Nugget 162
Nummulitenkalk 126*

Oberdevon 188, 190
Oberkambrium 188
Oberkarbon 188, 190
Oberkreide 188, 196
Obolus apollinis 190
Obsidian 94*, 18, 91
Ocker 164
Odenwälder Syenit 82, 84
Oktaedrit 156*
Oligoklas 26
Oligozän 188, 198
Olivin 30*, 23, 24, 40, 102
Olivinbasalt 98*
Olivinfels 136
Omphacit 30, 42
Onyx (Chalcedon) 50, 148
Onyx (Marmor) 148, 150
Oolith 118*, 15, 17, 160
Oolithkalk 15, 17
Opal 130*, 23, 50, 118
  Ceylon 64
  Edel 50
  Feuer 50
  Holz 50
  Milch 50
  Wachs 50
Opalisieren 18, 50
Ophicalcit 152
Ophikalzit 152
Oppmanna-Granit 76*
Ordovizium 188
Orgelkoralle 62*
Oriental. Aquamarin 64
Oriental. Hyazinth 64
Orientalischer Smaragd 64
Orientalischer Topas 64
Orpiment 178*
Orthogestein 135
Orthogneis 136
Orthoklas 26*, 20
  Gemeiner 26*
Orthophyr 96, 91
Orthoporphyr 96, 91
Oxidationszone 160

Paläontologie 186
Paläopikrit 91
Paläozoikum 188, 190
Paleozän 188, 198
Pallasit 156
Paragenese 10
Paragestein 135
Pechblende 182*, 23
Pechstein 94, 91
Pegmatit 88, 26*
Pelite 103
Pennin 44
Pentelischer Marmor 144
Pentlandit 168*, 23
Pentremites godoni 190
Peridot 30*
Peridotit 82*, 70, 71, 88, 136, 156
Perisphinctes plicatilis 194
Perle 62, 36
Perlglimmer 28
Perm 188, 190
Petit Granit 150*
Petrefakt 186
Petrographie 8
Pfahl 88
Phlogopit 28, 203
Phonolith 96*, 32
Phosphorit 32
Phyllit 138*, 136
  Kalk 138, 136
  Pyro 44, 23
  Quarz 138*
  Serizit 136
Piemontit 42
Pikrit 98*, 70, 88, 91
  Paläo 91
Pistazit 42*
Plagioklas 26
Platin 162*, 23
Platin-Erz 162
Plattenkalk 126
  Solnhofener 138
Platystrophia ponderosa 190

Pleistozän 188
Pleochroismus 65
Pleonast 56
Pleurotoma (Turricula) selysii 198
Plessit 156
Pliozän 188, 198
Plutonisches Gestein 70
Plutonit 71, 70, 86, 88
Pneumatolytische Lagerstätte 159
Polianit 166
Polierschiefer 130
Politur 78
Polyhalit 34
Porigkeit (Naturstein) 86, 100, 116, 120, 128, 140, 152
  Wahre 86, 100, 116, 120, 128, 140, 152
Porosität 86
Porphyr 96
  Diorit 88
  Granit 88*
  Grüner 100
  Ortho 96, 91
  Quarz 96*, 70, 88, 91, 100, 136
  Syenit 88
Porphyrisch 91, 90
Porphyrit 96*, 70, 88, 91, 100
  Augit 96*
  Gabbro 88
Porzellanerde 106*, 38
Poseidonsmuschel 194, 195
Posidonia bronni 194
Posidonienschiefer 194
Potamides tricarinatus 198
Präkambrium 188
Prasem 48
Prehnit 42*, 23, 40, 64, 135
Preßbernstein 62
Primaten 189
Prochlorit 44
Prospektion 161
Proustit 162
Psammite 103
Psephite 103
Pseudomorphose 14, 12
Psilomelan 166*
Ptychophylloceras semisulcatum 196
Pulaskit 82
Pyrargyrit 162
Pyrit 32*, 11, 14, 16, 17, 23, 24, 184*, 186
Pyrolusit 166, 23
Pyromorphit 174*, 23, 32, 178
Pyrop 58, 64
Pyrophyllit 44, 23
Pyroxen 30*
Pyrrhotin 184*

Quadersandstein 116
Quartär 188
Quarz 24*, 10, 11, 12, 15, 19, 20, 21, 23, 34, 40, 48, 50, 68, 71, 78, 102
  Avanturin 48*
  Chryso 48
  Derber 24*
  Gang 88, 24
  Gemeiner 24
  Milch 24
  Rauch 48*, 24*, 26*, 50, 64
  Rosen 48*
Quarzgang 88
Quarzit 114, 69, 112, 116*, 136, 138
  Granat 136
  Murnauer 114*
  Sedimentär 116*
  Serizit 136
Quarzkatzenauge 48
Quarzporphyr 96*, 70, 88, 91, 100, 136
Quecksilber-Erz 180
Quecksilberfahlerz 180

Radiolarit 130
Radium-Erz 182
Rädelerz 180
Rapakivi-Granit 74
Raseneisenerz 160, 164
Rauchquarz 48*, 24*, 26*, 50, 64
Rauchtopas 48*, 64
Rauchwacke 126
Rauhwacke 126
Rauschgelb 178*
Rauschrot 178*
Realgar 178*, 23, 208
Regionalmetamorphose 134, 136
Reindichte (Naturstein) 86, 100, 116, 120, 128, 140, 152
Reinwichte (Naturst.) 86
Reptilien 189, 187
Rhät 192
Rhodochrosit 56*, 166*
Rhodonit 52*, 23
rhombisch 11, 13
Rhyolith 96, 91
Richtzahlen (Naturstein) 86, 100, 116, 120, 128, 140, 152
Riesengebirge-Granit 74*
Ringelerz 174
Ritzbesteck 20
Ritzhärte 19, 20, 21
Römischer Travertin 120*
Rötel 164
Rogenstein 118
Rohbims 94
Rohdichte (Naturstein) 86, 100, 116, 120, 128, 140, 152
Rohgewicht 86
Rohkaolin 106
Rondiste 65
Rose (Schliff) 66, 67
Rosenquarz 48*
Rosé Phoceen (Marmor) 144*, 148
Rosette (Schliff) 66, 67
Rosiwal, A. 19
Rosso Normanno (Marmor) 144*, 148
Rosso Sicilia (Marmor) 144*
Rosso Verona (Marmor) 150*
Rostrum 194, 196
Rotbleierz 174*
Roteisen 164*
Roteisenstein 164*
Roter Glaskopf 164*
Rotgültig 162*, 23
Rotkupfererz 172*
Rotliegendes 188
Rotnickelkies 168*, 23, 158
Rotzinkerz 176*
Rouge belge (Marmor) 148
Rubellan 28
Rubellit 58*
Rubin 60*, 46, 47, 65
  Arizona 64
  Balas 64
  Böhmischer 64
  Ceylon 64
  Kap 64
  Sibirischer 64
Rubin-Spinell 64
Ruinenachat 50
Rundiste 65
Ruhpoldinger (Marmor) 146
Rutil 32, 11, 23, 24*, 208

Sächsischer Diamant 64
Säuger 189, 187
Salzgestein 122, 103, 118
Salzmineralien 122
Sand 103, 104, 110

Sandrose 17
Sandstein 114, 69, 103, 110, 112, 116, 136
Angulaten 114*
Bunt 116*, 114
Burg 114
Burgpreppacher 116*
Eisen 114
Glaukonit 114*
Kalk 116
Kreide 114
Main 116
Molasse 116*
Quader 116
Spiriferen 114
Tiger 114
Weser 114
Sandtuff 92
Sanidin 96*, 26
Saphir 60*, 46, 47, 64, 65
Leuko 60
Sarder 50
saure Gesteine 71
Saurier 196
Schalenblende 176
Schalenverwitterung 78
Schaumiges Glas 94
Scheelit 166, 23, 202, 203
Scheinbare Porigkeit (Naturstein) 86,100,116, 120, 128, 140, 152
Scherbenkobalt 178*
Scherenschliff 66, 67
Schichtgestein 68
Schichtung 103, 138
Schiefer 138, 134, 135
Chlorit 136, 44
Dach 140
Diatomeen 130
Flecken 138
Frucht 138, 134
Glimmer 138*, 40*, 135, 136
Grün 136
Kalkglimmer 138, 136
Kristalliner 134
Knoten 138
Kupfer 160, 172
Kiesel 130
Lithographie 128*
Polier 130
Posidonien 194
Serizit 136
Solnhofener 128*
Talk 138*, 136
Ton 138*, 106, 136, 140
Schiefergneis 136
Schieferton 106*, 103
Schieferung 134, 138
Schießen 80
Schlagfestigkeit 86, 100, 116, 128, 140, 152
Schleifen (Edelsteine) 65
Schleifhärte 19, 20
Schliffarten 66, 65, 67
Schlifformen 65
Schluff 104
Schmelzflußgestein 68
Schmelzreaktion 22
Schmirgel 60
Schmuckstein 46, 8
Schnecken 198, 199
Schörl 58*
Schotter 108, 110, 114
Schreibkreide 124*
Schriftgranit 88*, 74
Schupbach (Marmor) 146
Schutt 108, 103, 110
Schwalbenschwanzzwilling 34*
Schwarzer Granit 100*
Schwarzer Glaskopf 166*
Schwarzer Jura (Zeit) 188
Schwazit 180
Schweb 103
Schwedischer Granit 100
Schwedisch-Schwarz 84*, 74
Schwefel 184*, 11, 16, 23
Schwefel-Erz 184
Schwefelkies 32*, 158, 184*
Schwemmstein 94
Schwerspat 38*
Sediment 102, 34, 68, 69
Sediment. Lagerstätte 159
Sedimentgestein 102, 68, 103
Seeigel 196, 197
Seekreide 106
Seelilien 190, 191, 192, 193
Seife 160, 21, 46
Strand 160
Seifengold 162
Sekundärgestein 102
Sepiolith 44*, 23
Serizit 28
Serizitgneis 136*
Serizitphyllit 136
Serizitquarzit 136
Serizitschiefer 136
Serpentin (Gestein) 140*
Antigorit 140
Bronzit 140*
Chrysotil 140
Granat 140
Serpentin (Mineral) 44*, 23, 40, 135, 140
Blätter 44
Faser 44
Serpentinasbest 44
Serpentinfels 140*, 44, 142, 152
Serpentinit 140*, 82
Serpentin-Marmor 152, 148
Serpentinstein 140*
Seussener Syenit 82
Siam-Aquamarin 64
Siberit 58
Sibirischer Rubin 64
Sichtflächenbearbeitung 78
Siderit (Mineral) 164*, 23, 36, 156
Siderit (Meteorit) 156*
Litho 156
Meso 156
Siderit-Erz 164
Siderolith 156
Siegelbaum 190, 191
Sigillaria (Favularia) elegans 190
Silber 162*, 23
Silberblende 162*, 158
Silberfahlerz 180
Silberglanz 162*
Silikofluoride 150
Sillimanit 42, 23, 40, 135
Sillimanitgneis 136
Silt 104
Silur 188, 190
Sinter 118
Kalk 118*, 120*, 124
Kiesel 118, 103, 130
Sintergestein 118, 103, 120
Skapolith 202, 204
Skarn-Erz 160
Skolezit 32
Skutterudit 168*
Skutterudit-Erz 168
Smaltin 168*
Smaragd 60*, 46, 47
Afrika 64
Brasil 64
Kap 64
Kieselkupfer 54*, 64
Kupfer 54*, 64
Lithion 64
Orientalischer 64
Ural 64
Smaragd-Schliff 66, 67
Smithsonit 176*
Sodalith 56*, 23, 26, 58
Solnhofener Plattenkalk 128*, 138
Solnhofener Schiefer 128*
Sonnenbrenner 98
Sonnenstein 52
Spaltbarkeit 19, 14
Spanischer Topas 64
Spate 19
Spateisenstein 164*
Speckstein 44
Speerkies 184

Speiskobalt 168*
Spektrolith 52
Sperrylith 162
Spessartin 58
Spessartit 88*
Spezielle Mineralogie 10
Spezifisches Gewicht 21
Sphalerit 176*
Sphen 170*
Spinell 56*, 23, 46, 64
Almandin 64
Arizona 64
Edel 56*
Rubin 64
Spiriferensandstein 114
Splittbeton 110
Spodumen 54, 23, 30
Sprengen 80
Sprödglimmer 28
Sprudelstein 118*, 36
SS-Granit 84*, 74
Stachelhäuter 190, 191, 196, 197
Stahlveredler-Erz 166
Stalagmiten 118
Stalaktiten 118
Stannin 176*, 23
Stannit 176*
Statuaire (Marmor) 150
Statuario (Marmor) 150
Staub 103
Staubtuff 92
Staurolith 40*, 23, 135
Steatit 44
Steedener Graurosa (Marmor) 146
Stein 8
Steine 104
Steinkern 186, 190, 196
Steinkohle 132*, 103
Steinmeteorit 156*, 155
Steinsalz (Mineral) 34*, 10, 11, 14, 23
Steinsalz (Gestein) 122*, 103
Sternachat 50
Stibnit 180*
Strahler 200
Strahlstein 44*, 23, 30
Strandseife 160
Straß-Diamant 64
Streß 134
Strich 16
Strichfarbe 16
Strichtafel 20, 16
Strontianit 38, 23, 34
Struktur 226
amorphe 14
derbe 14
dichte 15, 90
Fließ 91
Stuckgips 122
Stuckmarmor 146
Stufe 15
Submarine Lagerstätte 159
Süßwasserkalk 120*
Sumpferz 164
Syenit 82*, 70, 71, 84*, 86, 88
Augit 86*, 82
Hessen-Nassauischer 82
Syenit
Odenwälder 82, 84
Seussener 82
Wölsauer 82
Syenitgneis 136
Syenitporphyr 88
Sylvin 23, 34, 202, 203
Synthetische Edelsteine 46

Taconit-Erz 160
Tänit 156
Tafelschliff 66, 67
Tafoni 76
Talk 44*, 20, 23, 40, 135
Talkschiefer 138*, 136
Tansanit 60*
Tantal-Erz 170
Tantalit 170
Tektit 156*
Terebratula (Dielasma) ecki 192
Terrazzo 112
Tertiär 188, 198
Alt 188, 198
Jung 188, 198
Tethys 192
Tetraedrit 180*
tetragonal 11, 13
Textur 226
Tigerauge 48*, 208
Tigersandstein 114
Tillit 112
Tintenfisch 194
Titaneisen 170*
Titan-Erz 170
Titanit 170*, 23, 24, 32, 44, 71
Ton 106*, 103, 104
Fein 104
Grob 104
Schiefer 106*, 103
Tonalit 84
Toneisenstein 164
Tongestein 106, 38, 186
Tonmineralien 38
Tonschiefer 138*, 106, 136, 140
Topas 56*, 11, 20, 23, 64
Böhmischer 64
Edel 56*
Topas
Gold 48*, 64
Orientalischer 64
Rauch 48*, 64
Spanischer 64
Topas-Brillant 66
Topazolith 58
Torf 132*, 103
Topfstein 44
Torbernit 182*
Tracht 14
Trachyt 96*, 70, 88, 91
Mühlstein 96, 98
Trachyt-Tuff 92
Transvaal-Jade 64
Traß 92*, 94
Traßzement 92
Travertin 120*, 103, 118, 150
Cannstätter 120
Kunststein 120
Römischer 120*
Tremolit 23, 44
Treppenschliff 66, 67
Trias 188, 190, 192
Alpine 192
Germanische 192
Triaskalk 126
Trientiner Rot (Marmor) 148
trigonal 11, 13
triklin 11, 13
Trilobiten 187, 190, 191
Tripel 130
Trochiten 192
Trochitenkalk 192
Trondhjemit 84
Tropfstein 118
Trümmergestein 104, 102
Türkis 56*, 23
Türkismatrix 56
Tuff (vulkanisch) 92, 69, 90, 94
Aschen 92
Basalt 92
Sand 92
Staub 92
Trachyt 92
Vulkanischer 92
Tuffit 92
Tuffstein (Kalkstein) 118
Tungstein 166
Turmalin 58*, 11, 23, 24, 64, 65, 88, 102
Turmalin-Aplit 88*

Umwandlungsgestein 68, 134
Unika (Marmor) 146
Unterdevon 188, 190
Unterkambrium 188

Unterkarbon 188
Unterkreide 188, 196
Untersberger Forellen-Marmor 150*
Untersberger (Marmor) 150*, 142, 148
Ural-Smaragd 64
Uran-Erz 182, 170
Uranglimmer 182, 170
Kupfer 182*
Uraninit 182*
Uranpecherz 182
Uranschwärze 182
Urgestein 68
Urkalk 144
Urvogel 189
Urzeit 188, 187
Uwarowit 58

Vanadinit 170*, 23, 32
Vanadium-Erz 170
Varietät 14
Venericardia imbricata 198
Verde Alpi (Marmor) 152
Verde Fraya (Marmor) 152*
Verde Issogne (Marmor) 152
Verona Rot (Marmor) 150*, 148
Verschleißangabe (Naturstein) 86, 100, 116, 128, 140, 152
Versteinertes Holz 50*, 186
Versteinerung 186
Versteinerungsmittel 186
Vert des Alpes (Marmor) 152
Verwitterung 104, 102
Verwitterungslagerstätten 160
Verwitterungsneubildungen 118, 102, 103
Verwitterungsrestbildungen 104, 102, 103
Vesuvian 42*, 23, 64, 135
Vielling 14
Vivianit 23, 32, 210, 211
Vögel 189, 187
Vulkanische Bombe 92*
Vulkanischer Tuff 92
Vulkanisches Gestein 70
Vulkanit 90, 68, 70, 88, 91, 100

Wachsopal 50
Wad 166
Wahre Porigkeit (Naturstein) 86, 100, 116, 120, 128, 140, 152
Waldstein-Granit 72*
Walhallakalk 124*
Wallenfels (Marmor) 146*
Waschbeton 112
Wasseraufnahme (Naturstein) 86, 100, 116, 120, 128, 140, 152
Wasserchrysolith 156*
Weichgestein 69
Weichmanganerz 166
Weichtiere 198
Weißbleierz 174*
Weißer Jura (Zeit) 188
Weißnickelkies 168, 23
Werkstein 69
Werner, A. G. 10
Wesersandstein 114
Wichte 21
Widmannstättersche Figuren 156
Widmannstättensche Figuren 156
Wiluit 42*
Windkanter 108*
Windschliff 108*
Wirbelau (Marmor) 146
Wirbellose 189, 187
Wirbeltiere 189
Wismut 178*, 23
Wismut-Erz 178
Wismutglanz 178*
Witherit 38, 23, 34
Wölsauer Syenit 82
Wolfram-Erz 166
Wolframit 166*
Wolkenachat 50
Wollastonit 40, 23, 135
Wollsackstruktur 76, 71
Wüstenrose 17, 34
Wulfenit 166*
Wurtzit 176

Zechstein 188, 190
Zeitalter 188
Zeolith 32, 23
Zementationszone 160
Ziegelerz 172
Zinkblende 176*, 23, 158
Zinkblüte 23, 176, 203
Zink-Erz 176
Zinkit 176*, 23
Zinkspat 176*, 23
Zinnerz 176*, 158
Zinn-Erz 158
Zinnkies 176*
Zinnober 180*, 23
Zinnstein 176*, 158
Zinnwaldit 28*, 176*
Zirkon 58*, 11, 23, 24, 32, 64, 71
Zirkon-Brillant 66
Zitrin 48*
Zölestin 38
Zoisit 42*, 23, 40, 60, 135
Zola Repen (Marmor) 148
Zweiglimmer-Granit 74
Zwilling 14

Bildnachweis

Fotos: H. R. Baumgärtel, München: 81; H. Eisenbeiss, München: alle Farbfotos, außerdem 13, 14, 15, 16, 17, 18, 20, 21; A. Gründler, Salzburg: 124; H. Menke, Feldafing: 76 oben; T. Schneiders-Bavaria, Gauting: 80; Verfasser: 76, 78, 116, 128. — Zeichnungen: BLV-Grafik: 11, 14, 22, 30, 65, 67, 69 und Darstellung der Kristallformen; Hellmut und Barbara Hoffmann, München: 70, 72, 90, 91, 92, 100, 102, 103, 110, 116, 134, 138, 187, 191, 193, 195, 197, 199, 226.

Bestimmungshinweise

In der Gesteinswelt gibt es keinen festen Bestimmungsschlüssel wie im Reich der Pflanzen und Tiere. Die Kleinstbestandteile der Erdkruste, die Mineralien, können sich zu einer fast unendlichen Zahl von Kombinationen formieren. Bei näherem Studium des vorliegenden Bestimmungsbuches jedoch läßt sich bald erkennen, daß auch die Steine nach Systemen zu klassifizieren, d. h. zu bestimmen sind.
Die Farbe ist allgemein ein sehr zweifelhaftes Bestimmungsmittel. Nur ganz wenige Steine haben eine echte Identitätsfarbe. Spezifisches Gewicht, Härte, Glanz und Strichfarbe sowie verschiedenartige Strukturen sind dagegen bessere Erkennungsmerkmale.
Zunächst gilt es, nach äußeren Gesichtspunkten die Mineralien von den Gesteinen zu unterscheiden (siehe S. 8). Mit bloßem Auge, zumindest bei 6- bis 8facher Vergrößerung, lassen sich die Mineralien als solche an den Kristallformen erkennen. Einzelmineralien sowie Ansammlungen gleicher Mineralien werden nach der folgenden Anweisung näher bestimmt. Über Hinweise zur Bestimmung von Gemengen verschiedener Mineralien, d. h. von Gesteinen, siehe S. 226.

Bestimmung der Mineralien

Da die Strichfarbe (siehe S. 16) der Eigenfarbe des Minerals entspricht und weitgehend konstant ist, eignet sie sich gut zur Bestimmung von Mineralien. Die beigefügten Mineralienbestimmungstabellen (S. 202—211) sind nach der Strichfarbe geordnet, und zwar so, daß ähnliche, nur schwer unterscheidbare Farbtönungen zusammengefaßt sind.
Nach der Mohshärte (siehe S. 19) und dem Glanz (siehe S. 16) der Mineralien sind die Strichfarbentabellen weiter untergliedert. Wenn auch der Glanz eines Minerals nicht immer eindeutig anzusprechen sein wird, so ist das Mineral in den Tabellen dennoch sicher zu identifizieren, wenn man die den Mineralnamen beigefügten Angaben über das spezifische Gewicht berücksichtigt. Im Sachwortverzeichnis gibt es Hinweise, auf welcher Seite weitere Informationen zu erhalten sind.

Zur Mineralienbestimmung

1. Strichfarbe auf Porzellantäfelchen feststellen (siehe S. 16)
2. Mohshärte feststellen (siehe S. 19)
3. Glanz feststellen (siehe S. 16)
4. Eventuell spezifisches Gewicht feststellen (siehe S. 21)
5. In Mineralienbestimmungstabellen (S. 202—211), die nach Strichfarbe geordnet sind, das Mineral identifizieren.
6. Im Sachwortverzeichnis (S. 213—224) werden Seiten mit weiteren Auskünften über das erkannte Mineral genannt.

Bestimmung der Gesteine

Gesteine lassen sich am leichtesten nach ihrem Auftreten unterscheiden. In der deutschen Fachliteratur wird Art und Grad der Kristallisation (z. B. fein- oder grobkörnig) als Struktur, die Anordnung der Gemengteile (z. B. Einregulierung in eine Richtung) als Textur bezeichnet. Im vorliegenden Bestimmungsbuch wird schlechthin nur von Struktur gesprochen, wenn irgendwie Aufbau oder Gesteinsgefüge gemeint ist, denn im nichtdeutschsprachigen Ausland werden die Begriffe Struktur und Textur sehr verschieden verstanden.

Bestimmungsmerkmale für Gesteine

Große Stücke und möglichst in natürlichem Gesteinsverband betrachten! Bei kleinen Gesteinsproben sind charakteristische Kennzeichen nur schwer, unvollständig oder gar nicht zu erkennen.

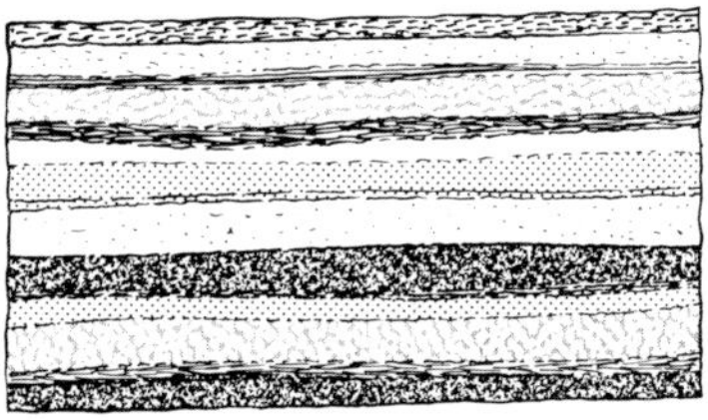

Geschichtete Lagerung:
Sedimente, siehe S. 102
Vulkanite nur vereinzelt, siehe S. 92

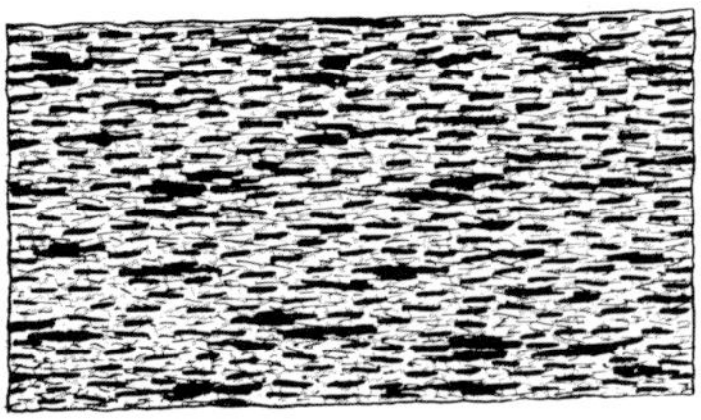

Geschieferte Lagerung
(Parallelstruktur):
Metamorphite, siehe S. 134

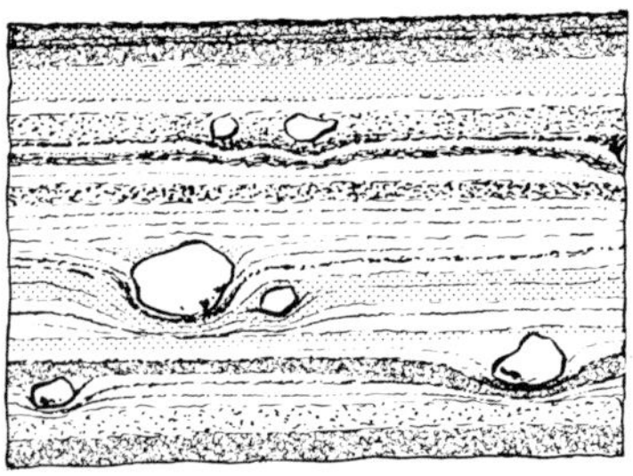

Geschichtete Lagerung
(durch Gesteinstrümmer gestört):
Vulkanite, siehe S. 92

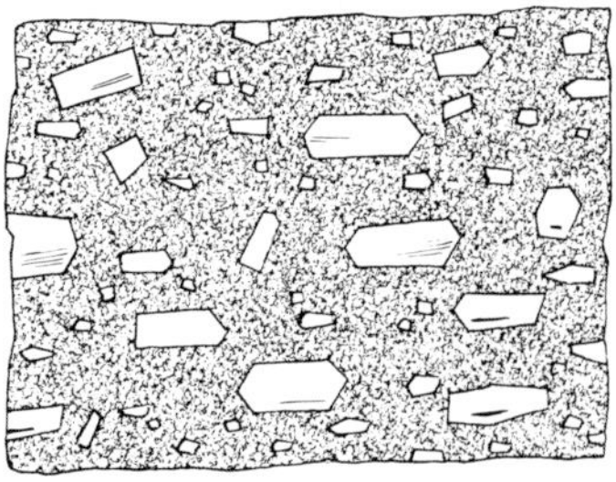

Porphyrische Struktur (einzelne Kristalle voll ausgebildet):
Vulkanite, siehe S. 90/91

Ungeschichtete Lagerung:	Plutonite, siehe S. 71 Korallenkalk, siehe S. 126 Kiesige Gletscherablagerungen, siehe S. 103 Vulkanite größtenteils, siehe S. 90/91 Metamorphite größtenteils, siehe S. 134/135
Vollkristallin, Kristalle mit bloßem Auge zu erkennen:	Plutonite, siehe S. 71 Metamorphite, siehe S. 134/135
Von Hohlräumen durchsetzt:	Vulkanite, siehe S. 90/91 Travertin, siehe S. 120
Versteinerungen enthaltend:	Sedimente, siehe S. 102/103

Erkennungsmerkmale der Plutonite, siehe S. 71

1. Vollkristallin
2. Große Kristalle, mit bloßem Auge zu erkennen
3. Keine Richtung im Raum, Mineralien bunt durcheinandergemischt
4. Keine Hohlräume, sehr kompakt
5. Keine Versteinerungen
6. Verwitterungsformen weich

Erkennungsmerkmale der Vulkanite, siehe S. 91

1. Nur einzelne Kristalle voll ausgebildet
2. Grundmasse mikroklein oder amorph
3. Zahlreiche kleine Hohlräume
4. Fließstruktur
5. Häufig säulenbildend

Erkennungsmerkmale der Sedimente, siehe S. 103

1. Ausgeprägte Schichtung
2. Reich an Versteinerungen
3. Verwitterungsgroßformen vielfach schroff

Erkennungsmerkmale der Metamorphite, siehe S. 135

1. Vollkristallin
2. Große Kristalle
3. Häufig seidenglänzend
4. Parallelstruktur (Schieferung)
5. Keine Hohlräume, sehr kompakt
6. Frei von Versteinerungen
7. Verwitterungsgroßformen weich